高等数学教学研究及大学生数学能力培养探索

徐永梅　著

西北工业大学出版社
西安

【内容简介】 本书对高等数学教育教学的基本问题、基础理论和基本方法进行了系统的阐述,其内容涉及数学教学研究的广泛问题,诸如高等学校数学教育的课程目标和教学目标、数学课程改革、一般教学理论、数学教学原则等。本书对高等数学教学中数学思维及数学应用能力的培养进行了深入的分析和探讨,探究了不同的教学模式对数学教学成果的影响。全书体系结构合理,脉络清晰,注重了内容宽、新、实的结合,较为系统地呈现了高等数学教学的主要理论,总结了高等数学教学改革的策略。

本书对从事高等数学课程教学的教师和高等数学教育教学研究的学者具有参考和借鉴作用,也可以作为高等学校学生学习高等数学的参考书。

图书在版编目(CIP)数据

高等数学教学研究及大学生数学能力培养探索 / 徐永梅著. — 西安 :西北工业大学出版社,2022.7
ISBN 978 - 7 - 5612 - 8275 - 5

Ⅰ. ①高… Ⅱ. ①徐… Ⅲ. ①高等数学-教学研究 ②大学生-数学-能力培养-教学研究 Ⅳ. ①O13 ②O1 - 42

中国版本图书馆 CIP 数据核字(2022)第 147843 号

GAODENG SHUXUE JIAOXUE YANJIU JI DAXUESHENG SHUXUE NENGLI PEIYANG TANSUO
高 等 数 学 教 学 研 究 及 大 学 生 数 学 能 力 培 养 探 索
徐永梅 著

责任编辑:王 静		策划编辑:张 晖	
责任校对:孙 倩		装帧设计:李 飞	

出版发行:西北工业大学出版社
通信地址:西安市友谊西路 127 号　　　邮编:710072
电　　话:(029)88491757,88493844
网　　址:www.nwpup.com
印 刷 者:西安真色彩设计印务有限公司
开　　本:787 mm×1 092 mm　　　1/16
印　　张:11.75
字　　数:279 千字
版　　次:2022 年 7 月第 1 版　　2022 年 7 月第 1 次印刷
书　　号:ISBN 978 - 7 - 5612 - 8275 - 5
定　　价:56.00 元

前　言

　　作为一门最早发展起来的科学,数学产生于人类的需要,是人类文化的一个重要组成部分。随着科学技术的进步以及数学自身的不断发展,数学在人类社会文化中的地位和作用越来越重要。

　　高等数学是高等教育的基础课程之一,要提高高等数学的教学质量,首要任务是重视教学方法的创新与研究,它体现了科研方法与教学方法的辩证统一。掌握数学的最终目的是使学生逐步学会运用数学知识、技能,并形成数学能力,运用已有能力分析和解决现代生活、社会生产和科学技术中有关数量关系和空间形式的问题。因此,学习数学不仅要掌握基本的数学知识、技能的能力,而且要掌握把它们作为解决问题的工具来使用的能力,这也是数学教学方法探索与实践的目标之一。

　　教育是社会的热点,热点中的教师在不知不觉中已成为焦点。教育牵连千家万户,事关民生福祉。社会对教师的期望越高,教师肩负的使命越大,对自身专业发展的要求越强烈,要想达到体面而有尊严、自由并幸福的职业愿景,教师就要不断学习,积极进行系统的培训,拥有与时代同步的教学能力,能够满足学生日益增长的对知识的需求。

　　从黑板到投影胶片,从信息技术到微格教学,从播放动画到制作微视频,从学科专业知识整合到课程改革观念更新,从集中研讨到慕课联盟,应该说这是教师专业成长必经的历程,更是时代赋予的任务。研讨、培训是教师教育教学思想和方法产生剧烈激荡的所在,是在产生共鸣的外在力量的影响下,快速提升教师自身素质与能力的过程,使他们在专业成长的道路上实现自然自觉。

　　数学教育为的是学生能用数学的眼光观察现实世界,会用数学的思维思考现实世界,学会用数学语言描绘现实世界。数学眼光表现为数学抽象和直观想象,数学思维表现为逻辑推理和数学运算,数学语言表现为数学建模和数据分析。因此,笔者认为数学教学应把握数学知识的本质,创设适当的问题情境,提出合理的数学问题,启发学生自主学习、合作探究、感悟数学思想、积累思维经验,以培养学生的数学核心素养。

　　数学思想方法可谓是数学科学的精髓和精华,贯穿于知识产生、发展与运用的全过程,不单属于对数学理论本质的认知,也是在引导学生学习数学时培育其数学认知能力和促使其构建知识结构体系的桥梁。通过对数学思想方法进行恰当的利用,学生能够在分析与解决问题方面收获更多的能力与智慧,彰显数学科学的特征,建立数学核心素养。同时,在深化教育改革、全面推进素质教育的过程中,加强大学生创新能力的培养,并积极探索创新教学的途径和方法,具有重大的现实意义。

数学科学的工具性特征非常鲜明,是解决诸多问题不可或缺的工具。假如要将数学和其他类型的科学进行对比,数学科学还有一个特殊性,就是抽象特征非常鲜明。想要更好地对数学科学进行发展完善,将其应用于更多的领域,或是将数学科学教授给广大学生,都需要把握数学科学的诸多法则,如发展规律、探究方法等。

本书从高等数学教育教学分析入手,首先分析了高等数学的教学主体改革策略研究,然后分别探究了高等数学分层教学模式与方法、高等数学探究式教学模式与方法、高等数学自主学习模式与方法,最后重点论述了数学思维能力培养、数学问题提出能力的培养以及数学应用素质的培养,旨在为高等学校学生铺路架桥,打通他们学习数学的道路。

在撰写本书的过程中,笔者参考和借鉴了国内外相关文献、资料和理论研究成果,在此,向其作者致以诚挚的谢意。

笔者深知学有所限,力有不及,因此真诚地希望得到各界同仁的批评指正,不胜感激!

著 者
2021 年 10 月

目　　录

第一章　高等数学教育教学分析

第一节　高等数学教学能力培养

一、数学能力的概念与结构

(一)数学能力的概念

1.能力

尽管我们在日常教学工作中经常说到"能力",但究竟什么是能力,至今没有统一的定义。

根据上述观点,我们理解能力概念时应注意以下三点:

(1)能力是一个人的个性心理特征,是个体在认识世界和改造世界的过程中,所表现出来的心理活动的恒定的特点。

(2)能力与活动关系密切。具体体现为以下几方面。其一,活动是能力产生和发展的源泉。人一生下来并不存在心理,也就不存在什么心理特性。只有通过后天的实践活动,才会产生相应的心理活动,从而逐渐形成特性,即能力。其二,能力的形成对活动的进程及方式直接起调节、控制作用。这一点把能力与个体的性格区别开来。性格也是个体的一种心理特性,但性格的作用在于制约个体活动的倾向,对活动的进程及方式并无直接的调节、支配作用。其三,能力只有在活动过程中才能体现出来,离开了活动就不能对能力进行考察与测定。一个人如果在实践中取得了成功,达到了预期的效果,这就证实了这个人具有了进行某种活动的能力。

(3)能力是一种稳固的心理特性。这就是说,能力对活动进程及方式所发挥的调节、控制作用还具有一贯的、经常性的、稳定的特性。一个人一旦形成某种能力,他便能在相应的活动中表现出来,并能持久地发挥作用,比如概括能力强的学生。

综上所述,可以这样界定能力的意义:能力是一种保证人们成功地完成某种任务或进行某种活动的稳固的心理品质的综合。

2.数学能力

数学能力是顺利完成数学活动所具备的而且直接影响其活动效率的一种个性心理特

征。它是在数学活动中形成和发展起来的,是在这类活动中表现出来的比较稳定的心理特征。

数学能力按数学活动水平可分为学习数学(再现性)的数学能力和研究数学(创造性)的数学能力两种。前者指数学学习过程中,迅速而成功地掌握知识和技能的能力,是后者的初级阶段,也是后者的一种表现,它主要存在于普通学生的数学学习活动中;而后者指数学科学活动中的能力,这种能力产生具有社会价值的新成果或新成就,它主要存在于数学家的数学活动中。在学生的数学学习活动中,往往会经历重新发现人们已经熟知的某些数学知识的过程。

从发展的眼光看,数学家的创造能力也正是从他在数学学习中的这种重新发现和解决数学问题的活动中逐步形成和发展起来的。在数学教学中通常所说的数学能力,包括学习数学的能力和这种初步的创造能力,并且这种创造能力的培养,在数学教学中已越来越引起人们的重视。因此在数学教学中不能把两种数学能力截然分开,而应用联系和发展的眼光看待它们,综合地、有层次地进行培养。本章所讲述的数学能力也是指这种学习数学的数学能力。

3.数学能力与数学知识、技能的关系

(1)智力与能力的关系。智力与能力都是成功地解决某种问题(或完成任务)所表现出来的个性心理特征。把智力与能力理解为个性的东西,说明其实质是个体的差异。通常所说的能力有大小,指的就是这种个体差异。而智力的通俗解释就是阐明"聪明"与"愚笨"。智力与能力的高低首先要看解决问题的水平。这也是学校教育为什么要培养学生分析问题和解决问题能力的所在。智力与能力所表现的良好适应性,出自能力的任务,即主动积极地适应,使个体与环境取得协调,达到认识世界、改造世界的目的。智力与能力的本质就是适应,使个体与环境取得平衡。

智力与能力是有一定区别的。智力偏于认识,它着重解决知与不知的问题,它是保证有效地认识客观事物的稳固的心理特征的综合;能力偏于活动,它着重解决会与不会的问题,它是保证顺利地进行实际活动的稳固的心理特征的综合。但是,认识和活动总是统一的,认识离不开一定的活动基础,活动又必须有认识参与。因此智力与能力的关系是一种互相制约、互为前提的交叉关系。

(2)数学能力与数学知识、技能的关系。数学能力与数学知识、数学技能之间是相互联系又相互区别的。概括来说,数学知识是数学经验的概括,是个体心理内容;数学技能是一系列关于数学活动的行为方式的概括,是个体操作技术;数学能力是对数学思想材料进行加工的活动过程的概括,个性心理特征数学技能以数学知识的学习为前提,体现在数学知识的学习和应用过程中。

数学技能的形成可以看成是深刻掌握数学知识的一个标志。作为个体心理特性的能力,是对活动的进行起稳定调节作用的个体经验,是一种类化了的经验,而经验的来源有两方面:一是知识习得过程中获得的认知经验;二是技能形成过程中获得的动作经验。能力作为一种稳定的心理结构,要对活动进行有效的调节和控制,必须以知识和技能的高水平掌握

为前提,理想状态是技能的自动化。

能力心理结构的形成依赖于已经掌握的知识和技能的进一步概括化和系统化,它是在实践的基础上,通过已掌握的知识、技能的广泛迁移,在迁移的过程中,通过同化和顺应把已有的知识、技能整合为结构功能完善的心理结构而实现的。

4.影响能力形成与发展的因素

研究影响能力形成与发展的因素,可以回答个体的智力与能力在多大程度上可以得到改变,改变的可能性有多大等问题。这些问题的讨论有助于树立关于中学生数学能力培养的正确观念。一般说来,影响能力形成与发展的因素不外乎遗传、环境与教育。它们对能力发展的作用究竟如何,心理学家们对此进行了长期而深入细致的研究,主要结论如下。

(1)遗传是能力产生、发展的前提。良好的遗传因素和生理发育,是能力发展的物质基础和自然前提。不具有这个前提能力的培养与发展便成为无本之木、无源之水。遗传对能力发展的作用体现在以下两方面。

1)遗传因素是影响智力或能力发展的必要条件,但不是充分条件。最近的研究表明:人与人之间的血缘关系越近,智能的相关程度越高。同卵率生子的遗传相同,他们之间智力相关最高,这显示遗传是决定智能高低的重要因素,但绝不是决定因素。

2)遗传因素决定了智能发展的可能达到的最大范围。阴国恩等把遗传因素决定的智能发展可能达到的范围形象地比喻为"智力水杯"。即相当于智力潜力,它制约着儿童智力开发的最大程度。但实际上装了多少"水"还取决于后天的生活经验与环境教育,即后天的环境教育及活动经验决定了智力或能力发展的实际水平。

(2)环境与教育是智力或能力发展的决定因素。智力或能力的产生与发展,是由人们所处的社会的文化、物质环境以及良好的教育所决定的,其中教育起着主导作用。遗传因素为智力或能力的发展提供了生物前提和物质基础,确定了发展的最大上限。丰富的文化、物质和良好的教育等环境刺激则把这种可能性变为现实。

环境刺激对智力或能力发展所起的决定作用,主要体现于决定了智能发展的速度、水平、类型、智力品质等方面,决定了智能开发的具体程度。一般情况下,绝大多数学生都具有发展的潜能,但能否得到充分的发展,则取决于学校、家长、社会能否为他们提供丰富的、良好的刺激环境。

尽管环境与教育是能力发展的决定因素,但一个人能否利用这些外部因素来充分开发自己的潜能,还取决于他的主观努力程度和意识能动水平等非智力因素,许许多多人在逆境中努力奋发最后取得成功证实了这一点。这说明,尽管智力、能力属于认识活动的范畴,但能力的发展与培养不能忽视非智力因素的作用。

(二)数学能力的成分与结构

对数学能力的认识是一种发展的过程。首先。数学学科本身在发展,这种发展改变了人们的数学观,使人们对数学本质有更深刻的理解,从而引起人们对数学能力含义的理解发生了变化。现代数学的理论与思想对传统数学带来巨大冲击,这些新的理论和思想渗透在数学教育中,使数学教学内容的重心转移,数学能力成分及结构也随之解构与重建。其次,社会的进步、科学的发展使数学教学目标不断有新的定位,这必然导致对数学能力因素关注焦点的改变。再次,随着心理学研究理论的不断深入,研究方法的不断创新,对数学能力的因素及结构有不同角度的审视。

1. 数学能力成分结构概述

传统的看法是,运算能力、逻辑思维能力和空间想象能力,后来对这种提法做了拓展,即学生的数学能力包括运算能力、思维能力、空间想象能力以及分析问题和解决实际问题的能力。新中国成立以来,我国数学教学大纲、数学课程标准的提法基本上是上述观点,国内众多的学者也是持这种观点。应该说,这样划分数学能力因素在一定程度上体现了数学能力的特殊性,对我国的数学教育尤其是培养学生的数学能力起了很大的作用,但现在可以看出这种划分显得过于笼统和不确切。

(1)克鲁捷茨基对数学能力结构的研究[①]。对国内学生数学能力结构研究产生重要影响的是苏联教育心理学家克鲁捷茨基。他通过对各类学生的广泛实验调查,系统地研究了数学能力的性质和结构。他认为,学生解答数学题时的心理活动包括以下三个阶段:①收集解题所需的信息;②对信息进行加工,获得一个答案;③把有关这个答案的信息保持下来。与此相适应,克鲁捷茨基提出数学能力成分的假设模式,列举教学能力的九个成分:①能使数学材料形式化,并用形式的结构,即关系和联系的结构来进行运算的能力;②能概括数学材料,并能从外表上不同的方面去发现共同点的能力;③能用数学和其他符号进行运算的能力;④能进行有顺序的严格分段的逻辑推理能力;⑤能用简缩的思维结构进行思维的能力;⑥思维的机动灵活性,即从一种心理运算过渡到另一种心理运算的能力;⑦能逆转心理过程,从顺向的思维系列过渡到逆向思维系列的能力;⑧数学记忆力,关于概括化、形式化结构和逻辑模式的记忆力;⑨能形成空间概念的能力。克鲁捷茨基注重分析思维过程。

(2)卡洛尔对数学能力的研究[②]。卡洛尔采用探索性因素分析、验证性因素分析以及项目反应理论对数学能力进行了研究,得出了认知能力的三层理论。其中,第一层包括100多种能力。第二层包括流体智力、晶体智力、一般记忆和学习、视觉、听觉、恢复能力、认知速度、加工速度。第三层包括一般智力。卡洛尔还研究了各种能力与数学思维的关系以及能力与现实世界中的实际表现之间的关系等。

(3)林崇德对学生数学能力结构的研究[③]。我国林崇德教授主持的"学生能力发展与培养"实验研究,从思维品质入手,对数学能力结构进行了如下描述:数学能力是以概括为基础,将运算能力、空间想象能力、逻辑思维能力与思维的深刻性、灵活性、独创性、批判性、敏捷性组成的开放的动态系统结构。他以数学学科传统的"三大能力"为一个维度,以五种数学思维品质(思维的深刻性、灵活性、独创性、批判性、敏捷性)为一个维度,构架出一个以"三大能力"为"经",以五种思维品质为"纬"的数学能力结构系统。

---

① 克鲁捷茨基. 中小学生数学能力心理学[M].李伯黍,等译. 上海:上海教育出版社,1983:56.
② 兰正强. 小学数学教学中对学生逻辑思维能力的培养研究[M]. 北京:北京燕山出版社,2017:34.
③ 林崇德. 教育的智慧[M]. 杭州:浙江教育出版社,2019:92.

　　此外,林崇德教授还对 15 个交叉点做了细致的刻画。比如,逻辑思维能力与思维的独创性的交汇点,其内涵是:①表现在概括过程中,善于发现矛盾,提出猜想给予论证;善于按自己喜爱的方式进行归纳,具有较强的类比推理能力与意识;②表现在理解过程中,善于模拟和联想,善于提出补充意见和不同的看法,并阐述理由或依据;③表现在运用过程中,分析思路、技巧运用独特新颖,善于编制机械模仿性习题;④表现在推理效果上,新颖、反思与重新建构能力强。

　　(4)李镜流等对数学能力结构的研究①。李镜流在《教育心理学新论》一书中表述的观点为:数学能力是由认知、操作、策略构成的。认知包括对数的概念、符号、图形、数量关系以及空间关系的认识;操作包括对解题思路、解题程序和表达以及逆运算的操作;策略包括解题直觉、解题方式及方法、速度及准确性、创造性、自我检查、评定等。王有文所著的《高等数学学习论》②写道:"数学能力由运算能力、空间想象力、数学观察能力、数学记忆能力和数学思维能力五种子成分构成。"张士充从认识过程角度出发,提出数学能力四组八种能力成分,即观察、注意能力,记忆、理解能力,想象、探究能力,对策、实施能力。

2. 我国数学教育关于数学能力观的变化

　　从 1960 年开始,"双基"(基础知识、基础技能)和"三大能力"(计算能力、逻辑推理能力、空间想象能力)一直成为我国数学教学的基本要求。1963 年,《全日制中学数学教学大纲(草案)》指出"三大能力"的教学理念是我国数学教学观念的重大发展。

　　1978 年、1982 年 1986 年、1990 年、1996 年的中学数学教学大纲中关于能力的要求方面,进一步注意到解决实际问题的能力,因此在以上"双基"和"三大能力"之外,又提出了"逐步形成运用数学知识来分析和解决实际问题的能力。1996 年的中学数学教学大纲,将"逻辑思维能力"改成"思维能力",理由是数学思维不仅是逻辑思维,还包括归纳、猜想等非逻辑思维。1997 年以后,创新教育的口号极大地促进了数学能力的研究,于是 2000 年的中学数学教学大纲关于能力的要求,在上述基础上又增加了创新意识的培养。

　　进入 21 世纪,由于数学教育的需要,我国提出了数学教学的新理念。它突破了原有"三大能力"的界限,提出了新的数学能力观,包括提高抽象概括、空间想象、推理论证、运算求解、数据处理等基本能力。在以上基本能力的基础上,注重培养学生在数学方面提出问题、分析问题和解决问题的能力,发展学生的创新意识和应用意识,提高学生的数学探究能力、数学建模能力和数学交流能力,进一步发展学生的数学实践能力。

3. 确定数学能力成分的标准

　　对于确定数学能力成分的研究必须遵循一定的原则和标准,这样才能保证所做的研究是合理、有效的。

　　(1)数学能力成分的确定应当满足成分因素的相对完备性。所谓完备性,是指数学能力

①　李镜流. 教育心理学新论[M]. 北京:光明日报出版社,1987:42.
②　王有文. 高等数学学习论[M]. 北京:中央民族大学出版社,2016:26.

结构中应包括所有的数学能力成分。但事实上要达到绝对的完备难以做到,甚至是不可能的。对数学能力的理论研究,应尽量追求对象的完备性,而从教育的角度看,追求数学能力的绝对完备却没有实在意义。要根据社会发展对培养目标提出的要求,研究哪一些数学能力成分对于培养未来公民所必备的数学素质是必不可少的,哪一些数学能力因素具有某种程度的迁移作用,即能促进学生综合能力的发展。

(2)数学能力成分的确定要有明确的目标性。这有两层含义。第一层是指所确定的能力因素确实可以在教学中实施,而且能够达到预期的目的,即能力因素具有可行性。譬如,把"数学研究能力"作为培养中学生数学能力的一个要素,就不具有可行性。第二层含义是指对每种数学能力成分应有比较具体可行的评价指标。数学能力存在着个性差异,同一种数学能力因素会在不同的学生中表现出明显的水平差异,因此要制定一个统一的标准,衡量学生是否已具备某种数学能力,是否达到数学能力发展的目标。

(3)数学能力成分应满足相对的独立性。即各种能力因素在一定意义下的独立与完备性相同,独立只是相对的。在确定数学能力成分时,应考虑各种能力因素的外延,尽量缩小外延相交的公共部分,避免出现两个因子的外延有相互包含的关系,使数学能力成分满足相对的独立性。否则,所确定的数学能力结构从理论上讲是不准确的,在实践中也会造成目标模糊而不便实施。

4. 数学能力的成分结构

数学能力是在数学活动过程中形成和发展起来,并通过该类活动表现出来的一种极为稳定的心理特征。研究数学能力也应从数学活动的主体、客体及主客体交互作用方式三方面进行全方位考察。就数学活动而言,对活动主体的考察主要立足于对主体认知特点的考察,对客体的考察则主要是对数学学科特点的考察,至于主客体交互作用方式则突出表现为主体的数学思维活动方式。

数学活动包含以下心理过程:知觉、注意、记忆、想象、思维。因此,在数学活动中形成和发展起来的数学观察力、注意力、记忆力、想象力、思维力也就必然构成数学能力的基本成分。就数学学科特点、主体数学思维活动特点来分析,数学能力是指用数字和符号进行运算,培养运算能力、空间想象能力、逻辑推理与合情推理等能力、数学思维能力以及在此基础上形成的数学问题解决能力。

数学观察力、注意力、记忆力是主体从事数学活动的必然心理成分,因此是数学能力的必要成分,称为数学一般能力,而运算求解能力、抽象概括能力、推理论证能力、空间想象能力、数据处理能力则体现了数学学科的特点,是主体从事数学活动而非其他活动所表现出来的特殊能力,称为数学特殊能力。数学一般能力和数学特殊能力共同构成数学能力的基础,同时二者又是构成数学实践能力这一更高层次的数学能力的基础。数学实践能力包括学生在数学方面提出问题、分析问题和解决问题的能力,应用意识和创新意识能力,探究能力,建模能力和交流能力。从学生的可持续发展和终身学习的要求来看,数学发展能力应包括独立获取数学知识的能力和数学创新能力。培养学生数学发展能力是数学教育的最高目标,也是新时代知识更新周期日益缩短对人才培养的要求。

二、空间想象能力及其培养

(一)表象和想象

1.表象

空间想象与表象有关。认知心理学认为,表象与知觉有许多共同之处,它们均为具体事物的直观反映,是客观世界真实事物的类似物。两者的区别在于:知觉是对直接作用于感觉器官的对象或现象进行加工的过程,知觉依赖于当前的信息输入。当知觉对象不直接作用于感官时,人们依然可对视觉信息和空间信息进行加工,这就是心理表象。即表象不依赖于当前的直接刺激,没有相应的信息输入,其依赖于已储存于记忆中的信息和相应的加工过程,是在无外部刺激的情况下产生的关于真实事物的抽象的、类似物的心理表征。

作为不直接作用于感官的真实事物的现象的类似物,表象与感知相比,具有不太稳定、不太清晰的特点。正由于表象这种特性,所以当人们需要从表象中获取更多的信息时,常根据表象画出相应的图形,以便于进一步加工。图形是人们根据感知或头脑中的表象画出的,是展现在二维平面上的一种视觉符号语言,是对客观事物的形状、位置、大小关系的抽象。

2.想象

想象是在客观事物的影响下,在语言的调节下,对头脑中已有的表象进行结合、改造与创新而产生新表象的心理过程。因此,想象又称为想象表象。

(二)空间想象能力结构

1.空间观念

数学教育课程标准对教育阶段学生应该具有的空间观念规定如下:

(1)能够由实物的形状想象出几何图形,由几何图形想象出实物的形状,进行几何体与其视图、展开图之间的转换,能根据条件做出立体模型或画出图形。

(2)能描述实物或几何图形的运动和变化,能采用适当的方式描述物体之间的位置关系。

(3)能从较复杂的图形中分解出基本的图形,并能分析其中的基本元素及其关系。

(4)能运用图形形象地描述问题。

2.建构几何表象的能力

在语言或图形的刺激下,在头脑中形成表象,或者在头脑中重新建构几何表象的能力称为建构几何表象的能力。这种建立表象的过程必须以空间观念为基础,在语言指导下进行,图形刺激仅起到了辅助作用。

三、数学能力的培养

(一)培养数学能力的基本原则

数学能力培养需要满足如下原则。

1.启发原则

教师通过设问、提示等方式,为学生创造独立解决问题的情景、条件,激励学生积极参与解决问题的思维活动,参与思维为其核心。

2.主从原则

教学要根据教材特点,确定每章、每节课应重点培养的1～3种数学能力。教师可依据数学能力与教材内容、数学活动的关联特点去确定每章和每节课应重点培养的数学能力。

3.循序原则

循序原则的实质,在于充分认识能力的培养与发展是一个渐进、有序的积累过程,是由初级水平向高级水平逐步提高的过程。因此,若不具备简单的认知能力,也就不可能形成和提升操作能力,乃至具备复杂的策略运用能力。

4.差异原则

教师要根据学生的不同素质和现有能力水平,对学生提出不同的要求,采取不同的方法和措施进行培养,即因材施教。教师应及时了解教学效果,随时调整教学方法。

5.情意原则

在教学过程中,建立良好的师生情感,培养学生良好的学习品质,是能力培养不可忽视的原则。

(1)要认识到每一个学生都具有学好数学的基本素质。人所具有的能力是在先天生理素质的基础上,通过社会活动、系统教育科学的训练逐渐形成和发展起来的,其中生理素质是能力形成和发展的先决条件和物质基础。学生能否真正学好数学,还在于教师能否采用有效手段去激发学生的兴趣和求知欲望,充分发挥他们的潜能。

(2)教师必须正视学生数学能力的差异。学生的数学能力表现出明显的个体差异。教师对学生的数学能力必须给予正确的评估。

(3)采取措施让学生积极地参与数学活动,主动探索知识。数学能力的培养要在数学活动中进行,这就要求教师在数学教学中必须强调数学活动的过程教学,展示知识发生、发展的背景,让学生在这种背景中产生认知冲突,激发求知、探究的内在动机;不要过早地呈现结论,以确保学生真正参与探索、发现的过程;正确地处理教材中的"简约"形式,适当地再现数学家思维活动的过程,并根据学生的思维特点和水平,精心设计教学过程,让学生看到数学思维过程;注意学生的思维过程,及时引导、启迪、发现错误,及时纠正,并帮助总结思维规律和方法,使学生的思维逐渐发展。

（4）数学能力培养的目标观。教师应该依据教学内容制订数学能力培养的具体目标,把能力培养作为数学教学任务。学生数学能力"自然形成观"对培养学生的数学能力是极不利的。

（5）数学能力培养的策略观。数学能力培养既有一般规律,又有特殊规律,是一个系统工程,要有一定的战略战术,要讲究策略,要有具体明确的培养计划。

1）全面、准确地认识数学能力结构,充分发挥模式能力的桥梁作用。要促进学生数学能力的全面发展,教师要全面、准确地认识学生数学能力结构:一方面要全面认识、准确理解学生数学能力的成分;另一方面要正确认识这些能力成分之间的关系,在教学中要充分发挥模式能力的桥梁作用,使得各个成分之间互相联系。

2）精确加工与模糊加工相结合。数学是一门具有高度抽象性、严密逻辑性的科学。现代数学知识体系的特征更为精确,然而除了精算能力之外,发展学生的估计能力对于提高学生的问题解决能力也是非常重要的,二者不可互相代替。

3）形式化与非形式化相结合。形式化是数学的固有特点,也是理性思维的重要组成部分,学会将实际问题形式化是学生需要学习和掌握的基本数学素质,但不应因此而忽视了合情推理能力的培养。从抽象到抽象,从形式到形式的一系列客观数学事实,使学生无法理解数学与现实世界的联系,无法激发学生的数学学习兴趣。

（二）数学能力的培养策略

数学能力的培养主要是在课堂教学中进行的。根据具体的教学内容,确定具体的教学目标,明确培养何种数学能力要素,并通过有效的教学手段去实现教学目标。

1.能力的综合培养

对数学能力结构进行定性与定量分析后,提出了数学思维能力培养策略。

（1）各种能力要素的培养应在相应的思维活动中进行。数学思维能力及各构成要素是在数学思维活动中形成和发展的,所以有必要开发好的数学思维活动。数学思维活动可以看作是按下述模式进行的思维活动:

1）经验材料的数学组织化,即借助于观察试验、归纳、类比、概括积累事实材料;

2）数学材料的逻辑组织化,即由积累的材料中抽象出原始概念和公理体系,并在这些概念和体系的基础上建立理论;

3）数学理论的应用。

（2）有专门的能力要素培养的训练。教学过程中应设计一些侧重某一能力要素的训练题目。培养能力需要进行一定的练习,但不是盲目做题。

（3）教学的不同阶段应有不同的侧重点。每一知识块的教学都可分为入门阶段和后继阶段。在入门阶段,新知识的引入要基于最基本、与原有知识联系最紧密的材料,使学生易于过渡到新的领域。要尽早渗透新的数学思想方法,使学生思维能有一般性的分析方法和思考原则。后继阶段是思维得以训练的好时期。由于有了入门阶段建立起的思维框架,学生的思维空间得到了拓展,各项思维能力因素都应得到训练。

(4)注意学生的思维水平。

2.特殊数学能力要素的培养策略

许多研究是围绕某些特殊的能力要素的培养展开的。

(1)运算能力的培养。运算能力是在实际运算中形成和发展,并在运算中得到表现的,这种表现有正确性和迅速性两方面。正确是迅速的前提,没有正确的运算,迅速就没有实际内容。在确保正确的前提下,迅速才能反映运算的效率。运算能力的迅速性表现为准确、合理、简捷地选用最优的运算途径。培养学生的运算能力必须做好以下几个方面。

1)牢固地掌握概念、公式、法则。数学的概念、公式、法则是数学运算的依据。数学运算的实质,就是根据有关的运算定义,利用公式、法则从已知数据及算式推导出结果。在这个推理过程中,如果学生把概念、公式、法则遗忘或混淆不清,必然影响结果的正确性。

2)掌握运算层次、技巧,培养迅速运算的能力。数学运算能力结构具有层次性的特点。从有限运算进入无限运算,在认识上是一次飞跃,例如对曲边梯形的面积计算这个让人十分困惑不解的问题,现在能辩证地去理解它了。这说明辩证法又进入了运算领域。简单低级的问题没有过关,要发展到复杂高级的运算就困难重重,再进入无理式的运算,那情况就会更糟,甚至不能进行。

在每个层次中,还要注意运算程序的合理性。运算大多是有一定模式可循的,然而由于运算中选择的概念、公式、方法的不同往往繁简各异。由于运算方案不同,应从合理上下工夫,所以教学中要善于发现和及时总结这些有规律性的问题,抓住规律,对学生进行严格的训练,使学生掌握这些规律,学生自然而然会提高运算速度。

如果数学运算只抓住了一般的运算规律还是不够的,还必须进一步形成熟练的技能技巧。因为在运算中,概念、公式、法则的应用,对象十分复杂,没有熟练的技能技巧,常常出现意想不到的麻烦。

此外,应要求学生掌握口算能力。运算过程的实质是推理。推理是从一个或几个已有的判断,做出一个新的判断的思维过程。运算的灵活性具体反映思维的灵活性,善于迅速地引起联想,善于自我调节,迅速及时地调整原有的思维过程。一些学生之所以在运算时采用较为烦琐的方法,主要是因为他们思考问题不灵活,不能随机应变,习惯用旧的套路,不善于根据实际问题的条件和结论来思考。

(2)逻辑思维能力的培养。

1)重视数学概念教学。在数学教学中要定义新的概念,必须明确下定义的规则,例如"平角的一半叫直角"的定义中,平角是直角最邻近的概念,"一半"则是类差。因此在定义数学概念时,若用"种概念加类差"定义,必须找出该概念的最邻近种概念和类差,启发学生深刻理解,也不至于在推理论证上由于对概念理解不全面而导致论证失败。

2)要重视逻辑初步知识的教学。学生要掌握基本的逻辑方法,传统的数学教学通过大量的解题训练来培养逻辑思维能力,除一部分成绩突出的学生外,这对多数学生来说,收获是不大的。

3)通过解题训练,培养学生的逻辑思维能力。通过解题,加强逻辑思维训练,培养思维的严谨性,提高分析推理能力。要注意解题训练要有一个科学的系列,不能搞"题海战术"。

要让学生熟悉演绎推理的基本模式——演绎三段论(大前提—小前提—结论)。由于演绎三段论是分析推理的基础,在教学中,就可以进行这方面的训练。在教授数或式的运算时,要求步步有据,教师在讲解例题时要示范批注理由。

在平面几何的学习中,要训练学生语言表达的准确性,严格按照三段论式进行基本的推理训练,并逐步过渡到通常使用的省略三段论式。经过这样的推理训练,学生在进行复杂的推理论证时,才能保持严谨的演绎思维,不至于思维混乱。

(3)空间想象能力的培养。

1)适当地运用模型是培养空间想象力的前提。感性材料是空间想象力形成和发展的基础,对教具与实物模型的观察、分析,使学生在头脑中形成空间图形的整体形象及实际位置关系,进而才能抽象为空间的几何图形。

2)准确地讲清概念、图形结构,是形成和发展空间想象力的基础。"立体几何"是培养学生空间想象力的重要学科。准确、形象地理解概念和掌握图形结构,有助于空间想象能力的形成和发展。

3)直观图是发展空间想象力的关键。对初学立体几何者来讲,如何把自己想象中的空间图形体现在平面上,是最困难的问题之一。所谓空间概念差,表现为画出的图形不富有立体感,不能表达出图形各部分的位置关系及度量关系。

4)运用数形结合方法丰富学生空间想象能力。几何教学进行空间想象力的训练,固然可以发展学生的空间想象能力。但是培养学生的空间想象力不只是几何的任务,在数学类的其他科目中都可以进行。

(4)解题能力的培养。解题能力主要是在解题过程中获得的,一个完整的数学解题过程可分为探索、实施与总结三个阶段。

1)探索阶段。在探索阶段主要是弄清问题、猜测结论、确定基本解题思路,从而形成初步方案的过程。具体的数学问题往往有很多条件,有很多值得考虑的解题线索,有很多可以利用的数量关系和已知的数学规律:在从众多条件、线索、关系中很快理出一个头绪。一个逻辑上严谨的解题思路的形成过程中,学生的思维能力便得到了训练和提高。在教学中,教师应经常引导学生理清已学过知识之间的逻辑线索,练习由某种数量关系推演出另一种数量关系,进而把问题的条件、中间环节和答案连接起来,减少探索的盲目性。

具备猜测能力是获得数学发现的重要因素,也是解题所必不可少的条件。数学猜测是根据某些已知数学条件和数学原理对未知的量及其关系的推断。它具有一定的科学性,又有很大程度的假定性。在数学教学中进行数学猜测能力的训练,对于学生当前和长远的需要都是有好处的。

2)实施阶段。实施阶段是验证探索阶段所确定的方案,最终实现方案,并判定探索阶段所形成的猜测的过程。这个过程实际上就是进行推理、运算,并用数学语言进行表述的过程。从一定意义上讲,数学可以看成一门证明的科学,其表现形式主要是严格的逻辑推理。因此,推理是实施阶段的基本手段,也是学生应具备的主要能力。推理、运算过程的表述就是运用数学符号、公式、语言表达推理、运算的过程。

3)总结阶段。数学对象与数学现象具有客观存在的成分。它们之间有一定事实上的关联,构成有机整体,数学命题是这些意念的组合。因此,数学证明作为展示前提和结论之间的必然逻辑联系的思维过程,不仅是在数学学习过程中证实,还有更重要的是理解。从这一观点出发,我们推崇解完题后的再探索。正如波利亚所强调的,如果认为解完题就万事大吉,那么"他们就错过了解题的一个重要而有益处的方面",这个方面称为总结阶段。在这个阶段通常必须进一步思考解法是否最简捷,是否具有普遍意义,问题的结论能否引申发展。进行这种再探索的基本手段是抽象、概括和推广。

第二节　高等数学教学的思维方法

一、数学思想方法教学中存在的问题

数学思想方法的探究在各种数学教学研究中如影随形,数学教师对它非常重视。但在具体教学过程中,在认识及教学策略上似乎还存在一些问题。我们根据对一线数学教师的调查和交流并查阅相关文献,对数学思想方法教学存在的问题进行了归纳。

(一)认识侧重点存在偏差

我们认为,数学思想方法教学存在认识上的偏差,主要是处理知识与数学思想方法的渗透过程以及数学思想方法的内在联系上。

1.教学思想方法与知识的关系

目前有一种说法"知识只是思维的载体",甚至有一种极端的说法"知识不重要,关键在于过程"。这对以往只重视知识的教学,忽略数学思想方法渗透的认识似乎是一种进步。但这种认识如果走向极端,可能会造成学生的学习基础不扎实。实际上,在数学教学过程中,有很多场合不能把知识与过程的关系一概而论,有的场合是知识重要,而数学思想方法可以退其次;有的场合则是数学思想方法重要,而结论似乎可以不关心;很多场合则是数学思想方法与数学知识并重。

2.数学思想方法的内在关系

数学思想方法的内在关系处理有两种含义:
(1)数学思想与数学方法的关系;
(2)很多数学问题含有多种数学思想方法,如何体现主要数学思想方法的教育价值协调问题。

目前,数学教学在这两方面存在重方法轻思想和主次不分的认识偏差现象,针对这些偏差我们提出以下见解。

数学思想与数学方法的关系是否区分似乎并不重要,因为它们本身就联系非常密切。任何数学思想必须以数学方法才能得以显性体现。任何数学方法的背后都有数学思想作为支撑。在教学过程中数学教师应该有一个清醒的认识,学生掌握了很多问题的解决方法,但不知道这些方法背后的数学思想存在很大共性。同样,有数学思想,但针对不同的数学问题却不会应用的情况也不少。

数学技能中有很多的方法模块,这些方法模块背后有一定层次的数学思想方法和理论依据,在解决具体问题时,可以越过使用这些模块的理论说明,直接形式化使用,姑且称之为原理型数学技能。数学中一些公理、定理、原理,甚至在解题过程中积累起来的"经验模块"等的使用,能够使数学高效解决问题。为了建立和运用这些"方法模块",首先必须让学生经历验证或理解它们的正确性;其次,这些"方法模块"往往需要一定的条件和格式要求,如果学生不理解其背后的数学思想方法,很可能在运用过程中出现逻辑错误,数学归纳法就是一个很典型的例子。

(二)教学策略认识尚模糊

曾经有一位学者说"我如果有一种好方法,我就想能否利用它去解决更多更深层次的问题。如果我解决了某个问题,我会想能否具有更多、更好的其他方法去解决这个问题。"此即解决问题与方法的纵横交错关系,尽管我们在数学教学过程中强调"一题多解""多题一解"等训练,但真正有策略的关于知识与方法的关系处理,尤其是关于数学思想方法的教学策略的认识似乎还欠清晰。我们在数学教学过程中关于数学思想方法的教学策略的认识需要提高,这方面的研究目前还缺乏系统性。

现在编写教材和教师上课基本上均采取以数学知识为主线,而数学思想方法却像个影子,忽隐忽现,其中的规律也很少有人认真思考过。我们不反对让数学思想方法"镶嵌"在数学知识和数学问题中,采取重复或螺旋形方式出现,但我们缺乏一些基本和认真的思考,数学思想方法教育几乎处于一种随意和无序状态。数学思想方法的教学策略为什么会出现这样的现象?我们认为,有如下几点需要注意。

(1)数学思想方法的相对隐蔽特性使得它的隐现与教师水平"相协调"。要从一些数学知识和数学问题中看出其背后数学思想方法需要教师的数学修养,有的教师能够用高观点从一些普通的数学知识与数学问题中看出背后的数学思想方法,而有的教师却做不到这一点,这就导致数学思想方法的教学出现了差异。

(2)数学思想方法教学的相对弹性化使得它的隐现与教学任务"相一致"。在数学教学过程中,数学知识教学属于"硬任务",在规定时间内需要完成教学任务,而数学思想方法的教学任务则显得有弹性。如果课堂数学的知识教学任务少,教师可以多挖掘一些"背后的数学思想方法",反之,则可以少讲甚至不讲。正因为数学思想方法具有这样的特性,所以可能产生以下两种后果:

一方面,如果教师能够高瞻远瞩,充分运用数学思想方法教育弹性化特点,能够把知识教学与数学思想方法进行有效融合,融会贯通,达到良好的教学效果。

另一方面,如果数学教师眼界不高,看得不远,很可能使一些重要的数学思想方法得不到有效灌输,而一些非主流的数学思想方法却得到不必要的关注。

(三)数学思想方法及渗透策略急需研究

数学思想方法分为宏观和微观,除了前面指的数学思想具有宏观和隐性、数学方法具有微观和显性外,还有就是,如果把数学思想与数学方法看成一个整体,用数学思想方法简称之,那么"大一些"的数学思想方法是由"小一些"的数学思想方法组成的,或者说一些数学思想方法经过逐级抽象或适度组合形成"更高级"的数学思想方法。例如,化归思想,它就是由诸如换元法、配方法等一些"数学思想方法"整合而成的。可以这样认为,数学思想方法是由知识教学向智慧培养转移的重要手段,也是我国数学教育工作者提出的具有中国特色数学教育理论的一个尝试。目前,数学思想方法的提法已经得到国内数学教育工作者的认可,并在数学教学实践中得以实施。但是,很多理论和实践层面的问题似乎还不成熟,还需要广大数学教育工作者进一步参与。以下罗列几个需要研究的问题,希望读者能够参与相关的思考与讨论。

(1)数学思想方法属于整体概念还是可以看成"数学思想"+"数学方法"?这个问题一直没有达成一致的认识。

(2)数学包含哪些数学思想方法?各种数学思想方法的教学"指标"是什么?能否采用硬性的指标把数学思想方法的教学要求写进课程标准中?

(3)数学思想方法是如何形成的?需要分成几个阶段进行教学?学生形成数学思想方法的心理机制是什么?

(4)数学教学过程中以数学知识和数学技能为主线的传统做法,能否更改为以数学思想方法为主线的教学策略?

二、数学思想方法的主要教学类型探究

(一)情境型

数学思想方法教学的第一种类型应该属于情境型,人们在很多问题的处理上往往"触景生情"地产生各种想法,数学思想方法的产生也往往出自各种情境。情境型数学思想方法教学可以分为"唤醒"刺激型和"激发"灵感型两种。"唤醒"刺激型属于被激发者已经具备某种数学思想方法,但需要外界的某种刺激才能联想的教学手段,这种刺激的制造者往往是教师或教材编写者等,刺激的方法往往是由弱到强。为了达到这种手段,教师往往采取创设情境的方法,然后根据学生的情况,进行适度启发,直至学生会主动使用某种数学思想方法解决问题为止;"激发"灵感型属于创新层面的数学思想方法教学,学生以前并未接触某种数学思想方法,在某个情境的激发下,思维突发灵感,会创造性地使用这种数学思想方法解决问题。

情境型数学思想方法教学必须具备以下几个条件:

(1)一定的知识、技能、思想方法的储备。

(2)被刺激者具有一定的主动性。

(3)具有一定的激发手段的情境条件。

情境型数学思想方法教学的主要意图在于通过人为情境的创设,让学生产生捕捉信息的敏感性,形成良好的思维习惯,将来在真正的自然情境下能够主动运用一些思想方法去解决问题。

外界情境刺激的强弱对主体的数学思想方法的运用是有一定关系的。当然与主体的动

机及内在的数学思想方法储备显然关系更密切。就动机而言,问题解决者如果把动机局限于问题解决,那么他只要找到一种数学思想方法解决即可,不会再用其他数学思想方法了。而教育者要达到教育目的,它往往会诱导甚至采用手段使受教育者采用更多的数学思想方法去解决同一个问题。我们认为,应该以通性通法作为数学思想方法的教育主线,至于每一道数学问题解决的偏方,可以在解决之前由学生根据自己临时状态处理,解决后可以采取启发甚至直接展示等手段以"开阔"学生解决问题的视野。

任何一个数学问题都可以理解为激发学生数学思想方法运用的情境,其实,在教学过程中,任何一章、一个单元、一节课,都有必要创设情境,其背后都有数学思想方法教育的任务。这一点在具体的数学教育中往往被教师忽视。

不管是一个章节还是一个具体的数学问题,这种情境激发学生的数学思想方法去解决问题的最终目的是使学生在将来的实际生活中能够运用所形成的数学思想方法,甚至创设一种数学思想方法去解决相关问题。因此,现在的课程比较注重创设实际问题情境,引导学生用数学的眼光审视、运用数学联想、采用数学工具、利用数学思想方法去解决实际问题。欧拉从人们几乎陷入困境的七桥问题构思出精妙的数学方法,并由此诞生了一门新的学科——拓扑学;高斯很小就构思出倒置求和的方法,求出前 100 个自然数的和,被人们传为佳话而写进教科书。因此,创设生活情境让学生运用甚至创造性地运用数学思想方法去解决实际问题,也是数学教师不可忽视的教学手段。

情境型数学思想方法教学应该正确处理好数学情境与生活情境的关系,两种情境的创设都很重要。尽管现在新课程引入比较强调一节课从实际问题情境中引出,但应该注意,都从实际问题引入往往会打乱数学本身内在的逻辑链,不利于学生的数学学习,而过分采用数学情况引入,则不利于学生学习数学的动机及兴趣的进一步激发和实际问题的解决能力的培养,数学思想方法的产生和培养往往都是通过这些情境的创设来达到的,因此,要根据教学任务,审时度势地创设合适的情境进行教学。

(二)渗透型

渗透型数学思想方法的教学是指教师不挑明属于何种数学思想方法而进行的教学,它的特点是有步骤地渗透,但不指出。

所谓唤醒是指创设一定的情境把学生在平时生活中积累的经验从无意注意转到有意注意,激活学生的"记忆库",并进行记忆检索;而归纳是指将学生激发出来的不同生活原型和体验进行比较与分析,并对这些原型和体验的共性进行归纳,这个环节是能否成功抽象的关键,需用足够的"样本"支撑和一定的时间建构。抽象过程需要主体的积极建构,并形成正确的概念表征。描述是教师为了让学生形成正确概念表征的教学行为,值得注意的是,教师的表述不能让学生误以为是对元概念的定义。

元概念的教学以学生能够形成正确的表征为目标,学生需要一个逐步建构的过程,教师不能越俎代庖,否则欲速则不达。

其实,点、线、面的教学有数学思想方法的"暗线"。首先,研究繁杂的空间几何体必须有一个策略,那就是从简单到复杂的过程,第一个策略是从"平"到"曲",然后再到"平"与"曲"

的混合体。第二个策略是对"平"的几何体进行"元素分析",自然注意到点、直线、平面这些基本元素。其次,如果对空间几何体彻底进行元素分析。点可以称得上最基本的了,因为直线和平面都是由点构成的,但是,纯粹由点很难对空间几何体进行构造或描述,就连描述最简单的图形,即直线和平面也是有困难的,如果添加直线,由直线和点对平面进行定义也是有困难的,因此,把点、直线、平面作为最基本元素来描述和研究空间多面体就容易得多了。第三个策略,要用点、线、面去研究其他几何体,理顺它们三者之间的关系成了当务之急,这就是为什么引进点、线、面概念后要研究它们关系的基本想法。第四个策略,点可以成线、线可以成面这是学生都知道的事实。立体几何中点、线,面的教学就是典型的渗透型思想方法的教学。

渗透型数学思想方法几乎贯穿于整个数学教学过程,教师的教学过程设计及处理背后往往都含有很丰富的数学思想方法,但教师基本上不把数学思想方法挂在嘴上,而是让学生自己去体验,除非有特殊需要,教师可以点明或进行专题教学。

(三)专题型

专题型数学思想方法教学属于教师指明某种数学思想方法并进行有意识的训练和提高的教学。数学教学中应该以通性通法为教学重点,如待定系数法、十字相乘法、凑十法、数学归纳法等,教学应该对这些方法足够重视。值得指出的是,目前对一些数学思想方法,各教师的认识可能不尽相同,因此处理起来就各有侧重。例如,有教师认为十字相乘法的应用范围窄而很多将其从教材中删除。在"十字相乘法环境"中"培养长大"的教师却觉得非常可惜。我们认为,数学思想方法教学有文化传承的意义,中国数学教学改革及教材改革应该对此有所关注,我们以前津津乐道的十字相乘法、韦达定理、换底公式等方法在数学课程改革中岌岌可危。

(四)反思型

数学思想方法林林总总,有大法也有小法,有的大法是由一些小法整合而成的,这些小法就有进一步训练的必要,而有些小法却是适应范围极小的"雕虫小技",有一些"雕虫小技"却也可以人为地"找"或"构造"一些数学问题进行泛化来"扩大影响力",而成为吸引学生注意力的"魔法"。因此,如何整合一些数学思想方法是一个很值得探讨的话题,从而这些整合往往得通过学习者自己进行必要的反思,也可以在指导者的组织下进行反思和总结,这种数学思想方法的教学我们称之为反思型数学思想方法教学。

三、思想方法培养的层次性

学生头脑中的数学思想方法到底是怎样形成的? 如何进行有策略的培养? 这些显然是数学教师关心的问题。数学中的思想方法很多,但培养层次高低不同,有的属于"小打小闹",做到"一把钥匙开一把锁"或"点到为止",可有的却是"无限拔高"而要求"修炼成精"。尽管任何一种数学思想方法形成的教学要求有高低,但根据我们的观察,它们应该从低到高经历不同的层次,也可以理解为不同的阶段:隐性的操作感受阶段、孕伏的训练积累阶段。

(一)数学思想方法培养的层次性简析

1.第一层次:隐性的操作感受

学生学习一些数学基础知识及技能,开始时一般采取"顺应"的策略,他们也知道这些数学知识及技能背后肯定有一些"想法",但出于对这些新的东西"不熟",一般就会先达到"熟悉"的目的,边学习边感受。而教师一般也不点破,只让学生自己去学习,用一些掌握知识和技能的"要领"对学生进行"点拨",有时也借助一些"隐晦"语言试图让一些聪明的学生能够尽快地感悟。应该说,此时的数学思想方法的感悟处于一种自由的感受直至感悟阶段,不同的学生感受各不相同。

"隐性的操作感受"主要有如下几个特征:

(1)知识的反思性极强,对数学知识和技能的获得方法的反思、对数学知识的结果表征和对技能的获得的观察、多向思考尤其是逆向思维的运用等,均需要学生边学习边反思。

(2)处于"意会期"情形较多,这个时期的数学思想方法可谓"只可意会,不可言传",尽管有一些可以通过语言讲述,但教师更多的是让学生去体验和感悟,给学生一个观察与反思的机会,以培养学生的"元认知"能力。

(3)发散度极强。对于"感悟性极强"的数学思想方法培养,应该给学生思维以更大的发散空间,而"隐性的操作感受"恰好符合这个要求。因为对人类已经发明或创设的数学知识及背后的思想方法进行重新审视和反思,往往能够提供给初学者一个创新机会,知识传授者不可以以自己已经定势的思维对学生进行直接的"引导"来限制或剥夺学生的"创造空间",最好暂时保持"沉默"以换来学习者更大的"爆发"。

2.第二层次:孕伏的训练积累

尽管我们给了学生一个"隐性的操作感受",但由于学生的年龄特征及知识和能力的局限,如果没有进行必要的点拨,他们也很可能无法"感悟到"知识背后的一些数学思想方法,所以教师应该适时进行点拨。教师通过数学知识的传授或数学问题的解决,采用显性的文字或口头语言"道出"一些数学思想方法并对学生有意识训练的阶段称为"孕伏的训练积累阶段",其中"孕伏"是指为形成"数学文化修养"打下埋伏。这个阶段教师的导向性比较明显,是将内蕴性较强的数学思想方法显性化传输的一个时期,也可能是学生有意识地去"知觉"的阶段,是学生对数学思想方法感悟和学习的重要提升阶段。

处于"孕伏的训练积累"的数学思想方法教学具有以下特征:

(1)显性化。教师采用抽象和精辟的语言概括出学生所学数学知识背后的数学思想方法,使学生从"初步感受阶段"中"豁然开朗"。

(2)导向性。教师在这个阶段的教学行为导向性非常明显,不仅使用显性而明确的语言概括出数学活动背后蕴涵的数学思想,还编拟一些数学问题进行训练,以增强运用某种数学思想方法的意识。

(3)层次性。教师根据学生在学习的不同阶段,采用不同层次的抽象语言来概括数学思想方法,经常采用"XX法"等过渡性词语来表达一些数学思想。

（4）积累性。人类对自己的思想方法也是一个无限发展的过程。"孕伏的训练积累"阶段就是将一些数学思想在学生面前的"曝光阶段"，很可能在学生面前"曝光"一种数学思想方法却同时在孕育着另一种更高层次的数学思想方法，低层次的数学思想方法培养的"孕伏的训练积累"阶段可能是更高层次的数学思想方法培养的"隐性的操作感受"阶段。

我们认为在概括数学思想方法的时候应该特别强调具有"数学味"，体现以数学为载体在培养人的思想方法方面的特殊价值，让数学思维成为人类思维活动的一枝奇葩。

（二）数学思想方法阶段性培养的几点思考

数学思想方法形成的层次性或阶段性分析是我们的一个尝试，目的是提醒我们在培养过程中根据不同的时期，灵活选择培养手段。下面将注意事项概括为三点，读者可以进一步探索和补充。

1. 要准确把握好各阶段的特征

一种数学思想方法必须经历孕育、发展、成熟的过程，不同时期的特征各不一样，教育手段也差距甚远，如果不根据阶段性特征而拔苗助长，很可能会违背数学教学规律而"受到惩罚"。

例如，公理化思想、反证法思想在高中阶段如果还停留在"隐性的操作感受"阶段恐怕就不妥了，一方面学生已经经历和积累了大量的感性认识，同时他们的抽象思维已经接近成人的水平，再不进入后两个阶段，对学生的终身发展是一个缺憾。值得指出的是，各种思想方法培养所经历的不同时期的时间往往是不一致的。应该了解各种思想方法的特征，从学生今后发展的宏观角度认识数学思想方法的价值，有意识、有步骤地进行渗透和培养。

2. 注意各种思想方法的有机结合

各种思想方法的有机结合有多个方面的意思。一是思想方法具有逐级抽象的过程，"低层次"的数学方法可能"掩盖"了"高层次"的数学思想。我们发现，目前的教学过程中以"法"代"想"的现象比较普遍。虽然可能将"微观"中的"法"作为"宏观"中的"想"在"隐性的操作感受"阶段加的感性材料，但是，或许并没有将一些本该进一步"升华"的"法"发展和培养成"想"的意识。二是对同一个学生而言，各种思想方法培养所处"时期"可能也不一样，应该注意培养的侧重点，不能因为一种已经进入成熟的思想方法掩盖了尚处于前两个时期的思想方法，错失培养的良机。三是一种数学知识可能蕴涵着多种数学思想方法，一个数学问题可以采用多种思想方法中之一来解决，也可能需要多种数学思想方法的合理"组合"才能解决，应该引导学生进行优选和组合，使学生具有良好的学习数学和解决数学问题的综合能力。

3. 认真体验和反思数学思想方法

数学方法具有显性的一面，而数学思想往往具有隐性的一面，数学思想通过具体数学方法来折射，一些学者由于数学思想和方法的紧密联系，往往就不加区分统称为数学思想方法。我们不要以为讲授了一些问题的具体处理方法就已经体现了背后的思想，这其实存在一个认识误区。学生采用多种方法解决了一个又一个数学问题，但他们说不出背后思想的情况比比皆是。徐利治教授的 RMI 法则从提出到现在还不久,说明我们现在已有的所谓数学思想方法还有更多的"提炼空间",可以这样认为,能否在千变万化的数学方法中概括出数学思想是衡量一个学生或数学教师的水平和数学修养的重要标志,只有提升自己的认识水平,才能高屋建瓴地有效培养学生的数学思想,因此,我们完全可以通过体验和反思目前已有的数学思想方法,使自身的观点和水平得到进一步提高。

第三节　高等数学教学的逻辑基础

一、数学概念

概念是思维的基本单位,是思维的基础。现代心理学研究认为,大脑的知识可以等效为一个由概念节点和连接构成的网络体系,称为"概念网络"。由于概念的存在和应用,人们可以对复杂的事物作简化、概括或分类的反映。概念将事物依其共同属性而分类,依其属性的差异而区别,因此概念的形成可以帮助学生了解事物之间的从属与相对关系。数学概念是数学研究的起点,数学研究的对象是通过概念来确定的,离开了概念,数学也就不再是数学了。

(一)数学概念概述

1.概念的定义

概念是哲学、逻辑学、心理学等许多学科的研究对象;各学科对概念的理解是不一样的,概念在各学科的地位和作用也不一样。哲学上把概念理解为人脑对事物本质特征的反映,因此认为概念的形成过程就是人对事物的本质特征的认识过程。

依据哲学的观点,数学概念是对数学研究对象的本质属性的反映。由于数学研究对象具有抽象的特点,所以数学是依靠概念来确定研究对象的。数学概念是数学知识的根基,也是数学知识的脉络,是构成各个数学知识系统的基本元素,是分析各类数学问题,进行数学思维,进而解决各类数学问题的基础。它的准确理解是掌握数学知识的关键,一切分析和推理也主要是依据概念和应用概念进行的。

2.概念的内涵与外延

任何概念都有含义或者意义,例如"平行四边形"这个概念,意味着是"四边形""两组对边分别平行"。这就是平行四边形这个概念的内涵。任何概念都有所指。例如,三角形这个概念就是指锐角三角形、直角三角形与钝角三角形的全体,这就是概念的外延,因此概念的内涵就是指反映在概念中的对象的本质属性,概念的外延就是指具有概念所反映的本质属性的对象。

内涵是概念的质的方面,它说明概念所反映的事物是什么样子的,外延是概念的量的方面,通常说的概念的适用范围就是指概念的外延,它说明概念反映的是哪些事物。概念的内涵和外延是两个既密切联系又互相依赖的因素,每一科学概念既有其确定的内涵,也有其确定的外延。因此,概念之间是彼此互相区别、界限分明的,不容混淆,更不能偷换,教学时要概念明确。从逻辑的角度来说,基本要求就是要明确概念的内涵和外延,即明确概念所指的是哪些对象,以及这些对象具有什么本质属性。只有对概念的内涵和外延两个方面都有准确的了解,才能说对概念是明确的。

应当指出:

(1)按着传统逻辑的说法,概念的外延是一类事物,这些事物是该类的分子,但按现代逻辑的说法,习惯上把类叫作集合,把分子叫作元素,这样就把探讨外延方面的问题归之为讨论集合的问题。

(2)有些概念是反映事物之间关系的,例如,"大于"等,它们的外延就不是一个一个的事物而是有序对集(就自然数而论)。

(3)概念的内涵和外延是相互联系、互相制约的,概念的内涵确定了,在一定条件下,概念的外延可由之确定。反过来,概念的外延确定了,在一定条件下概念的内涵也可以因此而确定。例如"正整数、零、负整数、正分数、负分数"是有理数的外延,它是完全确定的。掌握一个概念,有时不一定能知道它的外延的全部,有时也不必知道它的外延的全部,比如"三角形"这个概念是我们所掌握的,但是不必,也不可能知道它的外延的全部,即世界上所有的具体三角形,但是只要掌握一个标准,根据这个标准就能够确定某一对象是否属于这个概念的外延,而这个标准就是概念的内涵——概念所反映对象的本质属性,对某一个具体图形,都可以明确地说出它是三角形或不是三角形。

(二)数学概念的分类

对概念的分类是心理学家的一种追求,因为这是问题研究的一个起点。给数学概念分类的目的在于:一是从理论上解析数学概念结构,从而为数学概念学习奠定基础;二是在教学设计中,便于根据不同类型概念制定相应的教学策略。

概念分类有不同的标准,对概念分类主要采用以下几种方式:①从数学概念的特殊性入手分类,突出数学概念的特征;②从逻辑学角度进行分类,在一般概念分类的基础上对数学概念进行划分;③学习心理理论对概念进行分类,以揭示不同概念学习的心理特征。从教育心理学的角度看,对概念进行分类的目的都是为概念教学服务的,围绕如何教的概念分类是人们追求的目标。

1.原始概念、入度大的概念、多重广义抽象概念

有学者依据概念之间的关系,把数学概念分为原始概念、入度大的概念、多重广义抽象概念。徐利治先生认为,数学概念间的关系有3种形式。

(1)弱抽象。即从原型 A 中选取某一特征(侧面)加以抽象,从而获得比原结构更广的结构 B,使 A 成为 B 的特例。

(2)强抽象。即在原结构 A 中添某一特征,通过抽象获得比原结构更丰富的结构 B,使 B 成为 A 的特例。

(3)广义抽象。若定义概念 B 时用到了概念 A,就称 B 比 A 抽象。

严格意义上讲,这不是对概念的分类,只是刻画了一些特殊概念的特征。它的教学意义在于,教师进行教学设计时可以重点考虑对这三类概念的教学处理,或作为教学的重点或难点。

2.陈述性概念与运算性概念

在对概念结构的认识方面,认知心理学家提出一种理论——特征表说。所谓特征表说即认为概念或概念的表征是由两种因素构成的:①定义性特征,即一类个体具有的共同的有关属性;②定义性特征之间的关系,即整合这些特征的规则。这两种因素有机地结合在一起,组成一个特征表。有学者根据这一理论和知识的广义分类观,对数学概念进行分类。

3.合取概念、析取概念、关系概念

有学者依据概念由不同属性构造的几种方式(联合属性、单一属性、关系属性),分别对应地把数学概念分为合取概念、析取概念、关系概念。所谓联合属性,即几种属性联合后对概念下定义,这样所定义的概念称为合取概念。所谓单一属性,即在许多事物的各种属性中,找出一种(或几种)共同属性来对概念下定义,这样所定义的概念称为析取概念。所谓关系属性,即以事物的相对关系作为对概念下定义的依据,这样所定义的概念称为关系概念。显然,这种划分建立在逻辑学基础之上,以概念本身的结构来进行分类。这种方法同样适用于对其他学科的概念进行分类,因而没有体现数学概念的特殊性。

4.叙实式概念、推理式概念、变化式概念和借鉴式概念

有学者认为,数学概念理解是对数学概念内涵和外延的全面性把握。根据不同特点的数学概念所对应的理解过程和方式可将数学概念分为叙实式数学概念、推理式数学概念、变化式数学概念和借鉴式数学概念等4种类型。

叙实式数学概念是指那些原始概念、不定义的概念,或者是那些很难用严格定义确切描述内涵或外延的概念。这类概念包括平面、直线等原始概念,也包括算法、法则等不定义概念,还包括数、代数式等外延定义概念等。所谓推理式数学概念,是指能够对概念与相关概念的逻辑关系本质进行描述的数学概念,前有因后有果的是它还能推出或定义出一些概念;"同层有联系"指的是与它所并列于同一个逻辑层次上的其他概念有着一定的逻辑相关性。所谓变化式数学概念,包括以原始概念为基础定义的,包括那些借助于一定的字母与符号等,经过严格的逻辑提炼而形成的抽象表述的有直接非数学学科背景的概念,还包括在其他学科有典型应用的概念。

(三)数学概念间的关系

概念间的关系是指某个概念系统中一个概念的外延与另一个概念的外延之间的关系。依据它们的外延集合是否有公共元素来分类,这里约定,任何概念的外延都是集合。

1.相容关系

如果两个概念的外延集合的交集非空,就称这两个概念间的关系为相容关系,相容关系又可分为下列三种。

(1)同一关系。如果概念 A 和 B 的外延的集合完全重合,则这两个概念 A 和 B 之间的

关系是同一关系。具有同一关系的概念在数学里是常见的。例如,无理数与无限不循环的小数、等边三角形与等角三角形,都分别是同一关系。由此不难看出,具有同一关系的概念是从不同的内涵反映同一事物的。

了解更多的同一概念,可以对反映同一类事物的概念的内涵做多方面的揭示,有利于认识对象、明确概念。比如说,只有运用等腰三角形底边上的高、中线、顶角平分线这三个具有同一关系的概念的内涵来认识底边上的高,才能看清楚这条线段具有垂直平分底、同时平分顶角的特征,从而加深对这条线段的认识,为灵活运用打下基础。

具有同一关系的两个概念 A 和 B,可表示为 $A=B$,这就是说 A 与 B 可以互相代替,这样就给论证带来了许多方便,若从已知条件推证关于 A 的问题比较困难,可以改从已知条件推证关于 B 的相应问题。

(2)交叉关系。若两个概念 A 和 B 的外延仅有部分重合,则这两个概念 A 和 B 之间的关系是交叉关系,具有交叉关系的两个概念是常见的。比如矩形与菱形、等腰三角形与直角三角形,都分别是具有交叉关系的概念。具有交叉关系的两个概念 A 和 B 的外延只有部分重合,所以不能说 A 是 B,也不能说 A 不是 B,只可以说有些 A 是 B,有些 A 不是 B。例如可以说:"有些等腰三角形是直角三角形",也可以说"有些直角三角形是等腰三角形",但不能说"等腰三角形不是直角三角形",也不能说"直角三角形不是等腰三角形",这一点对于初学具有交叉关系概念的学生来说往往容易出现错误。

(3)属种关系。若概念 A 的外延集合为概念 B 的外延集合的真子集,则概念 A 和 B 之间的关系是属种关系,这时称概念 A 为种概念,B 为属概念;即在属种关系中,外延大的,包含另一概念外延的那个概念叫作属概念,外延小的,包含在另一概念的外延之中的那个概念叫种概念。具有属种关系的概念表现在数学里也就是具有一般与特殊关系的概念。例如,方程与代数方程、函数与有理函数、数列与等比数列,就分别是具有属种关系的概念,其中的方程、函数、数列分别为代数方程、有理函数、等比数列的属概念,而代数方程、有理函数、等比数列分别为方程、函数数列的种概念。

属概念所反映的事物的属性必然完全是其种概念的属性。例如,平行四边形这个属概念的一切属性明显都是某种概念矩形和其种概念菱形的属性。因此,不难知道,属概念的一切属性就是其所有种概念的共同属性,称之为一般属性,各种概念特有的属性称之为特殊属性。一个概念是属概念还是种概念不是绝对的同一概念。对于不同的概念来说,它可能是属概念,也可能是种概念。

一个概念的属概念和种概念未必是唯一的。例如自然数这个概念其属概念可以是整数、有理数,还可以是实数,而其种概念可以为正奇数、正偶数,还可以为质数、合数。再如,四边形、多边形是平行四边形的属概念,矩形、菱形和正方形都是平行四边形的种概念。在教学中,我们要善于运用这一点帮助学生明确某概念都属于哪个范畴以及又都包含哪些概念,将有关的概念联系起来,系统化,从而提高学生在概念的系统中掌握概念的能力。

2.不相容关系

如果两个概念是同一概念下的种概念,它们的外延集合的交集是空集,则称这两个概念间的关系是不相容关系。不相容关系又可分为两种。

（1）矛盾关系。只有学好和运用好概念的矛盾关系，才能加深对某个概念的认识。比如，学生只有在不仅懂得了什么是有理数，还懂得了是无理数时，才能真正把握无理数这个概念。在教学中要善于运用这一点，引导学生注意分析具有矛盾关系的两个概念的内涵，以便使学生在认清某概念的正反两方面的基础上，加深对这个概念的认识。

（2）对立关系。有的同学认为，在整数范围内正数的反面就是负数，负数的反面就是正数，若将这种误解运用到反证法中去，必然导致错误。具有全异关系的两个概念是对立关系还是矛盾关系有时不是绝对的。比如，有理数与无理数在实数范围内是矛盾关系，但在复数范围内却是对立关系。

任何两个概念间的关系或为同一关系，或为从属关系，或为交叉关系，或为全异关系，也就是说，任何两个概念必然具有以上四种关系中的一种关系，只有在学科的概念体系中分清各概念之间的区别和联系，才能达到真正明确概念的目的。因而我们在教学中要善于引导学生在分清概念间的关系的过程中掌握各个概念。

（四）数学概念定义的结构、方式和要求

1. 定义的结构

前面已经指出概念是由它的内涵和外延共同明确的，由于概念的内涵与外延的相互制约性，确定了其中一个方面，另一方面也就随之确定。概念的定义就是揭示该概念的内涵或外延的逻辑方法。揭示概念内涵的定义叫作内涵定义，揭示概念外延的定义叫作外延定义。

任何定义都是由被定义项、定义项和定义联项三部分组成的。被定义项是需要明确的概念，定义项是用来明确被定义项的概念，定义联项则是用来连接被定义项和定义项的。

2. 定义的方式

（1）邻近的属加种差定义。在一个概念的属概念中，内涵最多的属概念称为该概念邻近的属。例如，矩形的属概念有四边形、多边形、平行四边形等。其中平行四边形是矩形邻近的属。要确定某个概念，在知道了它邻近的属以后，还必须指出该概念具有这个属概念的其他种概念不具有的属性才行。这种属性称为该概念的种差，如"一个角是直角"就是矩形区别于平行四边形其他种概念的种差。这样，就可以把矩形定义为："一个角是直角的平行四边形叫作矩形"。

（2）发生定义。发生定义是邻近的属加种差定义的特殊形式，它是以被定义概念所反映的对象产生或形成的过程作为种差来下定义。例如，"圆是由一定线段的一动端点在平面上绕另一个不动端点运动而形成的封闭曲线"，这就是一个发生式定义，类似的发生式定义还可用于椭圆、抛物线、双曲线、圆桂、圆锥、圆台球等概念。

3. 定义的要求

为了使概念的定义正确、合理，应当遵循以下一些基本要求。

（1）定义要清晰。定义要清晰，即定义项所选用的概念必须完全已经确定。

循环定义不符合这一要求,所谓循环定义是指定义项中直接或间接地包含被定义项。例如,定义两条直线垂直时,用了直角:"相交成直角的两条直线叫作互相垂直的直线",然后定义直角时,又用了两条直线垂直:"一个角的两条边如果互相垂直,这个角就叫作直角",这样前后两个定义就循环了,结果仍然是两个"糊涂"概念,同词同义反复也不符合这一要求,因为它是用自己来定义的。

此外,定义项中也不能含有应释未释的概念或以后才给出定义的概念。

(2)定义要简明。定义要简明,即定义项的属概念应是被定义项邻近的属概念,且种差是独立的。例如,把平行四边形定义为"有四条边且两组对边分别平行的多边形"是不简明的,因为多边形不是平行四边形邻近的属概念;如果把平行四边形定义为"两组对边分别平行且相等的四边形"也是不简明的,因为种差"两组对边分别相等"与"两组对边分别平行",不互相独立,由其中一个可以推出另一个。

(3)定义要适度。定义要适度,即定义项所确定的对象必须纵横协调一致。

同一概念的定义,前后使用时应该一致不能发生矛盾;一个概念的定义也不能与其他概念的定义发生矛盾。例如,如果把平行线定义为"两条不相交的直线",则与以后要学习的异面直线的定义相矛盾。如果把无理数定义为"开不尽的有理数的方根",就使得其他的无限不循环小数被排斥在无理数概念所确定的对象之外,造成数概念体系的混乱。

要符合这一要求,如果是事先已经获知某概念所反映的对象范围,只是检验该概念定义的正确性时,可以用"定义项与被定义项的外延必须全同"来要求。

二、数学命题

数学家对数学研究的结果往往用命题的方式表示出来。数学中的定义、法则、定律、公式、性质、公理、定理等,都是数学命题,因此数学命题是数学知识的主体。数学命题与概念、推理、证明有着密切的联系,命题是由概念组成的,概念是用命题揭示的;命题是组成推理的要素,而很多数学命题是经过推理获得的,命题是证明的重要依据,而命题的真实性一般都需要经过证明才能确认,因此数学命题的教学,是数学教学的重要组成部分。

1.判断和语句

判断是对思维有所肯定或否定的思维形式。例如,对角线相等的梯形是等腰梯形;三个内角对应相等的两个三角形是全等三角形;指数函数不是单调函数等。

由于判断是人的主观对客观的一种认识,所以判断有真有假。正确地反映客观事物的判断称为真判断,错误地反映客观事物的判断是假判断。

判断作为一种思维形式、一种思想,其形式和表达离不开语言。因此,判断是以语句的形式出现的表达,判断的语句称为命题。因此,判断和命题的关系是同一对象的内核与外壳之间的关系,有时对这两者也不加区分。

2.命题特征

判断处处可见,因此命题无处不在。例如在数学中,"正数大于零""负数小于零""零既不是正数,也不是负数,就是最普通的命题。命题就是对所反映的客观事物的状况有所断定,它或者肯定某事物具有某属性,或者否定某事物具有某属性,或者肯定某些事物之间有某种关系,或者否定某些事物具有某种关系。如果一个语句所表达的思想无法断定,那么它就不是命题,因此,"凡命题必有所断定"可看成是命题的特征之一。

第四节　高等数学教师的专业发展

一、新课程背景下的教师角色转变

基础教育课程改革的浪潮滚滚而来,新课程体系在课程功能、结构、内容、实施、评价和管理等方面都较原来的课程有了重大创新和突破。这场改革给教师带来了严峻的挑战和不可多得的机遇,可以说,新一轮国家基础教育课程改革将使我国的教师角色、行为、工作方式、教学技能以及教学策略等发生历史性的变化。

(一)教师角色转变

1. 从师生关系看,教师应该是学生学习的促进者

教师即促进者,指教师从过去仅作为知识传授者这一核心角色中解放出来,促进以学习能力为重心的学生整个个性的和谐、健康发展。教师即学生学习的促进者,是教师最明显、最直接、最富时代性的角色特征,是教师角色特征中的核心特征。其内涵主要包括以下两方面。

(1)教师是学生学习能力的培养者。强调能力培养的重要性,是因为:首先,现代科学知识量多且发展快,教师要在短短的几年学校教育时间里把所教学科的全部知识传授给学生已不可能,而且也没有这个必要,教师作为知识传授者的传统地位被动摇了。其次,教师作为学生唯一知识源的地位已经动摇。学生获得知识信息的渠道多样化了,教师在传授知识方面的职能也变得复杂化了,不再是只传授现成的教科书上的知识,而是要指导学生懂得如何获取自己所需要的知识,掌握获取知识的工具以及学会如何根据认识的需要去处理各种信息的方法。总之,教师不再把知识传授作为自己的主要任务和目的,把主要能力放在检查学生对知识的掌握程度上,而应成为学生学习的激发者、辅导者、各种能力和积极个性的培养者,把教学的重心放在如何促进学生"学"上,从而真正实现教是为了不教。

(2)教师是学生人生的引路人。这一方面要求教师不能仅仅是向学生传播知识,而是要引导学生沿着正确的道路前进,并且不断地在他们成长的道路上设置不同的路标,引导他们不断地向更高的目标前进。另一方面要求教师从过去作为"道德说教者""道德偶像"的传统角色中解放出来,成为学生健康心理、健康品德的促进者、催化剂,引导学生学会自我调适、自我选择。

2. 从教学与研究的关系看,教师应该是教育教学的研究者

在教师的职业生涯中,传统的教学活动和研究活动是彼此分离的。教师的任务只是教学,研究被认为是专家们的"专利"。教师不仅鲜有从事教学研究的机会,而且即使有机会参与,也只能处在辅助的地位,配合专家、学者进行实验。这种做法存在着明显的弊端:一方面,专家、学者的研究课题及其研究成果,并不一定为教学实际所需要,也并不一定能转化为实践上的创新;另一方面,教师的教学如果没有一定的理论指导,没有以研究为依托的提高和深化,就容易固守在重复旧经验、照搬老方法里不能自拔。这种教学与研究的脱节,对教师的发展和教学的发展是极其不利的,它不能适应新课程的要求。新课程所蕴含的新理念、新方法以及新课程实施过程中所出现和遇到的各种各样的新问题,都是过去的经验和理论难以解释和应付的,教师不能被动地等待着研究成果送上门来,再不假思索地把这些成果应用到教学中去,教师自身就应该是一个研究者。教师即研究者,意味着教师在教学过程中要以研究者的心态置身于教学情境之中,以研究者的眼光审视和分析教学理论与教学实践中的各种问题,对自身的行为进行反思,对出现的问题进行探究,对积累的经验进行总结,使其形成规律性的认识。这实际上也就是国外多年来所一直倡导的“行动研究”,它是为行动而进行的研究,即不是脱离教师的教学实际而是为解决教学中的问题而进行的研究;是对行动的研究,即这种研究的对象即内容就是行动本身。可以说,“行动研究”把教学与研究有机地融为一体,它是教师由“教书匠”转变为“教育家”的前提条件,是教师持续进步的基础,是提高教学水平的关键,是创造性实施新课程的保证。

3.从教学与课程的关系看,教师应该是课程的建设者和开发者

在传统的教学中,教学与课程是彼此分离的。教师被排斥于课程之外,教师的任务只是教学,是按照教科书、教学参考资料、考试试卷和标准答案去教,课程游离于教学之外。教学内容和教学进度是由国家的教学大纲和教学计划规定的,教学参考资料和考试试卷是由专家或教研部门编写和提供的,教师成了教育行政部门各项规定的机械执行者,成为各种教学参考资料的简单照搬者。有专家经过调查研究尖锐地指出,现在有不少教师离开了教科书,就不知道教什么。

新课程倡导民主、开放、科学的课程理念,同时确立了国家课程、地方课程、校本课程三级课程管理政策,这就要求课程必须与教学相互整合,教师必须在课程改革中发挥主体性作用。教师不能只成为课程实施中的执行者,教师更应成为课程的建设者和开发者。为此,教师要形成强烈的课程意识和参与意识,改变以往学科本位论的观念和消极被动执行的方法;教师要了解和掌握各个层次的课程知识,包括国家层次、地方层次、学校层次、课堂层次和学生层次,以及这些层次之间的关系。教师要提高和增强课程建设能力,使国家课程和地方课程在学校、在课堂实施中不断增值、不断丰富、不断完善;教师要锻炼并形成课程开发的能力,新课程越来越需要教师具有开发本土化、乡土化、校本化的课程的能力,教师要培养课程评价的能力。

4.从学校与社区的关系来看,新课程要求教师应该是社区型的开放的教师

随着社会发展,学校渐渐不再只是社区中的一座“象牙塔”,与社区生活毫无联系,而是越来越广泛地同社区有各种各样的内在联系。一方面,学校的教育资源向社区开放,引导和参与社区的一些社会活动,尤其是教育活动;另一方面,社区也向学校开放自己的可供利用的教育资源,参与学校的教育活动。学校教育与社区生活正在走向终身教育要求的“一体

化",学校教育社区化,社区生活教育化。新课程特别强调学校与社区的互动,重视挖掘社区的教育资源。在这种情况下,相应地,教师的角色也要求变革,教师的教育工作不能仅仅局限于学校课堂,教师不仅是学校的一员,还是整个社区的一员,是整个社区教育、科学、文化事业建设的共建者。因此,教师的角色必须从专业型教师、学校教师,拓展为"社区型"教师。教师角色是开放型的,教师要特别注重利用社区资源来丰富学校教育的内容和意义。

(二)教师行为转变

新课程要求教师提高素质、更新观念、转变角色,必然也要求教师的教学行为产生相应的变化。

1.在对待师生关系上新课程强调尊重、赞赏

"为了每一位学生的发展,是新课程的核心理念。为了实现这一理念,教师必须尊重每一位学生的尊严和价值"。尤其要尊重以下六种学生:

(1)尊重智力发育迟缓的学生。

(2)尊重学业成绩落后的学生。

(3)尊重被孤立和拒绝的学生。

(4)尊重有过错的学生。

(5)尊重有严重缺点和缺陷的学生。

(6)尊重和自己意见不一致的学生。

尊重学生同时意味着不伤害学生的自尊心:

(1)不体罚学生。

(2)不辱骂学生。

(3)不大声训斥学生。

(4)不冷落学生。

(5)不羞辱、嘲笑学生。

(6)不随意当众批评学生。

教师不仅要尊重每一位学生,还要学会赞赏每一位学生:

(1)赞赏每一位学生的独特性、兴趣、爱好、专长。

(2)赞赏每一位学生所取得的哪怕是极其微小的成绩。

(3)赞赏每一位学生所付出的努力和所表现出来的善意。

(4)赞赏每一位学生对教科书的质疑和对自己的超越。

2.在对待教学关系上,新课程强调帮助、引导

"教"怎样促进"学"呢? "教"的职责在于:

(1)帮助学生检视和反思自我,明白自己想要学习什么和获得什么,确立能够达成的目标。

(2)帮助学生寻找、搜集和利用学习资源。

(3)帮助学生设计恰当的学习活动和形成有效的学习方式。

(4)帮助学生发现他们所学内容的个人主义和社会价值。

(5)帮助学生营造和维持学习过程中积极的心理氛围。

(6)帮助学生对学习过程和结果进行评价,并促进评价的内在化。

(7)帮助学生发现自己的潜能。

"教"的本质在于引导,引导的特点是含而不露、指而不明,开而不达、引而不发。引导的内容不仅包括方法和思维,同时也包括价值和做人。引导可以表现为一种启迪:当学生迷路的时候,教师不是轻易告诉方向,而是引导他怎样去辨明方向;引导可以表现为一种激励:当学生登山畏惧了的时候,教师不是拖着他走,而是唤起他内在的精神动力,鼓励他不断向上攀登。

3.在对待自我上,新课程强调反思

反思是教师以自己的职业活动为思考对象,对自己在职业中所做出的行为以及由此所产生的结果进行审视和分析的过程。教学反思被认为是"教师专业发展和自我成长的核心因素",新课程非常强调教师的教学反思,按教学的进程,教学反思分为教学前、教学中、教学后3个阶段。在教学前进行反思,这种反思能使教学成为一种自觉的实践;在教学中进行反思,即及时、自动地在行动过程中反思,这种反思能使教学高质高效地进行,教学后的反思——有批判地在行动结束后进行反思,这种反思能使教学经验理论化,教学反思会促使教师形成自我反思的意识和自我监控的能力。

4.在对待与其他教育者的关系上,新课程强调合作

在教育教学过程中教师除了面对学生外,还要与周围其他教师发生联系,要与学生家长进行沟通与配合:课程的综合化趋势特别需要教师之间的合作,不同年级、不同学科的教师要相互配合、齐心协力地培养学生。每个教师不仅要教好自己的学科,还要主动关心和积极配合其他教师的教学,从而使各学科、各年级的教学有机融合、相互促进。教师之间一定要相互尊重、相互学习、团结互助,这不仅具有教学的意义,而且还具有教育的功能。

(三)教师工作方式的转变

1.教师之间将更加紧密地合作

传统教师职业的一个很大特点是单兵作战,在日常教学活动中,教师大多数是靠一个人的力量解决课堂里面的所有问题,而新课程的综合化特征,需要教师与更多的人、在更大的空间、用更加平等的方式从事工作,教师之间将更加紧密地合作。可以说,新课程增强了教育者之间的互动关系,将引发教师集体行为的变化,并在一定程度上改变教学的组织形式和教师的专业分工。

新课程提倡培养学生的综合能力,而综合能力的培养要靠教师集体智慧的发挥。因此,必须改变教师之间彼此孤立与封闭的现象,教师必须学会与他人合作,与不同学科的教师打

交道。例如,在研究性学习中一名学生将打破班级界限,根据课题的需要和兴趣组成研究小组,一项课题往往涉及数学、地理、物理等多种学科,需要几位教师同时参与指导,教师之间的合作,教师与实验员、图书馆员之间的配合将直接影响课题研究的质量。在这种教育模式中,教师集体的协调一致、教师之间的团结协作、密切配合显得尤为重要。

2.要改善自己的知识结构

新课程呼唤综合型教师,这是一个非常值得注意的变化。多年来,学校教学一直是分科进行的,教师的角色一旦确定,不少教师便画地为牢,把自己禁锢在学科壁垒之中,不再涉猎其他学科的知识。教数学的不研究数学在物理、化学、生物中的应用,教语文的也不翻阅历史、地理、政治书籍。这种单一的知识结构,远远不能适应新课程的需要。

此次课程改革,在改革现行分科课程的基础上,设置了以分科为主、包含综合课程和综合实践活动的课程。由于课程内容和课题研究涉及多门学科知识,这就要求教师要改善自己的知识结构,使自己具有更开阔的教学视野。除了专业知识外,还应当涉猎科学、艺术等领域。另外,无论哪一门学科、哪一本教材,其涵盖的内容都十分丰富,高度体现了学科的交叉与综合。

3.要学会开发利用课程资源

教师要学会开发利用课程资源,可以从以下几方面做起。

(1)加强网络课程资源的开发。数学网络课程资源的开发可以通过创建校园数学网站或个人网站,建立起数学信息资源库。国内数学教育网站有凤凰数学论坛、人教论坛、数学论坛、中国数学会、数学知识、数学世界、数学在线、吉林大学数学天地等,这些都是很好的数学教育网站。国外的美国杜克大学跨课程计划(CCP 计划)、美国国家航空航天局(NASA)的教育网站,以及美国能源部的阿尔贡国家实验室的牛顿聊天室都是与数学教学有关的网站。在需要的时候,就可以到信息资源库进行点击检索,这不仅节约大量寻找资源的时间,而且同一资源可以为不同人反复使用,提高了使用效率。

(2)注重教师自身课程资源的开发。教师不仅是课程资源的使用者,而且是课程资源的鉴别者和开发者,教师是最为重要的课程资源。教师对课程资源的认识决定了课程资源开发和利用的程度,以及课程资源在新课程中所发挥的作用。因此,在课程资源的建设中,一定要把教师自身的建设放在首位,通过这一课程资源的发展带动其他课程资源的开发利用。

(3)充分利用学生资源。苏联教育家苏霍姆林斯基曾反复强调:学生是教育的最重要的力量,如果失去了这个力量,教育也就失去了根本。学生是有生命的不同的个体,不同学生的生活背景不同、经验不同,就会形成不同的认知结构。在教学中不同学生之间可以分享经验,取长补短。因此,学生自身也是重要的课程资源。

(4)有效利用现有课程资源。校内外的课程资源对于新课程的实施都有重要价值。校内课程资源方便,符合本校特色,是学校课程资源建设的重点,是学校课程实施质量的主要保证。校外课程资源对于充分实现课程目标具有重要价值,是校内课程资源的重要补充。但是,在相当长的时间内,校外课程资源没有得到很好的利用。

(四)教师教学策略的转变

1.由重知识传授向重学生发展转变

传统教学中的知识传授重视对精神的传授,忽视了"人"的发展。新的课程改革要求教师以人为本,呼唤人的主体精神,因此教学的重点要由重知识传授向重学生发展转变。

我们知道,学生既不是一个待灌的瓶,也不是一个无血无肉的物,而是一个活生生的有思想、有自主能力的人,学生在教学过程中学习,既可掌握知识,又可陶冶情操、开发智力和培养能力,同时又可形成良好的个性和健全的人格。从这个意义上说,教学过程既是学生掌握知识的过程,又是一个身心发展、潜能开发的过程。

21世纪,市场经济的发展和科技竞争已经给教育提出了新的挑战。教育不再是仅仅为了追求一张文凭,而是为了使人的潜能得到充分的发挥,使人的个性得到自由和谐的发展;教育不再是仅仅为了适应就业的需要,而要贯穿学习者的整个一生。

2.由重教师"教"向重学生"学"转变

传统教学中教师的"讲"是教师牵着学生走,学生围绕教师转,这是以教定学。让学生配合和适应教师的教,长此以往,学生习惯被动学习,学习的主动性也渐渐丧失。显然,这种以教师"讲"为中心的教学,使学生处于被动状态,不利于学生的潜能开发和身心发展。新课程提倡,教是为了学生的学,教学评价标准也应以关注学生的学习状况为主。

3.由重结果向重过程转变

重结果轻过程,这也是传统课堂教学中一个十分突出的问题,是一个十分明显的教学弊端。所谓重结果就是教师在教学中只重视知识的结论、教学的结果,忽略知识的来龙去脉,压缩了学生对新知识学习的思维过程,而让学生去重点背诵标准答案。

所谓重过程就是教师在教学中把教学的重点放在过程,放在揭示知识形成的规律上,让学生通过感知—概括—应用的思维过程去发现真理,掌握规律。在这个过程中,学生既掌握了知识,又发展了能力,重视过程的教学要求教师在教学设计中揭示知识的发生过程,暴露知识的思维过程,从而使学生在教学过程中思维得到训练,既长知识又增才干。

由此可以看出,过程与结果同样重要,没有过程的结果是无源之水,无本之木。如果学生对自己学习知识的概念、原理、定理和规律的过程不了解,没有能力开发和完善自己的学习策略,那就只能是死记硬背和生搬硬套的机械学习。我们知道,学生的学习往往经历"(具体)感知—(抽象)概括—(实际)应用"这样一个认识过程,而在这个过程中有两次飞跃。第一次飞跃是"感知—概括",也就是说,学生的认识活动要在具体感知的基础上,通过抽象概括,从而得出知识的结论。第二次飞跃是"概括—应用",这是把掌握的知识结论应用于实际的过程。显然学生只有在学习过程中真正实现了这两次飞跃,教学目标才能实现。

4.由统一规格教育向差异性教育转变

要让学生全面发展,并不是要让每个学生、每个学生的每个方面都按统一规格平均发展。一刀切、齐步走、统一规格、统一要求,这是现行教育中存在的一个突出问题。备课用一种模式,上课用一种方法,考试用一把尺子,评价用一种标准——这是要把千姿百态、风格各异的学生"培养"成一种模式化的人。显而易见,一刀切的统一规格教育既不符合学生实际,又有害于人才的培养。目前课堂教学中出现的许多问题以及教学质量的低下,就与一刀切、统一要求有关。教学中既找不到两个完全相似的学生,也不会找到能适合任何学生的一种教学方法。这就需要研究学生的差异,以便找到因材施教的科学依据。

5. 由单向信息交流向组合信息交流转变

从信息论上说,课堂教学是由师生共同组成的一个信息传递的动态过程。由于教师采用的教学方法不同,存在以下 4 种主要信息交流方式。

(1)以讲授法为主的单项信息交流方式,教师施,学生受。

(2)以谈话法为主的双向交流方式,教师问,学生答。

(3)以讨论法为主的三项交流方式,师生之间互相问答。

(4)以探究-研讨为主的综合交流方式,师生共同讨论、研究、做实验。

按照最优化的教学过程必定是信息量流通的最佳过程的理论。显而易见,后两种教学方法所形成的信息交流方式最好,尤其是第四种多向交流方式为最佳。这种方法把学生个体的自我反馈、学生群体间的信息交流,与师生间的信息反馈、交流及时普遍地联系起来,形成了多层次、多通道、多方位的立体信息交流网络。这种教学方式能使学生通过合作学习互相启发、互相帮助,对不同智力水平、认知结构、思维方式、认知风格的学生实现"互补",达到共同提高。这种方式还加强了学生之间的横向交流和师生之间的纵向交流,并把两者有机地贯穿起来,组成网络,使信息交流呈纵横交错的立体结构。这是一种最优化的信息传送方式,它确保了学生的思维在学习过程中始终处于积极、活跃、主动的状态,使课堂教学成为一系列学生主体活动的展开与整合过程。

二、数学教师专业化

(一)数学教师专业发展概述

对于"教师专业发展"概念的界定,可以说是仁者见仁、智者见智,尽管国外关于教师专业发展的研究比较早,相对来说也较为成熟,但是学者对"教师专业发展"的认识也并非一致,仍然是众说纷纭。

国内学者对"教师专业发展"的界定,也没有统一的说法。叶澜等学者认为"教师专业发展就是教师的专业成长或教师内在专业结构不断更新、演进和丰富的过程。"而宋广文等人则提出了教师本位的教师专业发展观,即教师本位的教师专业发展是针对忽视教师自我的被动专业发展提出的,它强调的是教师专业发展对教师人格完善、自我价值实现的重要性和教师主体在教师专业发展中的重要角色与价值。概言之,它强调的是教师个体内在专业特性的提升。因此,教师专业发展是指教师个体的专业知识、专业技能、专业情意、专业自主、专业价值观、专业发展意识等方面由低到高,逐渐符合教师专业人员标准的过程。

提高教师的专业化水平作为一种专业有以下5个标准：

(1)提供重要的社会服务；

(2)具有该专业的理论知识；

(3)个体在本领域的实践活动中具有高度的自主权；

(4)进入该领域需要经过组织化和程序化的过程；

(5)对从事该项活动有典型的伦理规范。

20世纪80年代，美国霍姆斯小组的报告《明天的教师》中提出，教师的专业教育至少应包括以下5个方面：

(1)把教学和学校教育作为一个完整的学科研究；

(2)学科教育学的知识，即把"个人知识"转化为"人际知识"的教学能力；

(3)课堂教学中应有的知识和技能；

(4)教学专业独有的素质、价值观和道德责任感；

(5)对教学实践的指导。

教学实践的专业标准是在学校教育的日常环境中被社会议定的，因此，教师的专业特性在很大程度上取决于局部性教师共同体的强度和性质。一个学校、一个地区都可以形成教师共同体，通常学校所设的教研组，就可视为一个教师共同体。所形成的具有地方性、特色性的标准会直接影响数学教师的专业化成长。

教师成为研究者已是国际教育改革的趋势化要求，也是教师专业化的重要内涵，因而组织数学教师进行数学教育的科学研究是数学教师专业化成分的重要途径之一。尽管研究表明，教师教学能力的重要来源是自身的教学经验和反思，但随着教育改革的深入，数学教师"单打独斗"的教学工作或研究工作均已不能适应教育发展的要求，有效的合作才是上述工作得以提高的良好方式。

数学教师的专业化也可表述为数学教师在整个数学教育教学职业生涯中，通过终身数学教育专业训练，获得数学教育专业的数学知识、数学技能和数学素养，实施专业自主，表现专业道德，并逐步提高自身从教素养。成为一名良好的数学教育教学工作者的专业成长过程，也就是从一个"普通人"变成"数学教师"的专业发展过程。

数学教师数学专业化结构包括数学学科知识不断学习积累的过程、数学技能逐渐形成的过程、数学能力不断提高的过程、数学素养不断丰富的过程，数学教师在职前教育中要保证学到足够的数学科学知识，要足以满足数学学科教学与研究的需要，足以满足学生的数学知识需求，这就要求高职数学专业课程的设置要全面合理。

数学教师教育专业化结构基本内涵：数学教师专业劳动不仅是一种创造性活动，而且是一种综合性艺术，缺乏教育学科知识的人很难成为一名合格的数学教师，因为数学教师需要将数学知识的学术形态转化为数学教育形态。数学教师需要学习教育学、心理学、数学教育学、数学教学信息技术、数学教育实习等理论和实践课程，这些课程知识均构成数学教师专业化的内涵。

数学教师的专业情意结构可以从下述方面理解：活泼开朗，为他人所信任并乐意帮助他人,愿意和乐意担任数学教师,热爱数学,热爱并尊重学生,同时为学生所热爱和尊重,能激发学生对数学学习的兴趣。数学教学是一个丰富的、复杂的、交互动态的过程,参与者不仅在认知活动中,而且在情感活动、人际活动中实现着自己的多种需要,每一堂数学课的教学,都凝聚着数学教师高度的使命感和责任感,都是数学教师专业化发展过程的直接体现。每一堂数学课的教学质量,都会影响到学生、家长、社会对数学教师及数学教师职业的态度。数学教师专业情意在数学教学中对激发学生的学习兴趣、营造数学学习环境、提高教学质量、完善学生人格个性、优化情感品质、提高数学认知等方面均有重要作用。

(二)数学教师专业化的必要性

1.数学教师专业化是现代数学教育发展的需要

从教师的社会功能来看,教师职业具有其他职业无法代替的作用,从专业现状看,还只能称为一个半专业性职业。随着我国经济的快速发展、国民实力不断增强,社会对教育的需求越来越高,教师的素质、教师的专业化水平程度必然随着提高,教师的人才市场竞争也会越来越激烈,所以只有完全按照教师专业化职业标准,才能保证教师人才适应社会发展需要。

2.数学教师专业化是双专业性的要求

数学教育既包括学科专业性,又包括教育专业性,是一个双专业人才培养体系,从而数学教师教育要求数学学科水平和教育理论学科水平都达到一定要求和高度。在我国数学教师现状中,达到双专业性要求的教师很少,大多数只停留在本专业水平。尤其是我国教师专业化要求还很不完善,无论师范院校还是其他非师范院校的大学毕业生都可以当老师,所以有些老师具有重点大学的学历或学位,拥有较扎实的数学基础功底,然而对于教学实践中"如何教"的问题还存在困惑,对教育理论课程缺乏系统的学习;也有一些教师,虽然他们积累了较丰富的教学经验,但随着教育改革的深入,对数学专业知识的要求越来越高,他们对专业知识还有欠缺。

3.数学教师专业化是新课程改革的必然结果

新课程改革提出了很多全新的理念。其中很多理念可以说是对传统观念的彻底否定,从而必然给现在的教师提出了很大的挑战。科研型教师的呼声越来越高,研究性学习被重视。问题解决被列入教学目标,数学建模给老师的专业水平提出了挑战,这些在我国传统的数学教育中都是可以回避的,然而,面对课程改革,必须要实施。因此,我国的数学教育改革能否成功,与数学教师专业化要求紧密相关。

(三)专业化数学教师的培养

1.抓好高师院校数学专业培养这个源头

广大一线数学教师大部分由高师院校数学系培养,数学教师职前培养是数学教师专业化的起点,应当把专业化作为数学教师职前培养改革的核心问题,体现在课程设置与培养目标中。数学教育既非数学又非教育,而是数学教师专业化固有的本质特征,有数学就有数学教育的说法是不科学的。在数学教育中,数学肯定是为主的,将专业化的数学教师归纳为数学教育人,并用以下公式表述:数学教育人＋数学人＋教育人＋数学教育综合特征,这一表述为数学教师专业化指明了一种可能的途径。要实施好的数学教育,数学思想、数学思维、数学方法、数学文化、数学史、数学哲学等都是必需的素材,这些素材都依赖于数学,所以高师院校数学系必须要开足数学课程。

2.数学教师专业化要特别强调科研意识和科研能力

关于教学与科研,也是颇有争议的话题。传统数学教学重教学轻科研,致使对教师专业化的要求大为降低。然而教学是一个软指标,谁不能教学? 在我国现有的教师中,有研究生学历的、本科学历的、中专学历的、高中学历的,甚至还有连高中学历都没有的(民办教师中),我们很少发现因为教学水平低而下岗或被开除的老师,或者这样说,如果没有较高的专业化标准要求,教学(当老师)是否是很容易的事情。

(四)高等数学教师专业发展

教师专业发展可分为以下 5 个阶段:①以刚入职的新教师为起点,成为适应型教师为第一阶段;②由适应型教师发展成为知识型、经验型和混合型教师为第二阶段;③由知识型、经验型和混合型教师发展为准学者型教师为第三阶段;④由准学者型教师发展成为学者型教师为第四阶段;⑤由学者型教师发展为智慧型教师为第五阶段。这 5 个阶段对应于教师不同的成长时期,有着不同的发展基础和条件,以及发展目标和要求,也面临着不同的困难和障碍,从而表现出不同阶段的发展特征。

1.适应与过渡时期

适应与过渡时期是数学教师职业生涯的起步阶段。这一时期的教师,一方面由于对学校组织结构和制度文化还不太熟悉,不太懂得怎么教学、怎么评价学生,如何与家长沟通并取得家长的支持配合等;另一方面,他们又面临着被管理层、同事、家长和学生评价的压力,面临着同事之间各种形式的竞争,面临着身份转换之后所产生的心理上的不适应和职业的陌生感,面临着理想的职业目标与平淡的生存现实之间的反差和失落,面临着高投入与低回报所导致的身心疲劳、焦虑和无助,往往容易产生一种强烈的挫折感和消极的逃避心态,导致其工作热情降低、专业认识错位和职业情意失控,对教师职业价值崇高性的低判断和对自己教学能力的低估的现象。这一时期是教师专业发展较为困难的时期,教师的理论与实践相结合的初级阶段。教师要尽快适应该时期学校的教育教学工作的要求。为此,教师要积极应对角色的转换,积极认同学校的制度和文化,要加快专业技能的提升。

2.分化与定型时期

分化与定型时期以适应型教师为起点。适应型教师尽管摆脱了初期的困窘状态,但又面临着更高的专业发展要求,这是因为他们的专业水平和业务能力在学校中还处于相对低位,自己缺乏一种安全感。而人们对他们的评价标准和要求将随着其教龄的增长而提高,他们与其他教师之间的竞争开始处于同一起跑线上。人们不再以一种宽容同情的眼光来对待他们,重点关注的不再是他们的工作态度而是工作方法和实际业绩。那种初为人师的激情和甜蜜开始分化,有的会慢慢地趋于平淡、冷漠甚至于厌倦,早期的职业倦怠现象开始出现。也有的由原先的困惑和苦恼进入初步成长的喜悦和收获期后,一部分教师对职业的"悦纳感"进一步加强,对专业发展的态度更加端正、稳定和执着,专业发展的动力结构既有外界的任务压力,更有自觉追求和发展的内驱力;教学经验日益丰富,教学技能迅速提高,专业发展进入第一次快速提升期,并出现了定型化发展的趋势。其中,绝大多数教师磨炼自己的教学技能,积累成功的教学经验,全面发展自己的专业能力,努力成长为一个具有相当水平和能力的教书经验型教师,经验的丰富化和个性化、技能的全面化和熟练化,成为其明显的特征;也有一部分教师仍旧沿袭理论学习和发展的传统,在注重教育教学技能发展的同时,更侧重系统理论的学习,成为知识型教师,较之前者,他们明显存在理论优势、思想超前,但在实践技能和教学经验全面性和有效性方面与前者存在一定的差距;还有少量的教师则始终强调理论学习与实践技能的同时发展,表现出特色不明显,但各方面发展比较整齐均衡的混合型特点。这3种不同的发展方向,在很大程度上与教师的个性类型有关,更主要的是与其生长的环境和同伴群体的影响有密切关系。

3.突破与退守时期

这一时期以经验型、知识型和混合型教师为特点,进入了一个相对稳定的发展阶段。这时,教师职业的新鲜感和好奇心开始减弱,职业敏感度和情感投入度在降低,工作的外部压力有所缓和。职业安全感有所增加,开始习惯于运用自己的经验和技术来应对日常教育教学工作所遇到的问题,工作出现更多的思维定式和程序化的经验操作行为。在这个阶段,尽管教师都有进一步发展的意愿和动机,但工作任务重,受干扰的因素多,精力易分散,表现出发展速度不快、水平提高缓慢、业务发展不尽如人意的特征。教师对专业发展的态度也出现了分歧。有的满足于现状,转向对生活的追求;有的向上突破难成,就退而求其次,工作进入应付和维持状态,有的尽管希望在专业发展上有更大的突破,但在发展道路和策略的选择上进入迷惘和困惑的状态。教师开始出现不同程度的职业倦怠现象,再加上各种家庭生活问题也摆上重要的议事日程。上述各种因素导致教师专业发展进入了一个漫长的以量变为特征的高原期,突破高原期是这一阶段教师的共同任务和普遍追求,要突破高原期,既要解决知识与技能、过程与方法的问题,也要解决情感意志价值观的问题。为此要客观冷静、科学理性地认识和对待高原现象,不急不躁,练好内功,要进一步增强教师专业发展的自主意识。

4.成熟与维持时期

成熟时期的教师表现出明显的稳定性特征,同时也因其资深的工作经历、较高的教学水平和较为扎实的理论功底,使这些教师成为当地教育教学领域的领军人物。在这一过程中,也会出现几种分化发展的现象,有的教师"教而优则仕",转向了教育教学管理工作,从事教育行政管理工作,兴趣开始转向行政管理;也有的教师满足于现状,有的教师教育教学水平不错,以为自己功成名就,该是享受人生、享受生活,甚至该是赚钱养老的时候,因而精力分散,兴趣转移,不再从事艰苦的创新性的教育教学和研究工作,这种专业发展态度的转移导致其出现大量的维持行为,有继续发展的想法和行动,但受到个人的生活环境、工作经历、学术背景、教学个性、知识结构、能力水平、兴趣爱好及性格的限制,难以摆脱原有经验和框架的束缚,难以自我超越,客观上也表现出跟原有水平相差不大的维持特征。这时,就要以科学的发展观为指导,坚持可持续发展的道路。通过建立学习型组织,培养学习型教师,要引导教师学会系统思维,学会自我超越;教师自己要有与时俱进、开拓创新的精神,永不满足、勇攀高峰的态度,要以科学研究项目为载体,加强原始创新、集成创新和引进消化创新,或者创建一套在实践中切实有效的操作体系,或者在理论的某一方面建言立论,开宗立派,构建起自己的教育理论体系,成为某一领域的学术权威,从而完成从学习到整合、从整合到创造性应用、从应用到首创的这一质变过程,进而发展成为学者型教师。

5.创造与智慧时期

学者型教师继续向上努力,就要以智慧型教师为专业发展的方向。这时教师的哲学素养高低、视界的远近就成为制约其发展的重要因素。教师个人的教育理论发展能否找到一个更加合理的逻辑起点,建立在一个更高的思想层面上,同时能否从单一的实践经验和教育理论学科角度转移到系统科学研究上,能否建立自己的教育哲学体系和教育信仰,就成为一个关键因素。其理想的结果就是成为真正的教育家,既有自己的原创性的理论体系,又建构起相对应的实践操作体系,使之成为真正的教育家。其核心标志是具有普遍意义的教育哲学体系的创造和教育理论体系的集成。教育智慧是良好教育的一种内在品质,表现为教育的一种自由、和谐、开放和创造的状态,真正意义上尊重生命、关注个性、崇尚智慧、追求人生丰富的教育境界,是教育科学与艺术高度融合的产物,是教师在探求教育教学规律基础上长期实践、感悟、反思的结果,也是教师教育理论、知识素养、情感与价值观、教育机制、教学风格等多方面素质高度个性化的综合体现。教育智慧在教育教学实践中主要表现为教师对于教育教学工作规律性的把握,创造性驾驭和深刻洞悉、敏锐反应及灵活机智应对的综合能力;站在教育哲学的高度,用理性的眼光和宏观的视野实现现实教育发展的需求和人类发展的目标,把握时代发展的趋势和教育发展的规律,实现教育思想的创新,创造性地构建起一个集人类教育智慧之大成的教育思想体系,促进人类更加完善、自由全面发展和社会的和谐优化,引导人类走向更加灿烂的明天。

(五)影响数学教师专业发展的因素

教师专业发展受多种因素相互作用的影响,在不同的发展阶段,影响教师专业发展的因素各不相同。

1.进入师范教育前的影响因素

教师幼年与学生时代的生活经历、主观经验以及人格特质等,对教师专业社会化有一定影响,但没有决定性的作用。而教师幼年与学生时代的重要他人(主要指父母和老师)对其教师职业理想的形成及教师职业的选择却有着重要的影响。青年的价值取向、教师社会地位与待遇的高低、个人的家庭经济状况等对教师任教意愿的形成、教师职业选择的影响也不容低估。

2.师范教育阶段的影响因素

在师范教育阶段,教师专业发展同样受到多种因素错综复杂的影响,虽然师范生专业知识与教育技能的获得有赖于专业科目、教育科目等职前教育计划安排的正式课程的学习,但这些正式课程对教师专业发展的整体运行与目标达成并无显著影响。相反,由教师的形象、学生的角色、知识、专业化的发展以及教学环境、班级气氛、同辈团体、社团生活等多种因素交互作用形成的潜在课程的影响,要超过一般的预估或想象,其作用不容忽视。在师范院校期间,师范生的社会背景、人格特质,学校的教育设施、环境条件等都是影响师范生专业发展的主要因素。

3.任教后的影响因素

教师任教后继续社会化的影响因素主要有学校环境、教师的社会地位、教师的生活环境、学生、教师的同辈团体等。在这一阶段,教师的生活环境更多地影响着教师的专业发展。教师的生活环境,大至时代背景、社会背景,小至社区环境、学校文化、课堂气氛等,对教师的专业发展有重要意义。教师正是在与周围环境的相互作用中获得专业发展的。

教师专业发展要受到教师个人的、社会的、学校的以及文化的等多个层面的、多种因素的交互影响,而每一个因素在其专业发展的不同阶段又有不同的作用和效果,同时这些因素本身也在不断地发生变化使其凸显多因性、多样性与多变性等特征。

三、数学教师专业发展的途径

信息化和学习型社会的到来,要求每一个人都要形成终身学习的观念,尤其是教师。教师职业和工作的性质决定了学习应成为教师的一种生活方式、一种生命状态。数学教师可以通过教学反思和课程评价研究来促进自己的专业发展。

(一)教学反思

教学反思是指数学教师将自己的教育教学活动作为认知的对象,对教育教学行为和过程进行批判的、有意识的分析与再认识,从而实现自身专业发展的过程。

反思是数学教师获取实践性知识、增强教育能力、生成教育智慧的有效途径。反思不只是对已经发生的事件或活动的简单回顾和再思考,而是一个用新的理论重新认识自己的过程,是一个用社会的、他人的认识与自己的认识和行为做比较的过程,是一个不断寻求他人对自己认识、评价的过程,是一个站在他人的角度反过来认识、分析自己的过程,是一个在解构之后又重构的过程,是一个在重构的基础上进行更高水平的行动的过程。

依据工作的对象、性质和特点,数学教师的反思主要包括:①课堂教学反思;②专业水平反思;③教育观念反思;④学生发展反思;⑤教育现象反思;⑥人际关系反思;⑦自我意识反思;⑧个人成长反思。

每一种反思类型还可以再细分。譬如,课堂教学反思就还可以分为课堂教学技能与技术的有效性反思、教学策略与教学结果的反思、与教学有关的道德和伦理的规范性标准的反思等。如按照课堂教学的时间进程,它还可以细分为课前反思、课中反思和课后反思等,数学教师应该让反思成为一种习惯。

1.反思环节

数学教师是通过在专业活动特别是在对自己的教学进行全面反思中,实现自己的专业发展。教学反思是一个循环过程,主要包括以下几个环节。

(1)理论学习。完全凭经验、没有理论支持的教学反思,只能是低水平的反思,只有在适当的理论支持下的教学反思,才能真正促进数学教师的专业发展。在进行教学反思之前,必须要进行有关理论的学习,如教学反思的有关理论、教师专业发展的有关理论。关于这些理论的学习其实不仅在进行教学反思之前,在教学反思的整个过程中,还要进行相关理论的学习。

(2)对教学情境进行反思。教学反思是指教师将自己的教学活动和课堂情境作为认知的对象,对教学行为和教学过程进行批判的、有意识的分析与再认知的过程。反思要贯穿在整个教学过程中。数学教师对自己的教学活动进行反思,要从教学活动的成功之处、课堂上突然出现的灵感等去反思,也应当更多地去反思课堂上、教学活动中所发生的不当、失误之处,反思自己教学活动的效果、采用的新方法会有什么不同的效果等。同时,还要在反思结束后,反思自己在这个过程中得到了什么,内在专业结构发生了哪些变化等。

(3)自我澄清。数学教师通过对教学活动的反思,特别是对教学活动中的一些失误或效果不理想的地方的反思,应能意识到一些关键问题之所在,并应尝试找出产生这些问题的原因。这个过程可以在专家、同伴教师的帮助下完成。自我澄清这个环节是"以教学反思促进教师专业发展"的核心环节。

(4)改进和创新。教师根据产生的问题及产生这些问题的原因,尝试提出新的方法。这个环节是对原来方法的改进和创新,通过改进和创新,教师的教学活动更趋科学、合理。

(5)新的尝试。数学教师把新的方法用于教学活动,这是一个新的行动,实际上也是一个新的循环的开始。新的尝试又需要学习新的理论,通过多次循环,最终实现数学教师的专业发展。

2.反思方法

反思活动既可以独立地进行,也可以借助他人帮助进行。反思是以自身行为为考察对象的过程,需要借助一定的中介客体来实现,数学教师常用的反思方法有以下几种。

(1)反思日志。反思日志是数学教师将自己的课堂实践的某些方面,连同自己的体会和感受诉诸笔端,从而实现自我监控的最直接、最简易的方式。写反思日志可以使数学教师较为系统地回顾和分析自己的教育教学观念和行为,发现存在的问题,可以提出对相关问题的研究方案,并为更新观念、改进教育教学实践指明努力的方向。

反思日志的内容可以涉及有关实践主体(教师)方面的内容、有关实践客体(学生)方面的内容,或有关教学方法方面的内容。譬如,对象分析、学生预备材料的掌握情况和对新学习内容的掌握情况;教材分析,应删减、调换、补充哪些内容;总体评价,包括教学特色、教学效果、教学困惑与改进方案。

反思日志没有严格的时间限制,可以每节课后写几条教学反思笔记,每周写一篇教学随笔,每月提供一个典型案例或举办一次公开课,每学期做一个课例或写一篇经验总结,每年提供一篇有一定质量的论文或研究报告,每五年写一份个人成长报告。反思日记的形式不拘一格,常见形式主要有以下几种:

1)点评式,即在教案各个栏目相对应的地方,针对实施教学的实际情况,言简意赅地加以批注、评述。

2)提纲式,比较全面地评价教育教学实践中的成败得失,经过分析与综合,一一列出。

3)专项式,抓住教育教学过程存在的最突出的问题,进行实事求是的分析与总结,深入地认识与反思。

4)随笔式,把教育教学实践中最典型、最需要探讨的事件集中起来,对它们进行较为深入的剖析、研究、整理和提炼,写出自己的认识、感想和体会,形成完整的篇章。

(2)课堂教学现场录像、录音。仅仅对教学进行观察很难捕捉到课堂教学的每一个细节,这是由于课堂是一个复杂的环境,具有多层性、同时性、不可预测性等,许多事件会同时发生。对教师的课堂教学进行实录,不仅可以为数学教师提供更加真实详细的教学活动记录,捕捉教学过程的每一细节,而且教师还可以作为观摩者审视自己的教学,帮助教师认识真实的自我或者隐性的自我,有助于提高教学技能,改善教学行为。

课堂录音也比较简捷、实用,在课堂教学中,数学教师可以通过课堂录音来分析自己或者学生的有关语言现象,也可以对自己教学的某一方面进行细致的研究,教师通过对所收集数据系统的、客观的、理性的反思,分析行为或现象的形成原因,探索合理的对应策略,从而使自己的教学更加有效。

(3)听取学生的意见。听取学生的意见,从学生的视角来看待自己,可以促使数学教师更好地认识和分析自己的教学。当教师在教学中不断听取学生意见的时候,可以使其对自己的教学有新的认识。征求学生的意见,遇到的最大障碍莫过于学生不愿说出自己的想法,解决这一问题的途径:一方面可以采取匿名的方式征求意见;另一方面,还需要数学教师努力创造一种平等的、相互尊重和信任的师生关系和课堂氛围,从而使学生产生安全感。听取学生的意见,还可以采取课堂调查表的方法。课堂调查表可以帮助教师较为准确地了解学生学习感受的有关信息,从而使教师的教育教学行为建立在对这些信息进行反思的基础上。

(4)与同事的协作和交流。同事作为教师反思自身教学的一面镜子,可以反映出日常教学的影像。譬如,开放自己的课堂,邀请其他教师听课、评课、听自己说课,或者听其他教师的课。

说课是数学教师在备完课或者讲完课之后对自己处理教材内容的方式与理由做出说明,讲出自己解决问题策略的活动。而这种策略的说明,也正是教师对自己处理教材方式方法的反思。

课后,与专家、同事一起评课,特别是边看自己的教学录像边评课,则更能看出自己在教学中的优缺点。

(二)高等数学课程的评价

1.强化课堂表现评价

传统的课堂表现评价主要是教师在课堂上结合数学专业知识提出相应的问题,为学生提供展示的舞台,由学生进行解答。这对教师掌控课堂的能力有较高的要求。但是课堂教学时间有限,只有少数学生能参与进来,对课堂表现的评价缺乏公正性和全面性。因此,课程评价模式改革的过程中,需要强化课堂表现评价,充分发挥问题对学生学习的引导和指导作用,发挥学生的主观能动性,转变以往学生被动学习的状态,促使学生积极主动地探究、合作。教师可以将学生分成小组,在课堂提问、课后作业测评等环节采用小组合作的形式。以此促进学生理解和掌握高等数学知识,避免出现作业抄袭的现象,使每个学生都能参与课堂教学活动,提升教学效果。

2.优化检测评价

高校需要改进对学生的检测评价方式,适当引入小节和章节检测。如在每一小节课堂教学完成之后,开展小节检测,检测学生对该小节的知识内容和方法的掌握情况,了解学生的实际学习效果,对学生进行有效评价,同时帮助教师了解学生在学习中存在的问题,以便制定具有针对性的教学措施,对学生的能力进行有效的培养,保证高等数学课堂教学效果。另外,高校可引入章节检测,主要在高等数学每一章节的学习结束之后进行,对本章节的知识内容进行全面检测,了解学生的学习情况,主要对学生的知识应用能力进行考查,结合完成质量进行合理的评价。

3.综合评价

高校在对高等数学课程的评价模式进行改革的过程中,不仅要注重学生的各项考试成绩,还需要进行综合评价。如高校通常会组织开展各种类型的数学竞赛,可以将获奖情况纳入到学习实践评价中,促使学生将所学知识应用到实践操作中,真正做到学以致用。此外,如果学生完成了具有一定价值的实践报告,教师应进行相应的奖励,在综合评价中有所体现。高校开展高等数学课程的综合评价,能够鼓励更多的学生主动参与高等数学的学习和应用,对学生的人际交往、团队合作、学习习惯和学习素养等方面进行培养,促进学生的全面发展。

第二章 高等数学的教学主体改革策略研究

第一节 高等数学教学的主导——教师

一、高等数学教学中发挥教师主导作用的探索

高等数学是大学课程中一门普及而重要的基础课,而不少学生认为高等数学课枯燥乏味,从而心生厌倦。对于这门集严谨性、抽象性于一身的课程而言,老师上课只重"教"、轻学生"学";重知识结论、轻思想方法渗透;重知识训练、轻情感激励;重个体独立钻研、轻群体合作探究;教师苦教,学生苦学。结果是付出多、回报少,学生学来的只是应试的数学,并不能真正体会数学的精髓,学生的素质得不到全面发展。要改变以上状况,必须通过教育者观念的转变、教学方式的革新来实现。

(一)端正学生的学习态度

学习态度直接影响学生的学习效果,学习态度对学习效果的影响作用,已被许多实验研究所证实。如果其他条件基本相同,学习态度好的学生,其学习效果总是远胜于学习态度不太好的学生。

良好的学习环境和学习氛围能使学生互相影响,形成良好的学习态度。一个人的态度总会受到社会上他人态度的影响。所以,多关心学生的学习进展情况,对学生的学习态度和学习行为不断给予指导、检查和奖惩;同时,注意师生关系的和谐、融洽,学生喜欢任课教师,就会喜欢他所教的那门课,从而促进学生积极学习态度的形成和学习成绩的提高。相反,对学生的学习不闻不问、任其自由发展,或师生关系紧张,学生就会对该教师产生反感、惧怕或抵触情绪,并进而发展到厌烦该教师所教的那门功课,对该门功课采取消极的态度。在这种情况下,容易形成学生学习障碍。

提高学生的自我效能感,让学生体验成功,逐渐消除学习中的消极情绪。自我效能感指人对自己是否能够成功地进行某一行为的主观判断。成功的经验会提高人的自我效能感。失败的经验则会降低人的自我效能感,不断的成功会使人建立稳定的自我效能感。要提高这些学生的自我效能感,教师就要正确地对待他们,当他们考试成绩不理想时,切忌谴责,以防其产生消极情绪。要帮助他们找出成绩不佳的原因,指导他们改变学习方法,增强信心。更重要的是,教师要在教学过程中创造各种情境,使他们在学习上不断获得成功,以产生积

极的情绪体验,从而转变其消极的学习态度。

(二)转变传统的教学理念,注重教学方法的灵活应用

教学中应采用多种方法,如问题式、启发式、对比式、讨论式等教学方法。同时,组织班级成立课外学习小组,引导学生用所学的知识点建立相应的数学模型来解决实际问题。教师通过让学生参与教学活动、解决生活中的实际问题等措施,引导学生对问题深入思考和探究,开发学生的潜能。学生之间的相互学习、分工合作,促进对所学知识的深刻领悟,体会其精髓。根据数学课程教学的特点,充分利用技术手段,引进和自制课件,强调以教师的讲课思路和特色为主,通过精心设计教学内容,恰当地使用多媒体教学,可以很大程度地提高教学效果和学生的学习兴趣。

(三)重视数学思想方法的渗透

数学思想方法是形成良好认知结构的纽带,是知识转化为能力的桥梁,也是培养学生数学素养,使其形成优良思维品质的关键。

1.在概念教学中渗透数学思想方法

举例说明,如定积分的定义由曲边梯形的面积引出。实际上分为四大步:分解、近似、求和、取极限,把复杂的问题转化为简单已知的问题求解。这种思想方法也同样适用于二重积分、三重积分、线积分、面积分的定义,定义时和定积分定义的思想方法加以比较,使学生看到这几个定义的实质,在知识点对比过程中提炼升华数学思想方法。

2.在知识总结中概括数学思想方法

数学知识不是孤立、离散的片段,而是充满联系的整体,在知识的推导、扩展、应用中存在着数学思想方法,需要学生在知识总结与整理中去提炼升华数学思想方法,加深对知识点的理解。例如:学生在学习微分中值定理之后,对罗尔中值定理、拉格朗日中值定理、柯西中值定理之间的关系以及包含的数学思想方法进行总结,从定理的证明与联系中体会到化归思想、构造思想与转化思想等,这样学到的是终身受用的、灵活的解决问题的能力。

总之,要提高教学质量,教师不仅要有渊博扎实的专业知识,还要改变教育教学观念,有过硬的教学基本功,这就要求教师注重专业知识和教育理论的学习,真正使自己更上一层楼。

二、高等数学教师教学研究能力的认识与实践

高等数学教师主要指在高等学校从事非数学专业所开设的数学课程教学的教师。高等学校的数学课程包括"微积分""微分方程""线性代数""概率统计"等。这些课程都是高等学校十分重要的基础课程,它们承载着双重重任:既要为各专业的学生学习后继课程提供数学基础知识、基本方法,同时还要培养学生的科学素质,以便他们可在各自的专业领域内进行科学研究和科技创新。具体地说就是在数学中所得到的精神、思想和方法可以迁移到其他领域。所以,高等数学教师的素质应是很高的,他们不同于专业数学教师,后者的教学对象是数学系的学生,而前者的教学对象是各专业的学生,这就要求高等数学教师必须是通才、

全才,他们不仅要有扎实的数学功底,还要熟知相应专业的基本知识,否则就难以胜任。

(一)高等数学教师应具备的素质

高等数学教师的素质应包括三个方面:一是基本素质,主要指教师所应具备的基本的科学知识和人文知识、外语知识以及现代教育技术知识;二是数学素质,主要指能胜任高等数学课所需要的数学学科知识,包括教师对数学的精神、思想和方法的领悟,对数学史的了解,对数学的科学价值、人文价值、应用价值的认识,还包括相当的数学解题能力和数学探究能力,这是高等数学教师专业内在结构的重要组成部分;三是教学素质,通常也叫条件性知识,是指高等数学教师所应具备的综合的教学实践能力,主要包括教学设计能力、教学操作能力、教学监控能力和教学研究能力。其中,教学研究能力是较高层次的能力,它是在前者基础上逐渐形成的,又反过来指导和服务于前者。下面将重点谈教学研究能力。

教学研究是指为解决教师在教学实践中所遇到或面临的问题而展开的研究,是源于教师解惑的需要且为了改变教师所面对的教育教学情境而进行的研究。它有集体教学研究和个人教学研究两种基本形式。个人教学研究也可称为自我教学研究。无论哪种形式,其目的都是为了提高教学质量,促进教师的专业成长。特别地,后者还在于通过研究使教师获得一种自我反思和自我批判的可持续发展的学习能力,养成一种反思、追问与探究的生活方式。从这个意义上说,它属于继续教育的范畴。

(二)目前存在的问题

我国的高等教育目前遇到的问题:

在高等数学教师中,大部分教师都有较高的学历,数学专业水平很高,但其中的大部分人毕业于理工科大学或综合性大学,他们未接受过师范教育,从教师这个专业来看,他们存在着先天不足。上岗前的培训和教师资格证的培训是仓促的、短暂的,不能解决大问题。教学的基本技能、教育理念、教育基本理论、心理学的知识不是在几天内就可以内化成教师自己的知识,并在实践中应用的,是需要经过系统的学习、体验、反复实践,才能在教学实践中发挥作用的。现在高校普遍反映青年教师的教学能力差,与此有很大的关系。

我国高校目前没有完善的教学研究管理体系和教学研究制度。中小学有完善的教学研究制度和管理体制,市、区、省都有专门的教研部门(如省教育学院、市教育学院、区进修校或教研中心等),各个学科都有专门的教研员负责本学科的教研,层层管理,责任到人,而高校则做不到。即使是高校传统的教学研究活动,如集体备课、观摩评课,也是形同虚设。所以,目前高校的教学研究活动是只有活动而没有研究。原本教师在教学研究的过程中是可以提升自己、获得专业成长的,但这种没有研究的教研活动能有这种效果吗?

(三)提高高校教师研究能力的措施

在目前这种状态下,提高教师的教学研究能力既不能靠高校的继续教育制度,也不能靠高校的教学研究制度,而主要靠教师自身,教师要想得到专业发展,就要提升自身的素质,特别是青年教师,要完成从新手到胜任,再到专家型教师的转换,就要加强自身的学习,把提高自身的教学研究能力作为一个突破口,使其从起步开始,就将学习者、实践者、研究者集于一身,这样可大大缩短适应工作的时间,提前进入胜任阶段,并向专家型教师发展。在自我教研中,教师就是研究者,简单地说,就是在教学中开展自己的研究,发表自己的看法,解决自己的问题,改进自己的教学工作。为此,要做到以下三点。

1. 补上先天不足的营养

这首先要求提高认识,在我们所了解到的人中,还有相当一部分人对此问题缺乏正确的认识,他们对教学法不屑一顾,更谈不上教学研究了,认为讲好数学只要懂数学就行了,只要提高数学学历即可;并认为只要教的时间长了,都会成为好教师的。这显然对教师职业缺乏专业认识,同时混淆了理论指导与教学实践经验的相互作用的关系。所以,每位高等数学教师,尤其是非师范专业毕业的青年教师都要学习教育理论知识,掌握教学基本技能,研究教学法,补上教师专业上的先天营养不足。而教学研究则是提升自身教育素质的最好途径。尤其是自我教研,它最能体现行动研究的特色,教育行动研究就是围绕教师的教育行动展开的,是基于研究问题的解决过程,它的问题都是来源于教师自身的教学遇到的实际问题,在实施过程中教师兼具研究与行动两大侧面,具有研究者和行动者的双重角色。在教学研究中,也即解决问题的行动中,教师不断增长教育实践智慧,专业发展日臻成熟。

2. 主动寻求同伴互助

自我教研并非闭门造车,它应有专家引领、同伴互助和自我反思三种基本途径。这一点与中小学的校本教研相类似。因高校无专门的教研员,所以,专家引领的机会很少,高校本身不坐班,教师之间的接触和交流很少,要想向同事学习,与同事交流,就要主动。这样,可加强教师之间的专业切磋、协调与合作、共同分享经验,互相学习,彼此支持,共同成长。同伴互助的实质是教师之间的交往、互动与合作,它的基本形式是对话与协作。

值得一提的是,在自我探索的过程中,还要参阅大量的材料,学习国内外先进的高等数学教学经验。

3. 不能忽视综合教研

高等数学不同于其他课程,它与其他专业的联系非常紧密,它能为专业课程提供强大的服务功能,然而,现行的高等数学教材是千锤百炼而成的经典,它突出了基础性,因而也就忽略了专业性,我们几乎见不到专门为哪个专业而编的高等数学教材。但教学对象却是具体的某个专业的学生,特别是职业技术类院校,专业繁纷复杂,层次要求各不一样,所以,要想教学有针对性,从理论上讲,高等数学教研室应与各个专业的教师在一起进行集体综合教研,但从实践上看,出于众多原因,很难实现。因此,这一重任还是应由高等数学授课教师本人承担。一方面,要加强学习,对所教专业的基本知识和要点要熟知,这样,在高等数学教学中,就可以针对某一专业,选讲一些专业的背景材料,提供专业的数学模型,课堂的效果就会好一些;另一方面,教师要积极与所教专业的专业课教师联系,共同探讨教学问题,如哪些知识在本专业中用得较多,哪些数学方法对解决本专业的问题十分有效,哪些地方是学生的薄弱环节,如此的综合教研可共同制定出符合本专业特点的、切实可行的教学改进方案,在实践中定会取得令人满意的效果。我们近些年的经验也验证了这一点。

三、高等数学教师能力素质的培养与提升

高等数学是高校一门十分重要的基础课,高等数学教师的自身素质直接影响着高等数学的教学质量。高等数学教师除具有良好的思想素质与心理素质以外,切实加强高等数学教师能力素质的培养是充分发挥教师在教学中的主导作用和提高高等数学教学质量的基本保证。以下仅就专业教学能力、科学研究能力、课堂教学能力以及语言表达能力的培养和提高,谈点粗浅的认识。

(一)奠定专业基础,强化专业教学能力

专业教学能力是指教师准确、熟练地传授专业知识与专业技术的能力。作为一个合格的高等数学教师,除培养学生良好的思想品质以外,其主要任务就是按照教学大纲的要求,准确熟练地把必要的数学知识与技能传授给学生。在课堂教学中,数学科学的严密性容不得教师有丝毫的差错,教学任务的紧迫性不允许教师有半点迟疑。如果教师在数学理论的阐述中吞吞吐吐,在数学公式的推导中漏洞百出,且不要说对学生学习上贻误非浅,就是对教师本人来说,也是一件极为尴尬的事。所以教育家马卡连柯断言,学生可以原谅老师的严厉、刻板甚至吹毛求疵,但不能原谅他的不学无术。由此可见,良好的专业教学能力是高等数学教师最基本的能力素质。

知识是能力的基础,能力是知识的延伸。良好的专业教学能力首先来自于教师精深的专业基础。全面系统地掌握数学专业的学科结构、基本理论与基本方法,并在不断的专业学习与教学实践中培养严谨的逻辑思维能力、高度抽象的空间想象能力和快速准确的运算能力,是对高等数学教师专业素质的基本要求,况且,高等数学教师不像数学专业教师那样专一,教数学分析的专讲数学分析,教微分方程的专讲微分方程,甚至分工更细。而高等数学是高等院校各专业的公共基础课,按照不同专业的要求,几乎要涉及数学学科的各个不同分支。这就要求高等数学教师必须是通才、全才,即不仅能教微积分,还要能教微分方程、线性代数、数理统计等多种内容,而且哪怕是教某种内容的其中某些简单应用,也应对该分支有全面深刻的了解,决不能满足于一知半解,甚至于边教边学,现买现卖。高等数学教师只有具备了这样良好的专业素质,才能在教学中驾轻就熟,收到良好的教学效果。

高新技术的飞速发展,促使知识更新的速度越来越快,高等数学的教学内容与教学手段的改革在所难免。尤其是计算机技术应用于教学,使传统的数学教学面目一新,使原来专业中无法处理的数学问题的解决成为可能,使原来专业中看似与数学无关的问题得以用数学方法进行处理。面对新科学新技术的挑战,专业上崭新的数学问题摆在了面前,多媒体魔术式的过程演示进入了课堂,迫使数学教师必须及时吸收新知识,研究新问题,掌握新技术,探索新方法。

(二)结合教学实践,培养科学研究能力

高等数学教师的科学研究能力是指其在进行数学教学的同时,从事与数学教学教育相关的各类大小课题的实验、研究及发明创造的能力。这种能力具有十分积极的意义。

首先,高等数学教师应积极参加科学研究。当今世界各国的高校既是教育基地,又是科研中心。我国所有重点院校也都无一例外地承担了大量的科研任务,其科研成果直接服务

于国家建设。

其次,教师具有科学研究能力,才能提高教学水平,使教学、科研能力得到同步提高,以教学促进科研,以科研带动教学,才能使教学水平上升到一个新的水准。

再次,教师具有良好的科学研究能力,有利于培养创造性人才。美国未来学家约翰·奈斯比特在《大趋势》一书中称"21世纪的竞争是人才的竞争,这种有竞争能力的创造性人才的培养只能依靠具有良好科研能力的教师加以指导和培养。事实上,具有科研能力的教师思维敏捷,动手能力强,实践经验丰富。具有开拓精神是培养创造性人才不可缺少的基本素质。离开了这些科研能力,教师只能培养出因循守旧、毫无创造精神的人才。高等数学教师的科学研究能力主要体现在两个方面。一是数学教学理论的研究能力。高等教育的迅猛发展为数学教师在改革传统教育思想和传统教育方法等领域提供了大量的科研课题。数学教师不再是传统的"教书匠",而应成为新教育思想、教育理论和教育方法的实验者和研究者。二是数学应用的研究能力,也是高等数学教师最主要的研究能力。高等数学是高等院校各专业一门十分重要的基础课,其本身就肩负着既为学生学习后续课程提供数学基础,又为学生分析和解决专业中的实际问题提供数学手段的重要使命。计算机技术的迅速发展,各门学科的数量化趋势更促进了数学与其他学科之间的紧密结合,为数学在专业上的应用研究开辟了广阔的前景,高等数学教师应该广泛涉猎各专业的主要专业课程,尤其对其中与数学密切相关的内容要有较深刻的了解。必要时,数学教师可与专业教师紧密配合,对专业上提出来的数学问题共同进行研究与探讨,通过对其中某些数量关系的分析,建立教学模式,为解决专业难题提供数学依据。这样不仅培养了高等数学教师的科学研究能力,又可用以丰富教学内容,使其教学能力得到相应的提高。

(三)学习教育理论,增强课堂教学能力

在教育科学的众多分支中,教育学是教育理论的主要内容,因而也是高等数学教师的必修课。教育学研究教育现象,揭示教育规律,为数学教师探求数学教学规律,确定教学目标与教育方法等提供理论依据。加里宁说,一个教师"具有知识还不能说就够了,这只是说掌握了材料,但是还要求有极大的技巧来合理地利用这些材料,以便把知识传授给别人"。这些技巧不是简单的教学程序和方法,而是包含着严肃而丰富的教育理论与教育规律的运用。通过教育学的学习,教师可以比较系统地了解教育的目的、教育的原则、教学的过程、教学的方法等一系列重要教育理论与教育实践问题,从而能够自觉地运用教育规律,根据教学内容、学生实际选择切实而有效的教学途径和手段,以达到教学的最佳效果。

教育心理学尤其是高等教育心理学,同样是教育科学的重要组成部分,因而也是高等数学教师的必备知识。高等教育心理学主要研究大学生掌握知识和技能、发展智力和能力、形成道德品质、培养自我意识、协调人际关系的心理规律,揭示学生的学习活动和心理发展与教育条件和教育情境的依存关系,从而使教学建立在心理学的基础之上。事实上,高等数学教师要组织好数学课堂教学,离不开对学生心理活动的了解,懂得学生的个性差异及其特点。只有这样,才能减少教学工作中的盲目性。例如,随着生理与心理的成熟,大学生已基本具备从事复杂、抽象的高级思维活动的能力,对于新的数学概念的引入,教师不必从实例入手,除少数概念外,一般概念只要讲清其内涵与外延,学生大都可以接受。如果所有新概

念的引入都从实例出发,势必影响教学进度,甚至引起学生的厌烦情绪,扼杀学生抽象思维的主动性与积极性。

教育理论的内容十分丰富,除教育学与教育心理学外,还有教育社会学、教育经济学、教育统计学、教育人才学、教育哲学、教师心理学、学习心理学、学习学等门类繁多的各种不同分支。广泛涉猎其中的有关知识,对高等数学教师探索教学规律、优化课堂教学能力具有十分重要的意义。此外,学习和研究名人名家有关教育思想、教育规律的精辟论述,前人积累的教学经验,还有高等教学法、数学哲学及脑科学等都是高等数学教师掌握认识规律、丰富课堂教学经验、提高课堂教学能力的重要措施。

(四)把握语言规律,提高语言表达能力

语言表达能力是高等数学教师重要的能力素质之一,是影响课堂教学效果的直接因素,必须引起足够的重视。数学课堂教学语言是一门学问,研究和掌握数学课堂教学语言的内在规律,苦练语言基本功是高等数学教师提高语言表达能力的有效途径。

数学语言的内在规律,首先在于其严谨性。高等数学本身就是一门极为严谨的学科。教师讲课的口头语言与板书的文字语言都必须以科学原理为依据,绝不可信口开河,以致产生知识性的错误。如“函数在其连续区间上必有最大值与最小值”就忽略了必须是闭区间的重要条件。其次是逻辑性与条理性,推理依据不足,讲述颠三倒四,都不符合严谨性的要求。再次要注意语言的准确性与完整性。对概念、定理、法则的阐述及对数学专业用语的表述一定要求准确规范,不可随意用意义含混的日常用语来代替数学语言,甚至发生语法上的错误。这样必然引起学生思维上的混乱。

数学语言的简洁性是数学教师语言表达能力的重要标志。说话啰唆含混、板书冗长潦草是数学课堂语言之大忌。数学语言并不需要浮华艳丽的辞藻,更不需要漫无边际的旁征博引。它以科学、准确而简洁的特征给人以美感,以明晰的思路、铿锵的语调吸引学生。这就要求教师课前必须认真备课,钻研教材教法,区分难点重点,理顺讲述思路。有了充分的准备,加上平时良好的语言素养,才能使课堂讲授干净利落,有条不紊。

语言也是一门艺术,而且是一门综合性的艺术。在众多的语言艺术中,数学课堂教学语言尤其具有其独特的艺术性。这种独特的艺术性,首先在于数学科学本身就是一门至善至美的科学,数学的简洁美、和谐美、奇异美给人以强烈的艺术享受。因此,高等数学的课堂语言应该生动形象,风趣幽默,切忌平铺直叙,单调刻板。教师对概念的表达、方法的描述、公式的推导,必须注意形象性、直观性与新奇性,运用恰当的比喻、丰富的联想、新奇的质疑辅以自然的表情、手势及优美的板书,便可对学生产生强烈的吸引力,收到良好的教学效果。这种语言的艺术性,来源于教师良好的专业素质及文学造诣、演讲口才乃至书法、绘画、音乐等多方面的修养。数学语言的艺术性还在于其丰富的情感色彩。一些人认为,数学语言只不过是一连串符号与公式的堆砌,单调而枯燥,其实这是一种偏见。数学的形成与发展本身就是一部壮丽的史诗,数学的内容与人类的生产生活实践密切相关,数学的概念和公式定理具有一种特殊的美。教师在讲述到有关内容时,情至深处,必然会慷慨激昂,扣人心弦!

高等数学教师各方面的能力素质并不是孤立的,它们既互相区别又互相联系,互相促进。教师必须同时加强多方面的修养,从严治学,从严治教,苦练基本功,才能使之得到同步

发展。实际上,任何一位教师在教学中都会既有成功,也有失败。只要认真分析原因,经常对自己的教学进行总结与反思,不断改进自己的教学,充分发挥教师在教学中的主导作用,就一定能使自己的能力素质得以提高。

四、通识教育背景下高等数学教师在教学中的角色转换

通识教育的目的是培养健全的人以及由社会中有健全人格的公民的一种现代大学教育理念,是指现代大学教育中非职业性和非专业性的教育,也就是作为大学生进行本专业学习前的"公共课程"。它具有感情性、实践性、探讨性等特点,并且都围绕着让学生在这类"公共课程"中获得独立的学术思考能力以及对世界、人生的精神感情等目标进行教育。数学是一种训练人思维的工具,是将自然、社会、运动现象法则化、简约化的工具,人们运用它来建立数学模型,以解决实际问题。通过数学的学习可以使人的思维更具有逻辑性和抽象概括性,更精练简洁,更能创造性地解决问题。

正确理解通识教育的含义与价值目标,有助于通识教育改革在科学思想的指导下顺利开展。通识教育是为更高级的专业教育服务的,通识教育不是"通才教育",也不必然排斥专业教育,且通识教育最终必然走向专业教育。高等数学作为高校通识教育的核心课程,其目的是使学生学会数学知识并能灵活运用。教学的开放首先需要思想的开放,不同的教学思路和教学方法会产生不同的教学结果。为了更好地培养学生适应社会的能力,更有效地培养他们的创造性,我们需要更开放的数学教育。所以,高等数学教学在通识教育中绝不能开成普及性的知识讲座,而应当充分具备体验性与实践性。

高校高等数学教师参与通识教育的积极性不高,因为他们从中得到的回报和激励较少。因此,这门课程的教学很少由学校最好的教师承担。没有高素质的优秀教师,就不可能保证通识教育的质量。博耶曾强调说:"最好的大学教育意味着积极主动的学习和训练有素的探究,使学生具有推理、思考能力,高质量的教学是大学教育的核心,所有教师都应不断改进教学内容和教学方法,最理想的大学是一个以智慧为支撑、以传授知识为己任的机构,一个通过创造性的教学鼓励学生积极主动学习的场所。"钱伟民教授在谈教育创新时提到:教师的教,关键在于"援之以渔",应教给学生一些思考问题的方法。那么,在通识教育背景下,高等数学教学教师应如何更好地进行教学呢?

(一)展示良好的个人素质,注重榜样教育的力量,冲破"光说不练"的俗套

21世纪是高科技时代,科技的腾飞、社会的发展、知识的传播是离不开高素质人才的,而高校要培养高素质的人才必然要求有高素质的教师。目前,虽然在教学过程中使用了许多先进的教学手段,教学内容也更符合通识教育的要求,但教师在教育中的核心地位依然不可动摇。因此,高等数学教师在具备教师基本素质的前提下,应着重加强以下几方面素质的培养,以便更好地培养学生。

1.加强师德修养,教学中及时调整心态,展示良好的心理素质

教师在面对不同的教学对象时要因材施教,鼓励、尊重、热爱学生,在教学中要主动与学生交流,做学生的良师益友,让学生感受到教师对他的关爱,与学生的关系要做到有张有弛,让学生对教师产生敬畏感;教师要时时做到以身作则,教书育人,要用自己的人格魅力感染

学生,让学生在轻松愉快的氛围中学习到数学的严谨、缜密,在潜移默化中教会学生做人的道理。

2.善于学习,兼收并蓄,展示教师广博的专业理论知识

教师是学生全面发展的航标灯、引路人,教师专业理论素质的高低直接决定着学生素质的高低。目前,部分专业学生的数学基础较差,但这并不意味着就降低了对高等数学教师学识水平的要求,相反,这对其学识水平和教学能力提出了更高的要求。他们应该具备宽厚、广博的知识,认真钻研教材,透彻理解教材,认真分析并准确把握学生的心理特征和知识水平,而且还需要采取恰当的方式、方法,正确引导学生学习,用最通俗简单的语言让学生听懂所学内容。除此之外,他们还必须熟悉本专业以外的知识,全面地掌握本专业以外的技能,了解相关学科(如音乐、体育、美术、文学、历史、地理等学科)的一些知识。正所谓"只有资之深,才能取之左右而逢其源",只有这样才能真正树立起"学高为师,德高为范,敬业自强"的教师形象。

3.善于理论联系实际,展示符合时代要求的创新教育素质

长期以来,学生习惯于教师安排好一切学习或科研活动,很少思考自己可以干点什么,这是我国传统数学教学的一大弱点。因此,必须创新数学教学模式,加强理论与实际的联系。如教师可以在教学过程中,结合现实中存在的数学现象,让学生在自己挑选、构建的数学环境中进行摸索、探究,以培养他们的创新意识。同时,让他们体验到从事创造性学习的快乐与艰辛,使他们认识到知行合一的治学哲理,努力实现数学学科教育的功能。江泽民同志指出:"创新是一个民族进步的灵魂,是国家兴旺发达不竭的动力。"《新课标》指出:培养学生创新精神和实践能力是全面素质教育的重点,大力实施推进创新素质教育、培养学生的创新能力,是时代赋予教师的庄严使命,也是摆在每位教师面前的严峻课题。教师是学生效仿的榜样,教师的创新教育素质和能力高低会对学生创新能力的培养产生重要的影响。

(二)加强数学文化通识教育,注重人文精神的渗透,冲出"教书匠"的藩篱

高等数学在培养大学生的人文精神,提高大学生的思维素质、学习能力和应用能力等方面,都有着十分重要的、不可替代的作用。在强调素质教育的今天,教师应该把数学教学从单纯的计算技能训练中解放出来,更多地阐释数学的文化内涵,推行"数学文化"的教学。这不但能促使学生更好地学习数学,而且有利于拓宽学生的知识面,强化数学的综合教育功能。

高等数学不仅是传播传统数学知识、培养学生严密的逻辑思维能力和丰富的空间想象能力的基础课程,还是加强通识观念、传播数学文化和民族文化的素质教育平台。目前,通识教育课程的内容基本上来源于其他自然科学乃至人文科学的科普知识。另外,小部分高校的高等数学教学呈现出某种技术化和工具化的不良倾向,狭隘的实用主义、形式主义、工具主义成为这些学校提高高等数学教学效用与通识教育质量的严重障碍,诸如《文科高等数学》《财经类高等数学基础》《高等数学(A,B,C,D)》等教材孕育而生。这种实用的、工具性的功利化教育倾向,偏执地强调某一特定学科,对高等数学知识的片面要求,根本没有意识到高等数学与其他各种文化结构的相互关系,当然也就完全忽视了高等数学作为高校的公共基础课程,其教学目的是为了培养学生对数学知识的综合应用能力和进行文化渗透传播。

在通识教育背景下,教师在传授传统数学知识的同时,必须重视数学文化的传播,有意识地培养学生的人文精神。数学文化是指在数学的起源、发展和应用过程中体现出来的对于人类社会具有重大影响的方面。它既包括数学的思想、精神、思维方式、方法、语言,也包括数学史、数学与各种文化的关系,以及人类认识和发展数学的过程中体现出来的探索精神、进取精神和创新精神等。数学家华罗庚曾经说过:"宇宙之大,粒子之微,火箭之速,化工之巧,地球之变,生物之谜,日用之繁,无处不用数学。"因此,数学文化必须要在数学课堂教学中得到体现,不断传递数学文化的思想、观念,使学生在学习数学过程中受到文化熏陶,并产生文化共鸣,体会数学的文化品位,进而体察社会文化与数学文化间的不同。

(三)强化培养目标研究,注重研讨性课程建设,倡导研究性学习,远离"教死书"的怪圈

青年学生是社会的希望,祖国的未来,他们的健康成长直接关系着社会的发展。美国早在1991年颁布的《国家教育目标报告》中就明确要求各级各类学校"应培养大量的具有较高批判性思维能力,能有效交流,会解决问题的学生",并将培养青年学生对现实社会生活和学术研究领域的批判性思考能力作为教育改革的主要导向。这种创新性的现代教育理念已经在西方各国的教育改革中大量运用,然而,这种创新性的教育理念在我国数学教育界却一直没有受到足够的重视。

当前,国内外很多高校都在提倡由"教师中心"向"学生中心"转变的研究性学习,即在教学过程中,以学生为中心,以能力培养为本位,以培养学生的自主学习精神为导向。这种学习也是在课程教学过程中,由教师创设一种类似科学研究的情境和途径,教师指导学生通过类似科学研究的方式主动获取知识、应用知识并解决问题,从而完成相关的课程学习。在提倡通识教育的今天,在高等数学教学中,如果教师依然采用传统意义上的"灌输式教学""接受式教学",显然已经不能适应社会的发展,这些教学方式也在逐渐被淘汰。因此,高等数学的教学必须创新教学方式,倡导研究性学习。研究性学习不是强迫性学习,它自始至终离不开学生的自我建构。研究性学习的运行与它对学生的影响是一个渐进的过程。这就要求高等数学教师必须以培养学生的研究性学习能力为主旨,首先既要面向全体学生,又要关注个体差异;其次,要强调学生之间的合作关系,不但要培养学生独立研究的素养,而且还要培养学生合作、交流的能力,以激发学生的学习兴趣、促进思维发展、拓展知识面为教学目的,以启发、阅读与交流为主要教学方式。在此过程中,把学习的主动权交给学生,让学生自主学习,主动、积极地获取知识,使他们在轻松、愉快的环境中有所收获、有所成就,得到全面、和谐的发展。在高等数学教学中,教师要积极鼓励学生学会用数学进行交流,大力倡导合作、交流的课堂气氛,帮助学生认识数学中蕴藏的思想,领会数学思考的理性精神,学会数学的逻辑推理,提高解决数学问题的能力。利用创新学习,激发学生的学习潜能,大胆鼓励学生创新与实践,积极开发、利用各种教学资源,为学生提供丰富多彩的学习素材。同时,还要强调学习的过程。我们应该把学习作为一种研讨、探究的活动,而不是为了得出某种预先设计好的标准答案。在高等数学教学中,鼓励学生一题多解,即用不同的思路、不同的处理方法解决问题,就是培养学生创新能力的具体体现。

要提高教学质量,把千差万别的学生培养成国家需要的各种人才,需要教师有较强的创新能力。要想提高学生综合素质中必不可少的数学素养,高等数学的教师必须要有创新能力。如果没有包括高等数学教师在内的高校教师队伍整体素质的提高作保障,富民强国的愿望将成为无源之水、无本之木。

在科学技术飞速发展的 21 世纪,社会的发展归根结底是人的总体发展。在通识教育大背景下,在高等数学的教学中,教师应该注重培养学生的科学素养与人文精神,充分发挥学生在教学中的主体意识和教师的主导作用,为高校培养更多的、适应社会经济发展要求的各级各类人才做出应有的贡献。

第二节　高等数学教学的主体——学生

一、发挥学生的主体性

(一)注重学生的主体地位,激发学生的学习兴趣

从以往的教学经验来看,在高等数学的教学过程中,很多学生对高等数学学习缺乏浓厚的兴趣。我们通过沟通了解发现,大多数学生认为自己已经具备了一定的数学基础,但由于受高考应试教育等客观或主观因素的影响,学生自我学习的能力不够强,没有树立自我主动学习的良好观念和意识,所以在进入大学后对数学学习缺乏明确的目标,往往导致学习兴趣与学习热情也相对较低。如何提高学生对数学学习的兴趣呢? 这也就要求数学教师要做好数学教学课堂上的引导、规划,以及课前的准备、设计工作。结合情境化、生活化的教学,这样有助于学生更好地理解知识点和学习素材,也有助于培养学生在高等数学学习上的兴趣。例如,在高等数学关于"曲面的面积"的教学环节中,生活中的曲面可以说是非常之多,所以数学教师可以打破教材的限制,将知识点和生活情境相结合,多选择一些趣味化的生活教学情境,让学生针对生活中具体情况与"曲面面积"相关的数学问题进行共同的讨论和计算,这样就能够拉近学生与数学知识之间的心理距离,在激发学生学习兴趣的同时,开拓学生的数学学习视野,让学生更加直观地体验数学学习的价值和乐趣,这对学生数学学习兴趣和探究精神的培养大有裨益。

(二)注重学生的思维培养、优化组合教学

数学是一门具有高度概括性、抽象性和严密逻辑性的学科,所以数学教师必须采用"授之以渔,非授之以鱼"的教学方法,让学生掌握数学解题、思考的方法。只有掌握了数学的思维方法才能对症下药,提高学生的数学水平。例如在人大版《高等数学》的"微积分"中 $f(x) = \lg x^2$ 与 $g(x) = 2\lg x$ 的函数是否相同? 为什么? 教师可以突出解题思路,函数的两个要素是 f(作用法则)及定义域 D(作用范围),当两个函数作用法则 f 相同(化简后代数表达式相同)且定义域相同时,两函数相同。

解: $f(x) = \lg x^2$ 的定义域 $\{x \neq 0\}$, $g(x) = 2\lg x$ 的定义域 $\{x > 0\}$,虽然作用法则相同, $\lg x^2 = 2\lg x$,但显然两者的定义域是不同的,所以不是同一函数。通过这个实例要求学生掌握数学的思维逻辑,只有更好地掌握思维方法才可以提升自己的解题能力和思维推理能力,增加对数学学习的兴趣和信心。

(三)优化教学方法,注重学生的主体参与

在提高教学效率的同时,要注重发挥学生的主观能动性,受到学生喜欢的教学方法一定是好方法,单一的教学方法是枯燥的、乏味的,很难提高学生学习高数的兴趣,现在的高数往往是在大一开设,而大一时学生对教师的依赖程度相对较高。为了摆脱这种困境,教师可以采取以下方法。

1.讲授法和启示法、讨论法相结合

这三种方法的结合主要是提高学生的课堂参与度,发挥学生的主体作用,为学生的积极参与提供条件和平台,设立情境教学的模式,鼓励学生去思考、去探索、去发现、去解决问题,也是营造活泼的课堂气氛的一种需要。

2.采用多媒体教学

多媒体课件可以利用画图、演示几何图形的构成,使教学课题更加生动呈现,从而加深学生的理解,便于知识的掌握和运用,还可以加强在课堂上的参与。教学不可过分依赖多媒体课件,否则容易引起视觉疲劳,不利于教师和学生、学生和学生之间的互动。

3.尊重学生的差异,做到因材施教

在大学中学生来自五湖四海,学生的数学基础千差万别,所以要求教师在教学的过程中要有针对性,做到"因材施教",提高学生整体的数学水平。在高校数学课堂教学中,数学教师要充分顾及学生在数学学习中的差异,立足于学生的数学基础和学习能力,充分满足不同学生的学习需求,让每个学生在数学课堂上都能够学有所获。

总而言之,提升学生高等数学课堂中的主体地位,应该让学生对高等数学学习有兴趣,提升他们的信心才是根本的解决之道。

二、培养学生的学习兴趣

(一)结合教学实践培养学生高等数学学习兴趣

学生在高等数学教学参与中的表现是多种多样的,可以说很多学生在高等数学课堂上都是"度时如年"。在教学中与其约束学生,不如想办法提高他们的学习兴趣,使其主动地投入到学习中。例如,利用丰富的导入提高学生的学习兴趣,如"全微分"学习中,对于全微分的认识,初学者的理解是五花八门的,在全微分概念学习中,通过一些不太准确的认知进行教学导入,让学生发现破绽,解决问题,然后用数学的语言组织对全微分的认识,从而得出全微分的概念。这样的学习过程有趣、深刻,能够激发学生的学习兴趣,提高学生学习效果。又如,通过数学家的故事激励学生探索数学的奥秘,引导其对高等数学知识产生兴趣。例如,高斯是个数学天才,他的故事很多,结合教学内容引入高斯的故事,以榜样的力量引导学生自觉地学习数学。再如,由简单问题入手,让学生先克服对高等数学学习的恐惧,从而对新知识产生兴趣。

(二)科学应用多媒体培养学生高等数学学习兴趣

多媒体的应用在高校教学中非常普遍,高等数学教学中科学应用多媒体是指要正确地认识多媒体在教学中的"工具地位",应用多媒体做好课堂内外的教学工作,同时应用多媒体搭建师生交流的平台,通过信息交互提高学生对数学学习的兴趣。例如,"多元函数的微分学"教学中,应用多媒体制作教学课件,通过网络发送到学生的邮箱或其他师生交流平台,学生在课堂教学前对于要预习的知识、要整理的资料等有清晰的、明确的认知,这样就会主动地去完成一些教学任务,在课堂上的表现才能更出色。又如,"空间直线及其方程"的教学中,利用多媒体展示直线在空间的存在,这样更直观,学生通过直观的三维显示能够迅速地构建意识中的线与面的立体影像,从而更容易接受和理解知识。再如,课后利用多媒体进行讨论,学生可在交流平台上发表自己对某节课的感想,也可提意见,还可将自己不太明白的地方与其他的学生、教师分享,这样教师能够更全面地掌握学生的学习状态,及时地为学生答疑解惑,使学生对于数学的学习突破时间、空间的约束,学生的数学学习兴趣更容易产生和积累。可见,多媒体在培养学生数学学习兴趣方面确实有着重要的地位,高等数学教学中应充分地认识多媒体教学的优势,有效地利用多媒体这一新兴的教学工具激发学生学习兴趣。

(三)活跃课堂气氛激发学生高等数学学习兴趣

数学教学向来严谨、中规中矩,因此,大多数时候数学课堂都是沉闷的,特别是一些刚加入数学教师队伍的教师,他们习惯了对数学知识的钻研和学习,因此,在教学中,也将自己的那一种钻研学习的精神带到了课堂上,在课堂上自我沉醉于知识的海洋,然而学生听不懂。例如,"多元函数的微分学"教学中,一些教师拓展教学内容,甚至讲到了微分几何等内容,教师越讲兴趣越高,学生越听越不明白。因此,在课堂上要时刻地观察学生的接受能力,让学生做教学的"主角",让他们体会到数学学习的乐趣才是关键。在该章节的教学中,教师可以改变教学方法,通过分组讨论,针对"多元函数的微分学"的教学重点设置几个小标题,每一组围绕自己小组的标题进行讨论,然后小组评讲,再将这些知识联系起来,融会贯通,这样知识才能完全被学生吸收,转变成为学生自己的知识,而且这种教学方法能够活跃课堂气氛,激发学生探索、求知的欲望,学生能更好地参与教学,而不是跟着教师的思路"乱跑",学到最后一塌糊涂。又如,通过数学学习小组的一些活动活跃课堂气氛,激发学生数学学习的欲望和能力,使其对高等数学学习有更浓厚的兴趣。

高等数学学习兴趣的培养不是一朝一夕的,而是一个长期激发、积累的过程,在任何时候,教师要对学生有信心,要不断地引导、鼓励学生学习数学,通过自信心、学习能力等方面的培养,使学生对高等数学产生兴趣,同时通过先进的教学手段、多元化的教学方法、丰富的教学形式、活跃的课堂气氛等,使学生的学习兴趣更浓厚,这样才能为学生的自主学习打好基础,高等数学教学才能在轻松愉悦的教学活动中获得更大的成绩。

三、开发和利用学生资源

(一)在开拓教学设计的各个环节中充分利用学生既有的经验和知识

在课堂教学过程中,学生多方面的知识和能力处于潜藏或休眠状态,恰当的课堂导入会激活这些资源宝藏,出现意想不到的课堂氛围和教学契机。这就是"创设情景激活学生资源",即教师可以通过在课堂中设计某种情境,促进学生积极参与。学生潜在的知识和能力得到教师及时的反馈,师生间其乐融融。教师可在课前设计一些已学过的知识点问题,为新知识的呈现做铺垫,然后循序渐进地导入新知识。

(二)充分利用学生智慧,注意观察发现学生资源

1.充分利用学生智慧

多元智能理论让我们认识到学生的智力结构存在着个体差异,但并非智力高低不同。它提醒教师要在课堂教学过程中,尽力发掘学生个体的不同智能资源,并创造机会使其得到彰显,激励学生参与到课堂中,让学生主宰课堂,形成良好的学习气氛。

2.重点观察发现学生资源

当学生进行即时练习时,教师作为"观察者",走下讲台了解学生的学习情况。当某一数学问题频繁出现,则反映这一问题的典型性。应根据实际情况确定由教师解决、学生互帮互助或分组讨论解决,当堂还是下节课解决。发现精神倦怠的学生时,轻敲其桌面或轻碰其胳膊,让他重新投入学习中。若发现遇到难题的学生,在其身旁作适当点拨,或在问题关键处指点一下。在观察的过程中应重点发现学生频繁出现的错误和问题,然后分析确定此类资源的利用时间、方法和价值等。

3.关注学生生命发展,构建和谐师生关系,发掘学生的情感资源

充分发挥学生情感资源作用的前提是要构建师生之间和谐的关系。教师应将生命教育的理念与数学教学知识有机地结合起来。生命教育理念是以充分尊重学生作为一个生命体的存在为基础的。虽然不同学生的知识水平和能力有差异,但他们都应得到老师和其他人同等的尊重和信任。在大学这一阶段,教师必须借助理性认识揭示事物的本质,增强知识的逻辑性、说服力,由此使学生产生并发展情感。这对于丰富情感、升华情感尤为重要。因此,对大学阶段学生情感资源的开发,应该偏重于与之共享智慧和思考的成果。

4.搭建生生交流的多层平台,促进学生间的资源交流和共享

学生之间知识和能力的交流是有形的,但学生间无形的资源交流更需要教师拥有一颗爱心去发现并加以利用。教师可以抓住许多契机,促进学生之间的积极认同,提高学生间交流的效果,提升合作精神。学生学习策略的形成,其实很大程度上正是学生间进行资源共享的结果。教师应开通多种交流渠道,搭建学生间相互交流和借鉴的桥梁。教师可以在学生中间进行数学学习策略及方法的调查,并进行交流。同时,可以将每个班级的学生分成若干个数学学习小组,每周安排一次课外活动课。适当地组织学生开展数学交流活动来营造良

好的学习氛围。

目前,高等数学教学应着重将开发利用学生资源与整个高等数学教学有机地结合起来。要想充分地挖掘学生资源,教师须在全面了解学生的基础上,如知识基础、个性特征、技能特长等,与实际课堂教学设计相结合;领会教材的教育意义,即教材中所教授的内容对数学学科及其对大学生学习发展的促进作用。此外,教师还应做到心中有学生,眼中有资源,有足够的知识储备,这样才能在课堂上运用自如,对学生的各类资源游刃有余地加以开发利用。

四、培养学生数学素质

(一)还原数学知识产生的过程,注重数学思想方法的渗透

在现行的数学教材中,教材的知识体系已经相当的成熟,甚至趋于"完美"。但是这类教材过于注重对数学结论的表达,却忽视了数学思维的培养。在实际的教学中,课程的主体内容往往是没有完善地引导、分析,就将结论直接抛出。对于和生活比较接近的知识,学生还容易理解并进行相关的应用。而对于那些十分抽象的数学分析和数学结论,没有进行引导就直接给出结论,学生就会变得困惑。同时,学生在此教学模式的影响下总是不求甚解,丧失了数学研究的乐趣,甚至放弃数学学习。针对以上的问题,在实际的教学环节设计中,应该积极地引导学生对问题进行探究,让学生明白数学知识的形成过程,让学生在探究的过程中能够慢慢地发现问题中所蕴含的数学思想和问题的具体解决办法。对于大家都有困惑的问题,教师可以着重进行仔细讲解,让学生在引导下发现解决问题的思路,而不是引用现成的数学原理。只有这样才可以激发学生对数学学习的热爱,为数学素质的培养奠定坚实的兴趣基础。

(二)创设问题情境,注重发现问题能力和解决问题能力的培养

由于教学任务时间紧、任务重,在各高校的数学课当中往往采用教师讲授的方式进行教学。学生在平时的课堂学习中一直处于被动接受的状态,容易丧失学习的兴趣,并且有些学生一旦一个问题没有得到解决,就会将注意力集中起来解决眼前的问题,而忽视了后续的内容。问题不断积累,学生会丧失信心。为了使上述的问题得到解决,在课程设计的环节中就应该深入地对教材进行探索,针对具体的问题设计讨论环节,教师和学生互动起来,在活跃的气氛中解决问题。在这样的学习氛围下,教师更容易了解学生学习过程中存在的问题。学生的发现问题,分析解决问题的能力也会不断加强。在学习的过程中,问题就是新想法的出现,或者是知识储备缺陷。教师在这样的学习模式下发现问题之后应积极鼓励学生进行猜想,对学生的分析问题和解决问题的能力进行加强,最终达到促进学生数学素质提高的目的。

(三)开设数学实验公选课程,注重数学应用能力的培养

随着时代的进步,数学的学习也变得更加多元。在此形势之下,数学与计算机平台的结合产生了一门新的实验课程,即数学实验课程。它利用计算机平行计算速度快、计算能力强的优势将数学知识与实际的问题结合起来,通过对实际问题的模型化,在计算机上将问题解决,让学生体会到了数学学习的意义及作用,激发了学习的积极性。

在大学中,学院开设数学建模这样的选修课,为那些对数学有浓厚兴趣的同学提供了更加宽广的学习及展示平台。在这类实验课中,首先要学习的就是对数学软件 MATLAB 熟练运用。这个数学软件具有强大的计算功能和图形函数处理能力,具体来说就是它可以解决矩阵、微分、积分等问题,并可以对复杂函数进行图形显示。因此,软件的学习就是实验课的基础内容之一。在能够熟练地使用软件进行编程的时候,将课本中可以利用软件进行处理的知识录入到计算机中进行简单的操作练习,最终通过不断练习使学生能够运用数学软件解决实际问题或者学术问题。这种将实际问题的模型化处理,并用计算机软件得以解决的实验性课程,使学生在课堂当中学到的知识得到了应用,不仅加深了学生对数学知识的了解和掌握,还在很大程度上促进了学生数学素养的提高和综合素质的发展。

(四)借助课程网络辅助教学平台,扩展数学素质培养和提高的空间

在目前的高等数学教学中仍然存在许多的问题,例如教学观念陈旧、教学理念落后以及与先进技术衔接不紧密等的问题。这些都与社会的发展格格不入,所以必须将传统的教学理念和模式更新,充分利用网络技术和先进的教学手段进行大胆的改革和创新,借此来不断地加强学生数学素质的培养和教学质量的稳步提升。

在改革的过程中,要重视引入网络辅助教学,将大学的高等数学课堂进行完善。在课下,学校应在自己的校园网内建设网络论坛和网络课程,在课后也能为学生营造一个浓郁的数学学习环境。再者,还可以采用虚拟支票和网络问卷的形式征求学生对高等数学课堂改革的看法和建议。通过对基层看法的总结对自己下一步的不足进行弥补,最终,通过利用网络平台来实现学生数学素质的提高和综合能力的发展。

五、培养学生创新素质

(一)在教学中激发学生的创新意识

创新是一个国家发展的灵魂,是兴旺发达的不竭动力。数学中需要创新意识,我国之所以在当前拥有如此之高的数学成就,是因为古今中外的数学家通过不断的努力以及对原有知识的进一步探索。这些都足以证明创新在数学发展过程中的重要作用。高等数学是数学中比较难以掌握的一部分内容,在传统的教学工作中,学生往往是用死记硬背的方式掌握这一学科的,所以并不能真正理解所学的内容,有些学生在面对大量枯燥无味的数字后,往往会失去对原有学习的兴趣,因此,在当前的高等院校高数教学中,教师应该积极探索学生的创新思维,培养他们的创新意识,这样才能不断激发起他们对高等数学的好奇心,成为社会发展中所需要的数学人才。

(二)创建轻松的学习氛围

在学习课堂中,环境是影响学习效果的一个重要因素,环境可以激发起学生的创新意识,所以教师在高等数学课堂上应该尽可能地营造一个轻松愉悦的气氛,让学生可以放松心情,保证人人都处在一个平等的环境中,教师应该充分信任学生,形成开放式的课堂,让他们能够积极地阐述自己的观点,久而久之,就会形成一种良好的学习习惯。有些学生的想法可能天马行空,这在过去的教学中一定是被教师否定的,但是为了培养学生在数学方面的创新意识,对于这些新的想法,教师不应该轻易地否定,因为每一种想法的出现都是有源头可循的,创新是思想上的碰撞,是一个不断探索的过程,只有发现学生思维方面的错误根源,才能有针对性地进行解决,这是一种隐性的引导,相信在良好的学习氛围下,一定可以为学生创造一个充分发挥的空间。

(三)采用多样性的教学方式

传统的教学方式过于单一,是制约学生创新思维的一个主要因素,因为学生的思想受到了限制,所以就会对他们的解题能力以及理解能力等造成一定的阻碍,在这种情况下,教师应该从原有的教学模式走出来,开辟出一个新的空间,采用多样化的教学方式激发起学生的创新能力。在高等数学中,微积分是一个重要的教学知识点,很多学生在这方面的学习都不是十分扎实,因此选择放弃,但是只要能够对"极限"这一概念做到充分了解,微积分的学习就不困难.可以起到事半功倍的作用。教师在讲课的过程中,可以通过回忆数列的"$\varepsilon-N$"定义类比得到函数的"$\varepsilon-M$"定义,不同之处只是比 x 大的所有实数而不仅仅是正整数 n,使用类比的方法讲解,既复习了数列极限的定义,又讲了函数极限的定义,正所谓"温故而知新"。在此基础上还可以进一步得到"$\varepsilon-\delta$"定义,类比得到二元、甚至多元函数的"$\varepsilon-\delta$"定义等,高等数学中还有很多内容都可以通过运用类比思维方法而得到,教师通过这种思维方式讲解这些内容,能达到一箭双雕的效果。除了类比的方法以外,"一题多变""一题多解"也是十分常见的,只有从不同角度解答问题,才可以说学生是真正地掌握了这方面的内容。

(四) 运用数学实验提高学生的创新能力

在过去教学的过程中,教师往往会在理论知识方面下很大的工夫,重结果轻过程是一个普遍的现象,学生不懂得结论从何而来,所以造成了学习的困难。因此,为了进一步激发学生的创新能力,教师可以从数学实验入手,对学生的思维予以正确的引导,为学生开辟出一条崭新的数学学习模式,帮助他们自己发现问题,并找出问题的答案。同时在整个过程中,还可以充分利用多媒体的方式,让学生加深对知识的印象,以此得出最终的数学结论。比如,在讲到数列极限"$\varepsilon-N$"定义时,我们知道定义中 N 的确定依赖于 ε,为了让学生更好地理解 N 与 ε 这种依赖性,可以让学生通过实验来观察数列的极限,当 ε 改变以后,所对应的 N 是如何变化的,这样学生很容易就掌握了 $\varepsilon-N$ 语言的实质。实验,既能让学生很好地掌握基础知识,又能培养学生的学习兴趣,增强学生动手操作的能力,使学生获得再创造的锻炼。这既能深化学生对所学理论知识的理解,又能培养学生的创新能力,而且实验本身也是培养学生创新能力的途径。

(五)利用数学建模对学生的创新能力进行引导

数学建模的过程实际上也是提高创造能力的过程,这个过程是由很多部分组成的,不仅要对问题加以分析,还需要查阅大量的资料,进而建立起相应的数学模型。在整个数学建模的过程中,其核心在于建立模型,但是同样的问题,在不同学生心中可能拥有不同的答案,也就是在这一过程中,学生的创新能力被激发了出来。因此在教学改革的过程中,教师可以充分应用数学建模的方式让学生的创新能力得到提高,用新思想指引学生在学习高等数学过程中的发展方向,让他们能够更加善于思考。

六、培养学生应用素质

(一)培养数学应用能力的重要性

国际数学教育改革的一个重要趋势就是用学到的数学知识来分析问题和解决问题。高等数学是大学生课程学习的一门基础性课程,这门基础课是管理、经济、化工、建筑、医学等理工农医类专业的必修课程,在有的高校文科类,比如文学、历史、教育学等文科专业也同样开设高等数学课程。高等数学对学生在学习期间以及毕业之后的工作和生活都会产生较大影响。这主要是由于人们的日常生活实际往往和高等数学所涵盖的知识是相通的、相连的,并且在分析问题和解决问题时所展现的多维度思考方式的特点,非常容易引起大学生的学习和研究兴趣。同时,对比中西方大学生学习运用高等数学的能力中,可以发现:中国学生在常规计算方面比较擅长,而数学应用能力相对较差;外国学生相对比较擅长解决模糊且具有实际意义的问题,但是计算能力相对较弱。另外,中国学生在近几年的国际数学大赛中屡获大奖,但是在重大数学问题研究方面,成果寥寥无几。由此,也就说明我国大学生的数学应用能力存在较大缺陷,加强学生数学应用能力培养已经迫在眉睫。

数学是技术发明和科学研究的必要条件,是一项基础性学科,而且已经在社会的各个行业和生活学习工作的各个方面中得到广泛应用。当前,考量一个国家科学技术发达程度的重要标准之一就是其公民数学应用能力的平均值。同时,伴随高等教育改革的深入,加强学生数学应用能力的培养已经成为数学教育改革的必然趋势,也成为数学学科发展的助推器,因此,这也就要求高校和教师把学生数学应用能力的培养放在突出位置,重点落实。

(二)学生数学应用能力培养现状及存在的问题

1.学生数学应用能力培养现状

调查研究发现,学生游刃有余的数学应用问题往往是那些思路清晰、题目明确、结论唯一的问题,这种问题可以相对比较容易得出结论和应用有关知识,这也证明学生的数学应用解决能力有一定基础,但是在遇到复杂而又背景关系不熟悉的情况时,他们的解题思路就相对比较僵化单一,有时候更是无从下手,不知所措,由此可以看出学生的数学知识在解决实际问题时还不能够熟练应用,数学应用能力有待进一步提高。

2.学生数学应用能力培养存在的问题

(1)思想认识不足。大部分大学生,甚至是一些从事高等数学授课的专业教师,对加强学生数学应用能力培养的认识也不尽相同,有很大一部分教师的认识不够全面,没有充分理解培养学生数学应用能力的重要性和紧迫性,对加强数学应用能力教育的现实意义和理论意义理解不清晰。有的数学课程教师根本不考虑数学课程的主渠道作用,仅仅以应付考试、应付教学为目的,把培养大学生数学应用能力放在最后面,但在实际的工作中却鲜有行动。

(2)教材编选滞后。当前,大部分高校使用的高等数学教材在选编上仍然以理论性教材为主,主要以理论推导为中心,以论述讲授为重点,这种教材已经远远不能满足当前高等数学教学需要,对于培养大学生的数学应用能力发挥的作用相对较小,甚至阻碍了数学应用能力的培养。近几年来,在高等数学教材的编著上,虽然已经逐渐认识到教材选编的重要性,但教材中数学理论知识应用的内容和比例仍然较少。例如数学学科的专业教学,相对就更多地关注内容和体系,使高等数学成为纯粹的学科、单一的专业,而对学生的数学知识的应用则没有益处,这种情况的不断发展必将使学生不重视数学应用能力的培养,甚至丧失数学应用能力培养的意识。因此,高等数学教材的选编,对于学生数学应用能力的培养而言,是催化剂、助推器,如若教材中的应用理念、应用知识、应用技巧不能与时俱进,学生的数学应用能力就不能得到有效培养和提高。

(3)教学方法单一。高校由来已久的应试教育教学模式已经根深蒂固,教师和学生都在为了考试而授课和学习,以分数论的局面还是当前高校评价学生和教师的主要指标,甚至在有的学校是唯一指标。数学学科具有严密的逻辑体系,应试教育下的灌输式教学模式已经不能适应数学教育的发展需求。同时,传统的教学模式主要是课堂讲授,任课教师在课堂上占有主导地位,填鸭式教育形式较为突出,学生的主体地位并没有得到体现,长期的、单一的教学模式下,使得学生的思维方式僵化、思路不清晰,运用数学知识解决实际问题的能力培养更是无从谈起。

(4)实践教学欠缺。近几年,通过数学建模竞赛我们可以看到,大学生对于数学专业基础知识的掌握已经相对比较牢固,非常令人满意,但是在实际应用和创新能力方面还相对比较欠缺,数学软件的应用、数学模型设置时间等方面还有待提高。另外,高校对于数学实验教学的重视程度还不够,实验教学在高等教育改革中的重要作用没有真正凸显。

(三)加强学生数学应用能力培养的途径

1.转变思想观念

当前高等学校教授数学课程的教师基本来自高校数学专业毕业生,而且绝大多数是毕业后直接从事数学教学工作,基本也就是从学校到学校的过程,长时间学习养成了以知识为核心的教学观念和行为模式,在教学目标设定、教学方法设计和教学技能运用等方面,都是围绕知识传授这个重心,忽略了培养数学应用能力在高等数学教学中的重要体现。高等数学课程任课教师要转变思想观念,把培养学生的数学应用能力当作高等数学课程教材的第一要素,建立以应用为核心的教学理念和教学观念,把理论知识和实际应用紧密结合,全力推进学生数学应用能力培养。

2.推进教学改革

在应用数学知识来解决社会生活中实际问题的过程中会源源不断地产生新的问题,而新问题的出现需要运用新的数学科学知识来解答,这有利于数学的理论学科发展,有利于数学教学改革的推进,有利于相关学科的协调发展。因此,在高等教育改革的背景下,推进高等数学教学改革,优化数学专业课程设置,建立完善以应用为中心的高等数学课程建设目标和授课模式,是当前高等数学学科发展的必然趋势。现代数学也正在发生深刻的变化,逐渐由简单到复杂、由局部到整体、由连续到间断、由精确到模糊等,这也要求在高等数学教学改革的过程中,应注重加大实践课程的比例,注重开设数学建模类课程、数学实验教学课程等不同类别、不同形式的课程,以及运用计算机、多媒体、数学软件等计算机应用课程。

3.加强数字教学

当前,随着网络信息技术的高速发展,在高等教育中运用以计算机为主的多媒体技术也日臻成熟正在不断地发展。建设数字化课程、数字化教学也是当前教育改革的重点内容之一,数字化教学技术可以不同类型的动画、音响效果进行综合展示,从而使课堂教学更形象、更具体。利用数字多媒体技术可以通过图文并茂的形式,将高等数学理论知识清晰地展示给学生,更能增强高等数学教学的针对性和吸引力,学生学习的兴趣和欲望也会增强,从而产生数学教育的良性循环。因此,在高等数学的教学过程中要逐渐增强数字化教学模式,使数字化教学和传统教学模式有机融合,增强教育效果。

4.强化教学建模

长期以来,数学学科教育界一直致力于探索培养和增强大学生的数学应用能力的新途径、新方法、新渠道,其中最有益、最有效的尝试就是开展数学建模竞赛。数学建模竞赛是基础性学科竞赛,主要培养学生的创新意识,增强学生的实践能力,数学建模竞赛要求学生将理论知识与实践应用充分结合,用理论知识解决实践问题,用实践促进理论知识体系建设,这种理论和实践双向结合的良性互动循环,将抽象的数学活动和具体的实践问题相结合,既能增强学生的数学应用能力,又能锻炼学生解决实际问题的能力,在推动大学生综合素质方面具有积极作用。

5.增强实验教学

在高等教育改革过程中,教育界一直强调增加实验教学,同样,在高等数学教育中更应该注重实践实验教学,要把实验教学作为数学教学的重要内容,运用探究式教学方法,让学生学会从问题出发,借助计算机的功能,用实际行动解决问题。同时,任课教师可以指导学生从不同角度出发,来思考和解决问题,然后运用数学理论知识和实践行动完成数学实验。实验教学可以使学生充分体验从发现、分析、解决问题的过程,在分析问题时候可以查阅更多的数学理论知识、可以动手操作实验程序,最终完成探究学习,从而实现学生数学应用能力的提升。

经过对学习高等数学课程的在校大学生和已毕业学生追踪调查显示:数学应用能力较强的学生更能适应社会发展的需要,而仅仅是单纯掌握数学理论知识的学生则相对较弱。提升大学生的数学应用能力已经成为高等教育改革的一项亟待解决的课题,成为数学教育界探索、奋斗的重要目标和努力方向。

第三节　教师主导和学生主体作用的发挥

教学过程中,教师和学生这两个主体之间的关系是各种关系中最基本的一种关系。教师的教是为了学生的学,学生的学又影响着教师的教,两者相互依存、缺一不可,他们之间既相矛盾又相统一,任何一方的活动都以对方为条件。在活动中教师是教育的主体,只有通过教师的组织,调节和指导学生才能迅速地把知识学到手,并使自身获得发展。学生则是学习的主体,教师对学生的指导和调节只有当学生本身积极参与学习活动时,才能起到应有的作用。教学过程中,教师对整个教学活动的领导和组织作用,称为教师的主导作用。高等数学对于学生来说是一门基础课程,同时教学任务重和教学时间相对较紧等问题,使得高等数学成为学生学习中较困难的一门课程。高等数学的教学过程中,教师多使用讲授法,学生的积极性和主动性没有得到充分的发挥,即没有处理好教师的主导作用与学生的主动性之间的关系,使得教学效果和学生的学习效果不是很明显。在高等数学的教学过程中,要处理好二者之间的关系,才能达到好的教学效果和学习效果。

一、教学过程中一定要坚持教师的主导作用

高等数学的教学过程中一定要坚持教师的主导作用,这主要是因为:①高等数学教学过程中,教师要根据教学计划和教学大纲,有目的有计划地向学生传授基础知识。教学任务的确定、教学内容的安排、教学方法和教学组织形式的选择以及学生学习主体作用发挥的程度都要由教师来决定。在教学过程中师生双方虽都必须发挥主观能动性,但两者所处的地位是不同的。因此决定了在教学中必须起主导作用。②教师课前准备充分,讲课重点突出,深入浅出、方法多样,语言形象,学生就易于学习,不断增长知识;③教师注意启发和诱导,灵活运用教学方法,学生的智能就易于发展;教师严格要求自己,重视教书育人,学生的思想感情就会受到陶冶和感染,学生的意志与性格就会得到有效的锻炼,因此,教师在教学中起主导作用是由学生的学习质量决定的。

二、教学过程中要发挥学生的主体性

教师的教是为了学生的学,在教学过程中,必须充分调动学生的学习主动性、积极性。学生是有能动性的人,他们不只是教学的对象,而且是教学的主体。一般来说,学生的学习主动性、积极性越大,求知欲、自信心、刻苦性、探索性和创造性愈大,学习效果越好,学生学习主动性发挥得怎样,直接影响并最终决定着他个人的学习效果。调动学生的学习主动性是教师有效地进行教学的一个主要因素。所以,学生的学习主动性也是教学中不可忽视的重要方面。

三、科学处理教与学的互动作用

(一)良好开端,教师精于准备

作为高等数学教师,上好一堂课需要良好的课堂驾驭能力。因此,教师要把教材内容吃透吸收、合理调整并转化为自己的东西,对于各知识点的易错点和解题技巧有全面了解,及时指正。例如,在讲解等价无穷小求极限时,对常用的等价无穷小进行归纳和总结,便于学生理解和记忆;在讲解中值定理时着重介绍辅助函数的构造,使学生学会构造的方法和技巧;在讲解洛必达法则时,着重介绍学生常见的错误,以引起学生的注意,在应用时避免出现同样的错误。

(二)精讲多练,讲练结合

高等数学是动手性极强的学科,教师必须采用讲练结合、精讲多练的方法。"精讲"即教

师要在熟练教材的基础上,抓住教材重点,由浅入深,由表及里地在有限时间内,把课程内容讲清楚。在讲课过程中,对于每个新的知识点只用 7～8 min 进行讲解,然后用 20 min 左右对学生进行训练,要求学生在黑板上演示,学生做题时进行巡视,发现和指出学生错误的地方,加以纠正,加深学生对该知识点的理解,使学生能够真正掌握该知识点。在函数求极限、导数和不定积分的教学中,采取这种教学方式时,学生的学习效果是非常明显的。

(三)培养学生学习兴趣,激发学生的动力

兴趣是学习的源泉和原动力,学生一旦对某一学科产生兴趣,就会对这门学科的学习产生巨大的热情。高等数学作为学生的基础课是学生一入大学就要学习的课程,而对于打算取得更高学历的大学生来说,有很多人是准备考硕士研究生的,高等数学是研究生入学必考的一门课程,所以作为数学教师应该抓住学生的这种心理,在讲课过程中穿插一些历年的考研真题,激发学生的兴趣,发挥学生的主体作用。在每次课结束前,给学生布置一些与本次课相关的考研真题,让学生自己去独立思考并完成。在下次课开始的时候,由学生讲解这些题或介绍该题的解题思路,然后由教师进行归纳和总结,同时指出不足之处,使学生真正感觉到学有所得。

(四)使学生归纳总结,学有所得

在每节课即将结束的时候,启发学生讲出本节课应该掌握什么知识点。这样使学生积极参与到教学活动中,学生体会到自己的主体地位。但这并不是说可以忽视教师的主导作用,学生漏讲或讲得不清楚的知识点,老师要进行补充。重点知识还要精讲,最后进行归纳总结,让教师充分承担着"传道、授业、解惑"的重任,在教的过程中发挥主导作用,进而激发学生在学的过程中的主体作用。例如,在讲解求函数不定积分的分部积分法时,最后引导学生总结出"反对幂指三"的规则,能够加深学生的印象,使学生学有所得,学有所获。

总之,要做好高等数学的教学,既要发挥教师的主导作用,这是学生掌握知识的必要条件,也要发挥学生学习的主动性,使学生掌握知识主要靠个人的主动性和积极性。教师要以课堂教学为主渠道,以课外作为有利补充手段,同时运用科学方法,讲练结合,灵活多样地传授知识和技能,将知识内化到学生的心中去,真正做到重能力培养,使学生早日成为建设祖国的栋梁之才。

第三章 高等数学分层教学模式与方法

第一节 分层教学概述

一、分层教学的概念

目前,对分层教学概念的理解多种多样。归纳起来,大致有以下几种。

1.分层教学是一种教学策略

分层教学是一种强调适应学生个别差异、着眼于各层学生都能在各自原有基础上得到较好发展的课堂教学策略。

2.分层教学是一种教学方法

分层教学是在班级授课制下,按照学生的学习状况、心理特征及其认识水平等方面的差异进行分类,以便及时引导各类学生有效地掌握基础知识,受到思想教育、得到能力培养的一种教育教学方法。

3.分层教学是一种教学手段

分层教学是在班级授课制下,教师在教授同一教学内容时,依一个班级优、中、差生的不同知识水平和接受能力,以相应的三个层次的教学深度和广度进行施教的一种教学手段。

4.分层教学是一种教学方式

所谓分层教学,即根据受教育者的个体差异,对其进行排队,按照由高到低的顺序将其划分为不同的层次,针对每个层次的不同特点,因材施教,以实现既定的人才培养目标的一种教学方式。

5.分层教学是一种教学组织形式

分层教学是教师充分考虑到班级学生客观存在的差异性,区别对待地设计和进行教学,有针对性地对不同类型的学生进行学习指导,使得每位学生都得到最优发展的教学组织模式。

6.分层教学是一种教学模式

分层教学是针对教育对象的综合评价差异而采取的一种因材施教模式。分层教学就是要根据学生基本素质、知识水平和社会对于人才的需求,按若干个层次对学生实施因材施教、因需施教的一种新的教学模式。

笔者认为,将分层教学定位为一种教学模式是比较合理的。如果将分层教学看作一种教学方法或是一种教学策略,一是过于具体、偏狭,二是又过于抽象、缺乏可操作性。教学方法中的讲授、谈话、游戏等各种方法都可以在分层教学过程中得以展现,但反过来说,分层教学到底是一种什么样的教学方法,却无法给出明确的解释。分层教学本身包含着多种调节、反馈活动机制和策略,有思维层面的东西,但它的内涵又远非这些调节、反馈活动机制和策略所能涵盖的,它还包含有师生活动的基本框架,同时有一套自己的目标体系和具体的操作程序。所以,仅将其视为教学策略,没有一定思维深度的人是无法领会其中的含义的。但如果将其视为一种教学组织形式,又未免过于机械和呆板。从最初来源讲,分层教学源于分组教学,但它又不同于分组教学,它是在分组教学的框架形式内又融入了教学策略、内容、方法、目标任务、评价及其指导思想等丰富内涵,从而演变为一种教学模式,而且是班级授课形式下的基于学生差异的个性化教学模式。

二、分层教学的理论依据

(一)"以人为本"原则

教育必须以人为本,这是现代教育的基本价值取向。职业教育要真正做到"以人为本"就必须打破过去那种要求客观上有差别的学生去被动适应统一的教育计划的教育模式,代之以分层递进的教育模式。从新的教学观看,高校数学教学要求教师创设适合不同学生发展的教学环境,体现以学生为本的教学观,而不是一味地要求不同的学生来适应教师所创设的单调的、唯一的教学环境。

(二)"因材施教"原则

因材施教始创于中国古代教育家孔子,宋代朱嘉将孔子这方面的思想和经验概括为"孔子教人,各因其材"。就学校学生的数学学习而言,由于数学基础不同,学生之间不仅有数学认知结构上的差异,还有在对新的数学知识进行同化或顺应而建构新的数学认知结构上能力的差异和思维方式、兴趣、爱好等个性品质的差异。在教学中,要想真正体现"因材施教"原则,就必须客观对待学生间的差异,从不同层次学生的实际情况出发,提出不同的教学目标,以最大限度地发挥每名学生的学习潜能。

(三)"掌握学习"理论

美国著名教育家、心理学家布卢姆提出的掌握学习(Mastery Learning)理论认为,有效的教学应保证大部分学生都能掌握主要的学习内容,而且只要为学生提供必要条件,就有可能使绝大多数的学生都能完成学习任务或达到规定的学习目标。因此,教师对每名学生的发展要充满信心,并为每名学生提供理想的教学,提供均等的学习条件,让每名学生都能得到适合自己的教学,都能得到发展。

(四)"最近发展区"理论

苏联著名心理学家维果茨基提出的"最近发展区"理论认为,学生有两种发展水平:一是已经达到的发展水平;二是可能达到的发展水平,它是指学生靠自己不能独立解决的问题,经教师启发帮助后可以达到的水平。它们之间的区域被称为"最近发展区"或"最佳教学区"。教师只有从这两种水平的个体差异出发,把最近发展区转化为现有发展水平,并不断地创造出更高水平的最近发展区,才能促进学生的发展。

(五)"弗赖登塔尔"数学教育思想

荷兰数学家和数学教育家弗赖登塔尔认为,数学发展过程就具有层次性,构成许多等级。一个人在数学上能达到的层次因人而异,数学教育的任务就在于帮助多数人去达到这个层次,并努力不断地提高这个层次和指出达到这个层次的途径。这也正是新数学课程提到的理念:人人都能获得必需的数学;不同的人在数学上得到不同的发展。这一思想在高等教育中包含以下三层含义:①高等教育对数学教育的要求、需要达到的水平;②学生现有的数学基础和水平;③数学知识在学生的专业中的实际应用。弗赖登塔尔数学教育思想为本研究的展开提供了最重要的理论依据。

(六)"建构主义"理论

建构主义认为:人的认知过程(学习过程)是人的认知思维活动的主动建构过程,具有主动性;学习者不是知识的被动接受者,而是知识的主动建构者。分层次教学强调教学活动建立在每名学生的最近发展区内,针对每名学生的"数学现实"进行教学。把学习的主动权交给学生,学生的知识不是教师的授予,而是学生的主动建构。学生不是知识的被动接受者,而是知识的主动建构者。可见,建构主义理论是分层教学的重要理论基础。

(七)巴班斯基的"教学教育过程最优化"理论

苏联教育学家巴班斯基认为,教学过程的最优化就是在教养教育和学生发展方面保证达到当时条件下尽可能大的效果,而师生用于课堂教学和课外作业的时间又不超过学校规定的标准。教学过程最优化的基本方法包括:"在研究该班学生特点的基础上,使教学任务具体化;根据具体学习情况的需要,选择合理的教学形式和方法等。"要求教材的难度和广度以及教学的速度都应适合学生的最近发展区水平上的实际学习能力。现阶段高校数学分层次教学是符合教学过程最优化要求的选择。

(八)当代教育家的分层教学思想

在我国教育界,西南大学教育心理学家张大均就提出:"社会对人才的需求是多方面多层次的,学生的个人兴趣爱好、能力结构和个性发展也是有很大差异的,应该使不同层次的学生有课程选择的自由,能够主动地得到发展。面向差异的主要教学方法——分层教学体现了这一思想。"西北师范大学吕世虎教授指出:"提高教学有效的若干策略——运用'最近发展区'理论,实施分层递进教学。"

北京师范大学曹才翰先生强调:"数学教学要适应学生的认知发展水平。"王维臣在《数学与课程导论》一书中探讨教学组织演变形式时强调了"能力分班和分组"的教学组织形式。北京师范大学裴姆娜教授在《未来导报》2003 年 3 月 28 日第三版发表《对当前我国课程教学改革的思考》文章,指出现代意义的课堂教学应体现学习的选择性,其中学生作为能动的主体,考虑其个别差异,能根据学习的需要,有效地选择自己的学习内容。课堂教学要尊重学生个性与才能,关注个体差异,满足不同层次学生的不同需要。

三、分层教学应遵循的基本原则

分层教学要反映数学大众化思想,面向全体学生,综合考虑学生个体间相同与相异的因素,将学生划分为不同的层次,对不同层次的学生,运用不同的教学策略,把学生的个体差异当作可开发的资源,为每名学生开辟广阔的发展空间,挖掘学生的发展潜能,促使学生学会学习数学,进而愿意学习数学,应遵循以下几条原则。

(1)进行分层次教学要与分快慢班区别开来,分层次教学中的教师眼中没有差生,在师资配置上也没有歧视,甚至会为学习程度较弱的层次配备更好的老师。分层教学的目的是为了提供适合学生个性发展的教育,但对较低层次的学生,应避免对他们的心理发展造成不利影响,产生被视为差生的心理压力;对较高层次的学生,不要使他们产生优越感。

(2)不能简单地由学校或教师根据学生的数学高考成绩确定学生分在哪个层次,而是由学生根据自己对数学的兴趣和已有数学基础自主确定,这种选择是学生的自觉行为,能使学生的数学学习从"要我学"转变为"我要学",充分调动学生的学习积极性。但在学生自主选择层次后,不能要求其从一而终,而是在教师的指导下,允许学生根据学习的情况和需求的变化,进行重新选择学习层次。

(3)不能简单地通过分层降低对部分学生的要求,分层教学不是教学的目的,而是一种教学的措施或策略,学生可以根据自己的条件和后续课程的学习和今后进一步的发展需要,选择较高教学层次或技能等级要求,实现符合自身特点和发展意愿的最佳发展的目标。

(4)分层教学应按照教学过程最优化的理论对教学的各个环节、要素进行优化,按照"照顾差异,分层提高"的原则,使得教学目标的确定、教学内容的安排、教学方法的选定,评价体系等都有所区别,使之适合不同层次学生的实际学习需要,谋求全体学生的最优发展。

(5)对于不同层次的学生,教师都要给予客观、公正、科学的评价,及时鼓励富有创新精神和有进步的学生,激发学生的内在学习动机,使分层教学真正成为促进学生学习的有效手段,为每一位学生营造一种最适合他们个性的学习和发展环境。

四、分层教学所要达成的目标

分层教学改革的目标是以提高学生学习数学的兴趣为前提,在教学策略上以分层为手段发挥学生的个性特征,强调学生最大程度的智力参与,关注学生主体性的发挥和培养,通过优化设计教学过程的各个环节、各个要素,求得最佳教学效果。因此,分层教学的一般层次的目标是为具有不同的数学文化基础、不同的专业学科、不同职业取向的学生,提供尽可能充足的数学知识和数学能力的准备。但更为理想的目标是用不同的教学策略,使不同层次的学生对数学的价值与功能、数学思想方法均有较为深刻的理解与把握,为他们适应社会发展的需要,提供更为坚实、广泛的基础,使尽可能多的学生都能从低层次达到高层次,从而

全面提高数学教学质量。在这一过程中,需要处理好以下几个问题:

(1)学生之间现有数学基础与未来发展方向的差异是存在的,同时学生未来运用数学的广泛程度与深入程度也是有差异的,但对学生而言,数学的价值与功能及学生对数学思想与方法的领悟同等重要,分层教学就是主动地利用这些差异,而关注、尊重这些差异就是对学生主体发展的关注与尊重,并利用这些差异来提高教学效果。

(2)分层教学班中,程度相同或相近的学生集中在一起,有利于教师把握同层次学生的认知规律,促进教师更好地认识与把握教育教学规律。因此,分层教学不仅有利于学生素质的全面提高,也有利于促进教师队伍素质的提高。

(3)承认学生的数学能力等各方面是有差异的,但同时要承认他们的智力水平与学习数学的潜力没有质的差别,因此,分层次教学的基本要求是不限制层次高的学生学习数学的潜力,对层次较低的学生,让他们跟上学习进度,达到《工科类本科数学基础课程教学基本要求》所规定的学习目标,掌握数学基础知识、基本能力,为专业课学习服务,同时提高分析问题与解决问题的能力。

第二节　分层教学的准备阶段

一、对学生分层的依据

国家做出高校大扩容的战略部署之后,高校生源的质量大打折扣。在中学基础教学改革的冲击下,很多大学的内容已经变成中学基础必须掌握的内容,并且在高考指挥棒的作用下,一部分学生掌握的大学部分知识已经非常扎实,而另一部分学生因为所在的中学为了提高升学率省略了中学课程标准中要求的知识而没有大学的一些知识。从现实的情况看,笔者清楚地认识到,如果还把所有的学生集中在一起按照以前的方法进行教学是不可能的。因此,分层教学的概念应运而生。

摆在教师面前的首要问题就是怎样对学生分层。笔者认真分析了一些高校分层的优点与不足,提出了适合高校的分层方法。在分层的过程中笔者参考了"多元智力理论",承认学生的差异并认为考分高低并不决定一个人的最终能力。不以牺牲部分学生的利益来进行分层,也就是没有按照学生的成绩来分层。下面主要谈谈具体的实施过程:

首先,根据学生的学习可能性水平将全班学生区分为 A、B、C 三个层次,便于教师把教学难度确定在每名学生的"最近发展区"之中。

其次,根据本校某级学生的高考入学成绩的统计资料,确定各层次人数比例。对成绩分布表进行具体分析,150 分的总分,数学成绩在 60 分(相当于百分制的 40 分)以下的百分比.学生数学成绩在 120 分以上的百分比,可以看出学生的差异是显著的。由宁静等人(2001)的研究可以得出结论,高考分数可以作为大学生智育水平的一个标准,然而高考总分在一定范围内的学生数学的成绩取决于自己的努力程度和个人正确的学习方法。由此可以看出笔者确定的比例是可行的。当然分层并不是直接按照高考成绩分层,在后面还要作专门的论述。

最后,综合考虑学生的问卷调查结果、教学的经验以及于宏等人(2004)研究的结果确定了各层次学生的大致标准：

A层学生智力因素和非智力因素好，观察力、记忆力、注意力、思考和自学能力较强，视野开阔，能将学到的基本原理"迁移"到各种练习题和实验中去。具体表现出来为有较好的数学基础，并有志于从事科学研究和技术开发，能积极地配合老师教学，对数学有极高的学习热情，有进一步考研的需要。

B层学生为学生中的主体，该层次的学生智力因素较好，非智力因素中等，有些小聪明，但学习上不是很专心，进取心不是很强，知识面较广。

C层学生满足如下特点：学生认知能力低，非智力因素欠缺，上课时不能集中注意力，意志较为薄弱。具体体现出来就是数学基础薄弱，或学习数学没有主观的愿望。

二、对学生分层的具体操作

由于我们的教育对象是人，而不是像工厂中产品的制造一样千篇一律，所以如果由学校或教师简单地根据学生原来的成绩（入学成绩）确定学生分在哪个层次，这对学生来说是被动的，并不能激发学生的学习积极性，还会刺伤学生的自尊，也会对学生心理发展产生不良影响，不能达到预期的教学目的。应在学校充分了解、认识学生某些课程基础水平的前提下，通过教师的指导，充分听取学生本人的意见，最后由学生自主决定。因此，分层主要考虑以下3种因素三方面：一是学生的数学基础；二是个人自愿，充分兼顾到学生本人的兴趣爱好和本人的意愿；三是自主学习能力。

首先，公开分层。在开学之初给学生进行分班的指导工作，主要给学生讲解为什么要分班以及分班的原则。相应的由班导师（班导师一般指导58名学生比较具有针对性）做好本组学生的分班指导工作。

其次，在开学两周之内允许学生自主地在该系的各个班级听课，各个班级主要按照事先确定的教学大纲、教材组织教学内容，让学生做到选择之前心中有数。

最后，为了更好地分层，要制作调查问卷发给学生，在两周之后回收问卷，让学生有充分的时间来考虑分班情况。该问卷主要是调查学生在中学时期的数学学习习惯、数学学习兴趣以及根据前段时间的走班听课结合自己的实际情况自己更愿意在哪个班。同时，为了检验学生的适应情况还要制作第二份问卷调查。这个主要为了对学生进入学校半年以后学习的习惯、兴趣以及对现在教学方式的满意程度进行调查，为下期分班做好准备。

第三节　分层教学的实施

一、各层学生教学目标的确定

分层教学不是教学目的，而是一种教学措施。分层教学是在认识到了每名学生都是不同的个体，教育的任务不是抹杀这种差异，而是在适应这种差异的基础上，所做出的最能使学生得到充分发展的一种措施。从学生差异出发意味着制定的教育教学目标应该有差异性，同时如果分层之后还按照相同的内容和方法进行授课那也达不到分层的目的。因而，在上课之前就应该针对每一个层次的学生制定相应的教学大纲，教学大纲的制定必须达到国家教育部高教司颁布的高校基础课教学基本要求,这个是最基本的,对于各层的学生都要达到的。由于高等数学课程章节比较多,只针对第三章讲述教学大纲的不同。

在大纲中对所列知识提出了 4 个层次的不同要求,4 个层次由低到高顺序排列,且高一级层次要求较高,要求包含低一级层次要求。4 个层次分别为:

(1)了解:初步知道知识的含义及简单应用。

(2)理解:懂得知识的概念和规律以及与其他相关知识的联系。

(3)掌握:能够应用知识的概念、定义、定理和法则去解决一些问题。

(4)灵活运用:对所列知识能够综合运用,并能解决一些数学问题和实际问题。

1.A 层学生教学大纲的确定

前面已经确定了,该层的学生理解能力与领悟能力均较强,因此,在教学过程中可对教学内容进行扩充,开拓学生视野。课程教学的任务是:①使学生从思想观念到思维方法上完成从初等数学到变量数学的转变;②全面掌握微积分的基本概念、基础理论和基本方法;③为学习各门后续课程和各类专业课奠定坚实的基础;④全面培养和提高辩证思维、逻辑推理能力和微积分运算技巧。培养目标确定为提高学生研究水平,满足当今社会对精英型人才的要求。因此,对该层学生教学大纲相应地确定为以下内容:

(1)理解函数的极值概念;掌握用导数判断函数的单调性和求函数极值的方法。

(2)了解柯西(Cauchy)中值定理;会用罗尔(Rolle)定理、拉格朗日(Lagrange)中值定理和泰勒(Taylor)定理。

(3)掌握函数最大值和最小值的求法及其简单应用。

(4)了解曲率和曲率半径的概念。

(5)会用导数判断函数图形的凹凸性及求拐点。

(6)会求函数图形的水平、铅直和斜渐近线,会描绘函数的图形。

(7)掌握用洛必达法则求未定式极限的方法。

(8)会计算曲率和曲率半径,会求两曲线的交角。

(9)了解方程近似解的二分法和切线法。

对该层学生提出的能力要求如下:

(1)逻辑思维能力:会对问题进行观察、比较、分析、综合、抽象与概括;会用演绎、归纳和类比进行推理;能够准确、清晰、有条理地进行表述。

(2)运算能力:会根据法则、公式、概念进行数、式、方程的正确计算和变形;能分析条件,寻求与设计合理、简捷的运算途径。

(3)分析问题和解决问题的能力:能阅读理解对问题进行陈述的材料;能综合应用所学数学知识、数学思想和方法解决问题,包括解决在相关学科、生产、生活中的数学问题,并能用数学语言正确地加以表述。

2.B 层学生教学大纲的确定

该层的学生理解能力与领悟能力均较强。因此在教学过程中可对教学内容进行扩充,开拓学生视野。培养目标确定为提高学生研究水平,满足当今社会对精英型人才的要求。

这部分学生占学生总量的大多数,对这部分学生的培养应按大纲要求,以正常速度按部就班进行。采用较为统一的教学安排,着重为学生打下扎实的数学基础,并为将来的进一步发展创造实力,教学方法着重于提高课堂讲授质量,使学生牢固掌握所学知识。对于该层学生,我们的教学大纲相应地确定为以下内容:

(1)理解函数的极值概念,掌握用导数判断函数的单调性和求函数极值的方法。

(2)理解罗尔(Rolle)定理和拉格朗日(Lagrange)定理,了解柯西(Cauchy)定理和泰勒(Taylor)定理。

(3)会求简单的最大值和最小值的应用问题。

(4)会用导数判断函数图形的凹凸性和拐点。

(5)会描绘函数的图形(包括水平和铅直渐近线)。

(6)会用洛必达法则求不定式的极限。

(7)了解曲率和曲率半径的概念并计算曲率和曲率半径。

(8)了解方程近似解的二分法和切线法。

对该层学生提出的能力要求如下:

(1)逻辑思维能力:会对问题进行观察、比较、分析、综合、抽象与概括;会用演绎、归纳和类比进行推理;能够准确、清晰、有条理地进行表述。

(2)运算能力:会根据法则、公式、概念进行数、式、方程的正确计算和变形;能分析条件,寻求与设计合理、简捷运算的途径。

(3)分析问题和解决问题的能力:能阅读理解对问题进行陈述的材料;能综合应用所学数学知识、数学思想和方法解决问题。

3.C层学生教学大纲的确定

该部分学生基础差、底子薄,因此,对这部分学生的理论要求可适当降低。必要时可增加教学时数,速度不宜过快,可在需要时适当强化初等数学的知识。教学目标提出了以下两方面的要求:一是掌握基本的理论知识,二是可熟练应用这部分理论知识。因此对该层学生教学大纲相应地确定为以下内容:

(1)了解函数极值的概念,掌握用导数判断函数的单调性和求函数极值的方法。

(2)理解罗尔(Rolle)定理和拉格朗日(Lagrange)中值定理,了解柯西(Cauchy)中值定理。

(3)掌握函数极值、最大值和最小值的求法。

(4)会用导数判断函数图形的凹凸性和拐点。

(5)会求函数图形的拐点和渐近线,会描述简单函数的图形。

(6)会用洛必达法则求极限。

(7)介绍相应的数学软件,并能够根据数学软件的特点制作相应的图形。

对该层学生提出的能力要求如下:

(1)逻辑思维能力:会对问题进行观察、比较、分析;会用演绎、归纳和类比进行推理。

(2)运算能力:会根据法则、公式、概念进行数、式、方程的正确计算和变形;能分析条件,寻求与设计合理、简捷运算的途径。

(3)分析问题和解决问题的能力:能阅读理解对问题进行陈述的材料;能有较强的操作

能力。

4.各层学生教学大纲的比较

(1)A层与B层学生教学大纲的比较。

我们从学生的能力要求来看,其区别主要在对实际问题的处理能力上,这个是和事先确定的各层学生的特点相符合的。从A层与B层学生教学大纲的比较中,可以看到对A层的学生处理实际问题的能力有进一步的要求,对运算技巧方面有更高的要求。

(2)B层与C层学生教学大纲的比较。

对C层的学生,强调的主要是根据具体情况让学生了解基本的数学知识,并且能够熟练地运用数学软件的知识进行计算和作图。对于C层学生,更强调的是实际动手操作能力,而对理论的知识要求要低一点。这个在教学大纲和能力要求上面有所体现。

二、大中学衔接中的分层教学策略

2001年国务院批准了教育部《面向21世纪教育振兴行动计划》,该计划是为了实现中国共产党十五大所确定的跨世纪社会主义现代化建设的目标与任务,落实科教兴国战略,全面推进教育的改革和发展,提高全民族的素质和创新能力而制定的。因此,我国基础教育课程改革于1999年正式启动,2000年1月至6月通过申报、评审,成立了各学科课程标准研制组,2000年初步形成现代化基础教育课程框架和课程标准,改革教育内容和教学方法,推行新的评价制度,开展教师培训,启动新课程的实验。2002年3月教育部基础教育司在9个地区向广大教育工作者和专家学者征求意见,对各学科课程标准进一步修改。7月教育部颁布《基础教育课程改革纲要(试行)》。目前涵盖中小学义务教育18门学科的国家课程标准研制完成。

《中国教育报》2001年7月27日第2版上刊登的"基础教育课程改革纲要(试行)"一文中提到基础教育课程改革的具体目标之一:改变课程内容"难、繁、偏、旧"和过于注重书本知识的现状,加强课程内容与学生生活以及现代社会和科技发展的联系,关注学生的学习兴趣和经验,精选终身学习必备的基础知识和技能。

由上述情况来看,中学的改革早在2001年就已经开始,而高等学校的改革还是滞步不前的,由于要改变课程内容"难、繁、偏、旧"和过于注重书本知识的现状,中学已经加入了很多大学的知识,并且作为基本的知识要求学生接受,这从高考试题中可以体现出来。以2007年四川省的高考试卷为例,大学的知识基本占到了30%左右。但是大学的教材还是沿用的十多年以前的教材,尽管版本有所变化但是其具体的内容基本上没有什么变化。在这种情况下,我们怎样应对不同层次的学生讲解相应的内容是值得探讨的课题。朱莹(2005)通过做好学生学习习惯的培养、做好思想认识上的衔接、做好数学知识上的准备、做好学习方式方法上的衔接来说明了大中学的衔接问题。本章下面以中学中已经讲过的极限为实例,来谈谈各层学生在大中学衔接中的策略问题。

1.A层学生大中学衔接的策略

前面已经谈到,A层学生的基础很好,中学老师所讲的极限的计算,A层学生基本上都已掌握,如果还是继续讲计算学生势必不愿意再听。因此,主要讲极限的理论,用精确的

"$\varepsilon-\delta$"语言来描述极限。这个部分的理论性很强,内容很抽象,学生不容易接受。为了不打击这部分学生学习数学的兴趣和热情我们准备用问题

驱动的理论引起学生的兴趣进而和老师一起探讨极限的定义。

实例 1:$1=0.999\cdots$是否正确?

谁都知道$\frac{1}{3}=0.333\cdots$而两边同时乘以 3 就得到$1=0.999\cdots$可就是看着别扭,因为左边是一个"有限"的数,右边是"无限"的数。

实例 2:"无理数"算是什么数?

我们知道,形如$\sqrt{2}$这样的数不可能表示为两个整数比值,它的每一位都只有在不停计算之后才能确定,且无穷无尽,这种无穷尽的数,大大违背人们的思维习惯。

结合上面的一些困难,人们迫切需要一种思想方法,来界定和研究这种无穷尽的数,这就产生了数列极限的思想。

设计意图:通过介绍以上两个实例引起学生的兴趣,学生想了解到底什么方法可以解决这个问题,符合教育心理学中的问题驱动的原则。

类似的根源还在物理中(实际上,从科学发展的历程来看,物理可能才是真正的发展动力),比如瞬时速度的问题。我们知道速度可以用位移差与时间差的比值表示,若时间差趋于零,则此比值就是某时刻的瞬时速度,这就产生了一个问题:趋于无限小的时间差与位移差求比值,就是$0\div0$,这有意义吗(这个意义是指"分析"意义,因为几何意义颇为直观,就是该点切线斜率)?这也迫使人们为此做出合乎理性的解释,极限的思想呼之欲出。

设计意图:通过物理的实例可以同自身的专业联系起来,让学生认识到新知同专业之间的联系,增强学习新知识的兴趣。

用描述法表示$\lim_{n\to\infty}a_n=A$数列a_n,当n无限地接近∞的时候,a_n就无限地接近A。怎样来描述接近,进而怎样描述无限接近(让学生回忆两个物体距离近怎么描述)?距离近主要用作差看相差多少,这个相差可能是正数,可能是负数,也可能是零。而它们很接近主要是看其绝对值是否满足你期望的非常小的数。因此能够得到a_n,就无限地接近A,可表示为$|a_n-A|<$"一个你认为的很小的数"。每个人所认为的最小的数都不相同,而且上面的式子是对所有人的很小的数都成立。因此我们找了一个字母来代替,即ε。

由于该层学生的基础比较好,因此只需要逻辑上的分析,从而得出这个定义,并且学生一起合作找出极限的定义。

即对任意的ε,都存在着一个n,当$n>N$时都有$|a_n-A|<\varepsilon$,则称常数A是数列a_n的极限,记为$\lim_{n\to\infty}a_n=A$。

最后再强调,所谓"定义"极限,本质上就是给"无限接近"提供一个合乎逻辑的判定方法和一个规范的描述格式。这样,我们的各种说法,诸如"我们可以根据需要写出$\sqrt{2}$的任一接近程度的近似值",就有了建立在坚实的逻辑基础之上的意义(此前,它们更多地只是被人"本能的"承认而已)。

2.B 层学生大中学衔接的策略

这部分同学的智力因素较好,但学习上不是很专心,知识面较广。针对这部分学生学习

上不是很认真的特点,需要重新设计极限定义的讲法。如果按照 A 层学生的讲法,他们肯定不会认真听课,达不到所需结果。因此,对他们笔者运用的是先行组织者的原理。即在正式学习某项内容之前,先提供一些教学材料以增强新知识和学生已有知识间的联系。先行组织者可以以口语或书面语的形式呈现,但关键要使学生积极回忆已有的相关知识。

实例 1:我国古代数学家刘徽(公元 3 世纪)利用圆内接正多边形来推算圆面积的方法 —— 剖圆术,设有一半径为 1 的圆,在只知道正多边形的面积计算方法的情况下,要计算圆的面积。这就是极限思想在几何学上的应用。那么对于这个问题我们怎么求解? 我们来探求具体做法:

第一步:首先作内接正六边形,把它的面积记为 A_1;

第二步:再作内接正十二边形,其面积记为 A_2;再作内接正二十四边形,其面积记为 A_3;循此下去,每次边数加倍,一般地把内接正 $6 \times 2^{n-1}$ 边形的面积记为 $A_n (n \in \mathbf{N})$。

第三步:得到的一系列内接正多边形的面积为 $A_1, A_2, \cdots, A_n, \cdots$ 它们构成一列有次序的数,当 n 越大,内接正多边形与圆的差别就越小,从而以 A_n 作为圆面积的近似值也越精确。但是无论 n 取得如何大,只要 n 取定了,A_n 终究只是多边形的面积,还不是圆的面积。

第四步:设想 n 无限增大(记为 $n \to \infty$,读作 n 趋于无穷大),即内接正多边形的边数无限增加,在这个过程中,内接正多边形无限接近于圆,同时 A_n 也无限接近于某一确定的数值,这个确定的数值就理解为圆的面积。这个确定的数值在数学上称为上面这列有次序的数(所谓数列)$A_1, A_2, \cdots, A_n$ 当 $n \to \infty$ 时的极限。在圆面积问题中我们看到,正是这个数列的极限才精确地表达了圆的面积。

在解决实际问题中逐渐形成的这种极限方法,已成为高等数学中的一种基本方法,因此有必要作进一步的阐明。

同时我国古代著名的"一尺之捶,日取其半,万世不竭"的论断,就是数列极限思想的体现。

设计意图:通过问题引起学生的兴趣,在解决实际问题的过程中所运用的都是学生熟悉的知识,运用了线性组织者和问题驱动的原则,利于学生接受。

实例 2:作图并讨论数列 $2, \dfrac{3}{2}, \dfrac{4}{3}, \cdots, \dfrac{n+1}{n}$ 的极限。

要求 1:以 n 为横坐标,a_n 为纵坐标作出图形。

要求 2:在作出的图形上画出直线。

提问:观察所作的图形,从中可以看到什么样的现象。

从图中可以看到:当 n 无限增大时,动点 (n, a_n) 逐渐地接近于直线 $a_n = l$,且随 n 无限增大,动点 (n, a_n) 与直线 $a_n = 1$ 的距离要多么小就可达到多么小,即

$$\lim_{n \to \infty} \frac{n+1}{n} = 1$$

设计意图:学生对科学概念的学习不仅是重要的,而且是困难的。由于中学学生学习过数列极限的定义,现在相当于概念发生根本性的转移。在这种情况下,就需要重新建构概念。

当学生需要发生根本性的概念转移时,接受起来就比较困难了。我们的设计符合杜威

的"做中学"的原理。

通过实例2将"接近很容易"和"做差再取绝对值"联系起来,再采用A层学生后面部分的讲法,既可以吸引学生注意,又可以把定义介绍给学生。

3.C层学生大中学衔接的策略

C层学生的特点是:数学基础薄弱,或学习数学没有主观的愿望。对该部分学生在这个定义上的要求要适当地降低,要采取同前两层学生不同的教学方式。首先要解决的问题还是学生兴趣的问题。

首先引入学生非常熟悉的诗《送孟浩然之广陵》:"故人西辞黄鹤楼,烟花三月下扬州。孤帆远影碧空尽,唯见长江天际流。"在诗歌中体现数学的美,体现极限的思想,让学生理解"孤帆远影碧空尽,唯见长江天际流"这两句诗的极限思想。

设计意图:通过学生都非常熟悉的诗,让学生看到极限的思想无处不在,就算是古人的诗歌里面都有所体现,进而引起学生的兴趣。

下面具体介绍数列极限的定义。在介绍过程中主要采用由浅入深,由已知到未知的思想。

步骤一:请根据下列各数列的前5项分析,求出各数列的通项公式。

(1)$2,\frac{3}{2},\frac{4}{3},\frac{5}{4},\frac{6}{5},\cdots$; (2)$0,\frac{1}{2},\frac{2}{3},\frac{3}{4},\frac{4}{5},\cdots$; (3)$1,-1,1,-1,1,\cdots$;

(4)$1,-4.9,-16,25,\cdots$; (5)$1,2,3,4,5\cdots$。

以前研究数列都是研究有限项的问题,如求第几项,前多少项的和,等等。现在开始研究无限项的问题,然后提出研究无限项数列的几方面问题后,引导学生回忆数列是自变量为自然数的函数,通项公式就是自变量为n的、定义域为自然数的函数的解析式,再引导学生回忆,研究函数实际上研究的就是自变量由小到大的变化过程中,函数值变化的情况和函数变化的趋势。

请学生观察数列(1)~(5)(含通项公式),并描述每个数列的"变化趋势"。通过形象的观察得到一定的结论。

步骤二:写出数列极限的定义,然后告诉学生这样的"变化趋势"为越来越近的常数,就叫作数列的极限。

对任意的$\varepsilon>0$,都存在着一个N,当$n>N$时都有$|a_n-A|<\varepsilon$,则称常数A是数列a_n的极限,也记为

$$\lim_{n\to\infty}a_n=A$$

步骤三:让学生理解定义中的一些关键性内容。

理解一:在"对任意给定的$\varepsilon>0$"这句话的"任意"与"给定"这两个词是很深刻的,所谓任意是对极限全过程来说,ε要取多小就可以取多小,不能有任何附加条件,即ε具有绝对任意性,这样才能有a_n无限趋近于$|a_n-A|<\varepsilon$。所谓给定是对极限全过程的某个片段(瞬间)来说,ε一旦给出就必须是一个给定的正数,即ε具有相对稳定性,从而不等式$|a_n-A|<\varepsilon$表示数列a_n无限趋近于A的渐近过程的不同阶段,进而可估算a_n与A的接近程度。因此ε的这种两重性使数列极限的$\varepsilon-N$定义从近似转化到精确,又能从精确转化

到近似,这正是数列极限定量定义的精髓。

理解二:ε 具有二重性,即具有随意小的任意性,又具有很小正数的固定性。

因为 ε 可以任意小,所以才能由 $|a_n - A| < \varepsilon$ 来刻画 a_n 趋近 A 的变化趋势,由于 ε 的固定性,所以才能由 $|a_n - A| < \varepsilon$ 求得相应的时刻 N,从而由 $|a_n - A| < \varepsilon$ 刻画 ε 与 A 的接近程度。

理解三:"总存在正整数 N"是指一定存在或一定能找到正整数 N。根据什么去找 N,找出多大的 N 才符合要求呢? 这全由所给的 ε 而定。如何以 ε 找 N,还得看定义中后面的一段话。

理解四:N 是由不等式 $|a_n - A| < \varepsilon$ 来确定的,它与 ε 相关,有时记作 $N = N(\varepsilon)$。一般来讲,ε 越小,N 就越大,而且对应于 ε 的 N 不是唯一的. 但这丝毫不会影响我们对极限的判断,因为我们所需要是反映变化过程时刻的 N 的存在性,而不是它的唯一性。

步骤四:给出用定义的方法求数列极限的证明步骤。

第一步,给定任意正数 ε;

第二步,由 $|a_n - A| < \varepsilon$ 寻找正整数 N(这是关键且困难的一步);

第三步,按照定义模式写出结论。

由于该层学生的理解能力和自身的基础较差,因此主要采用告诉学生定义,再给出解题步骤的模式。我们鼓励学生灵活运用,但是不作更高的要求。

对于该层的学生力求从基础抓起,可适当放慢速度,把有限的学时多投入到动手计算上。要求学生先知其然,再知其所以然;先学会怎么做,再明白为什么这么做,使学生能学得懂,弄得通,感到学会有望。否则,理论上讲得很多,但学生并非全部领会,道理似懂非懂,计算似会不会,就好像煮了一锅夹生饭,既浪费了宝贵的学习时间,又打击了学生学习的积极性。

第四节　分层教学中的评价

20 世纪是世界高等教育迅速发展和变革的时期,也是高等教育质量备受关注的时期。两者的重合并非偶然,在某种意义上,正是高等教育的规模扩张引发了人们对高等教育质量的诉求,而且随着高等教育规模的扩大,大众化和普及化程度的加深,质量问题必然成为高等教育发展的重要主题。如今高等教育已经不再是单一的精英教育,而是一个多样化的系统。这种多样化不仅表现为扩大了的规模和多样化的入学标准,还表现为高等教育机构的多样化和质量标准的多样化。

从 20 世纪 70 年代开始,教育评价的学者们从另一个方面对 30 年代以来的评价模式进行了反思,他们认为,以往的评价只是注重学习的量的方面,而忽视了学习的质的方面,进而要求从质的方面来评价学生的学习效果。到了 20 世纪 80 年代以后,人们更进一步认识到,学习的质量不仅反映在学习的效果上,还反映在学习的过程中,学生投入学习时的动机和他所采取的策略以及获得的学习效果是三位一体的。评价不仅应关注学习的效果,还应关注学习的状态动机和方式过程。学生在学习过程中表现出来的动机和情感态度、学生在学习中所采用的学习策略,都是学习过程中的动态表现,采用以往的终结性评价或传统意义上的形成性评价都很难加以测量和评价,而需要在学习过程中同时了解反映学生学习质量的资料并加以评价,即过程性评价。过程性评价在学习过程中进行,它注重评价过程和学习过程的融合。

一、传统的教学评价的不足

所谓教学评价就是指按照一定的教学目标,运用科学可行的评价方式,对教学过程和教学成果给予价值上的判断,从而为改进教学、提高教学质量提供可靠的科学依据。

就高校来说,在教学评价方面仍然是检查学生对高等数学知识、技能的掌握情况,而对学生掌握高等数学知识、技能的过程、方法,情感、态度等方面有所忽视。在高等数学分层教学中对学生的评价,很多高校往往以传统的笔头测试为主。虽然有些高校采用不同试卷或在同一试卷后加一些题目来体现"分层",但是最终的评价都以是否能够通过期末考试作为指标,而忽略了对学生学习态度、学习方法等其他方面的评价。在评价主体方面,基本上是以教师为主,而作为学习的主体——学生却无权参与。这种评价方法使学生丧失了自我反思、自我教育、自我发展的机会。这种评价方式已经不适合分层教学模式。笔者提出了对学生实行分层评价。

笔者认为分层评价是在分层教学过程中针对不同层次的学生,提出不同层次的评价要求、采用多样的评价方式,让学生融合到评价过程中。

在分层评价的界定中不难看出,分层评价和以前的评价不相同。评价的主体由原来的教师转变为让学生融入评价中来;评价的方式不再采用单一的纸笔测试,是将学生学习的过程一并考虑进来。

二、分层评价的原则

(一)发展性

发展性是教学评价最重要的特征。所谓发展,指的是教学评价要改变统一的过分强调评价的甄别与选择的功能,发挥促进学生发展的功能。教学评价不仅要关注学生的现实表现,还要重视全体学生的未来发展,重视每位学生在本人已有水平上的发展。新课程所需要的教学评价应该承认学生在发展过程中存在的个性差异,承认学生在发展过程中存在的不同发展水平,评价的作用是为了促进每位学生在已有水平上不断发展。为此,教学评价应从评价学生的"过去"和"现在",转向评价学生的"将来"和"发展"。在教学评价中,应对学生过去和现在做全面分析,根据他们过去的基础和现实的表现,预测性地揭示每位学生未来发展的目标,使他们认识自己的优势,激励他们释放自己的发展潜能,通过发展,缩小与未来目标的差距。在评价中主张重视学生学习态度的转变、重视学习过程和体验情况、重视方法和技能的掌握、重视学生之间交流与合作、重视动手实践与解决问题的能力,归根结底是重视学生各种素质尤其是创新精神和实践能力的发展状况。

(二)多元化原则

多元化指的是评价主体的多元化和评价内容的多元化。评价包括教师评价、学生自评和互评、学生与教师互动评价等,提倡把学生小组的评价与对小组中每名学生的评价结合起来,把学校评价、社会评价和家长评价结合起来。教学评价不再是评价者对被评价者的单向刺激反应,而是评价者与被评价者之间互动的过程,其中,评价活动的重点环节是学生自评。学生应该是主动的自我评价者——通过主动参与评价活动,随时对照教学目标,发现和认识自己的进步和不足。评价成了学生自我教育和促进自我发展的有效方式。

就评价内容而言,分层教学需要的教学评价要求既要体现共性,又要关心学生的个性;既要关心结果,又要关心过程。评价注重的是学生学习的主动性、创造性和积极性。评价可以是多角度的,评价关注的是学生在学习过程中的表现,包括他们的使命感、责任感、自信心、进取心、意志、毅力、气质等方面的自我认识和自我发展。评价学生的学习不再仅仅依靠成绩测验,还包括对和学生学习有关的态度、兴趣、行为等的考查。用一句话说,就是以多维视角的评价内容和结果,综合衡量学生的发展状况。

(三)多样化

多样化指的是评价方法和评价手段的多样化,即评价采用多种评价方法,包括定性评价、智力因素评价与非智力因素评价相结合等。在教育评价的方法上,一直存在着两种不同的体系:一种是实证评价体系,另一种是人文评价体系。与此对应,也存在着两种不同的运作模式:一种为"指标—量化"模式,另一种为"观察—理解"模式。两种体系和模式各有其优势,也都存在着局限性。分层教学模式所需要的教学评价则是需要摄取上述两种方法论体系的优点,使之相互配合,互相借鉴,分别应用于不同的评价指标和评价范畴。评价方法应该是:可以量化的部分,使用"指标权重"方式进行;不能量化的部分,则应该采用描述性评价、实作评价、档案评价、课堂激励评价等多种方式,以动态的评价替代静态的一次性评价,视"正式评价"和"非正式评价"为同等重要,把期末总结性的测验成绩与日常激励性的描述评语结合在一起,而不是把教学评价简单理解为总结性地"打分"或"划分等级"。

(四)全面性原则

全面性是分层教学所需要的教学评价的另一个重要特征。所谓全面性指的是教学评价必须全面、全员、全程课程和过程,采集与利用学生各种素质培养及各种技能发展有关的评价信息,全面地反映学生的全部学习、教育的动态过程。全面性强调教学评价的整体性与动态化,旨在把传统的诊断性评价、形成性评价和总结性评价有机结合为一个整体运动过程。因此,教学评价是在一定的时域内,结合诊断性评价、形成性评价和总结性评价三种形式的评价,不断地循环反复,动态地监控学生接受教育的全程,把握新课程教育和全体学生各种素质发展的整体状况。新课程下的教学评价把教学过程与评价过程融为一体,最大限度地发挥教学评价对于教学活动的导向、反馈、诊断、激励等功能。评价的信息来源不再仅仅局限在课堂,而是拓展到了学生各种发展的培养空间,包括课堂教学、课外活动和社会实践等。评价也不再仅由教师通过课堂内外的各种渠道采集学生素质发展的信息,而是设计各种评价工具,鼓励学生主动收集和提供自我发展的评价信息。

三、高等数学教学评价的具体方法

分层教学几年的实践告诉我们,在分层教学的具体实施过程中绝对不能忽视学生的主体地位。用考试成绩简单地一刀切来划分学生的做法不利于调动学生学习的积极性,也不符合因材施教的原则。在分层教学的初期基本采用的还是原来的评价方式,这个带来了很多的消极影响。因此,我们正在尝试用其他的评价方式,主要想调动学生学习的积极性,体现因材施教的原则。当然,这种做法还在筹划阶段,没有正式的实行,中间存在的问题还不是很明了。下面主要谈一下笔者的具体做法。为了体现评价方式的多样性,采用了灵活多样的测试。从操作性上面来看,准备采用的是联机考试和抽签考试。

(1)联机考试。高等数学开设实验课,采用实验课联机考试。考试的主要内容是各章的基本概念、基本知识、基本方法及实验课的基本操作等,试题以客观的形式出现,考试需20 min,主要考查学生对基本内容掌握的情况,每次记入总成绩。

(2)抽签考试。主要针对实验课学习的内容和需要大量计算的内容进行,准备好本学期实验课所学内容的题签若干,学生利用本学期实验课所学的方法、命令来完成各种符号运算和数值运算。高等数学的考试内容包括求极限、导数、微分、微分方程等;物理系学生的考试内容还包括矩阵的运算、行列式运算、求解方程组、求特征值与特征向量等。学生利用实验课10～15 min 的时间抽签答题。将题签标号和试题答案写在实验报告考试栏内,由教师批阅。根据课程性质不同,各章进行考试次数不一,高等数学一般是在最后一次实验课进行,可根据内容计入总成绩。

从能力方面来看,我们采用的是撰写小论文的形式。

(一)高等数学的能力考试

对数学课学习一段时间以后,为使教师及时了解学生学习数学的思想状态、对学习数学的认识以及在学习中遇到的困难,采取让学生写论文的方式,教师每个班准备 20 个数学建模题目,让学生自主合作写出建模的论文。当然,学生也可以自己选择一定的题目来进行论文撰写。在写作的过程中强调格式和论文的写作步骤。论文考试,记入总成绩。

(二)高等数学的期中和作业评价

(1)期中考试。期中考试是对学生前半学期学习成绩的检验,也是对学生学习的督促,尤其是高等数学是学生入大学后第一学期的课程,许多学生还没有适应大学的学习方式,实行严格的期中考试,使学生根据自己的情况及时调整学习方法,抓紧后半学期的学习,期中考试记入总成绩。

(2)作业评价。平时的作业分为两部分:一部分为基础练习,包括基本概念、基本运算、基本应用等,教师为学生准备统一的作业本,并随时进行批阅;另一部分为简单的应用或建模作业,如实际问题的解决、数据的调查等。根据学生的调查、设计和所给出的结论给予一定的平时成绩,两者计入总成绩。

四、高等数学的评价模型

在实践过程中,主要运用了模糊数学的知识对学生进行评价。在评价中所采用的算子是 Zadeh 提出的一个算子,这个算子在综合评价中的应用已经凸显它的优势。它的合理性已经在实践中得到了检验。这个评价体系在满足传统的基础上进行了扩展。

(一)建立测评系统

设一级因素为学习效果、学习态度和学习方法 3 个,二级因素共 9 个,见表 3-1。

表 3-1 高等数学成绩评定系统

一级因素	二级因素
学习效果u_1	期末考试u_{11}
	上机考试u_{13}
	课程小论文u_{13}
	平时作业u_{14}
学习态度u_2	学习动机u_{21}
	学习兴趣u_{22}
	学习认识u_{21}
学习方法u_3	自学u_{31}
	听课u_{32}

建立的评价集和权重集是按照以下的标准进行的。u_1 和 u_2 的评价集为 $V'=\{$分数值$\}$。u_3 的每个测评的评价等级为 $V=\{V_1,V_2,V_3,V_4,V_5\}=\{$好,较好,中,合格,差$\}$,各测评因素的权重矩阵为 $(0.5,0.2,0.3)$。为保证测评的科学性和合理性,获得全面地反映学生实际情况的信息,同时给学生进行自我小结的方式,找出差距,故设方式集为 $F=\{$本人自同学互评,教师评价$\}$,F 上的权重矩阵为 $\boldsymbol{M}=(0.2,0.3,0.5)$。

(二)测评的数学模型

设给定的一个模糊评价等级短阵 $\boldsymbol{R}=(r_{ij})_{n\times m}(0\leqslant r_{ij}\leqslant 1)$ 的一个模糊权数向量 $\boldsymbol{A}=(a_1,a_2,\cdots,a_n),0\leqslant a_{ij}\leqslant 1(i=l,2,\cdots,n)$,则算子 $\otimes$ 为

$$\boldsymbol{B}'=\boldsymbol{A}\otimes\boldsymbol{R}=(a_1,a_2,\cdots,a_n)\otimes\begin{bmatrix} r_{11} & r_{12} & \cdots & r_{1m} \\ r_{21} & r_{22} & \cdots & r_{2m} \\ \vdots & \vdots & & \vdots \\ r_{n21} & r_{n2} & \cdots & r_{nm} \end{bmatrix}=(b'_1,b'_2,\cdots,b'_m)$$

式中,$b'_1=\wedge(a_i\wedge r_{ij})(i=1,2,\cdots,n;j=1,2,\cdots,m)$。符号 $\wedge$ 为取最小运算符号。下面主要以学习方法为例来看基本的做法。

学习方法先确定本人自评和教师评价的测评矩阵,在这个矩阵中主要采用 0,1 集;再确定同学测评矩阵。同学测评矩阵的确立可以如下:先确定由哪些同学进行测评(主要考虑的是班干部,如果自己是班干部则由其余的班干部进行测评),被选中的同学就该同学的情况分别投票确定是好、较好、中、合格、差中的哪一个,再测算出投票中各等级的比例。上面确定出的三个矩阵分别乘以它们的权重得到最后的测评矩阵。

(三)测评数学模型的不足

首先,建立指标体系,根据被评对象所处的教育环境及其综合素质状况,确定具体指标

体系,对一级、二级因素集的确立在操作上可行,但是还有很多的因素没有考虑进去,比如想象能力、思维能力、意志品质、挫折承受力等,这方面还有待进一步的完善。在确定因素集的时候没有采用专家调查法.使各专家对各级指标的选择趋于一致。这个也是我们今后需要改进的一个方面。

其次,分值的计算比以前复杂得多、需要编写计算机程序或在对计算机的 Excel 表格中输入大量的数据建立链接才可以计算出来。这个对计算机的要求比较高,因此,这种方法的推广方面有所欠缺。

第五节　分层教学的成效与不足

一、分层教学的成效

分层教学取得了一定的成效,对学生学习成绩的比较应该针对同一份试卷,在同等条件下进行,但是由于学校规定,考试题三年内不能重复,因此对 2014 级和 2015 级学生成绩的比较,采用两份不同的试卷进行,从理论上考虑,价值较小。但是,虽然考卷不同,但考试题目的类型和难度系数基本相同,也具有一定的可比性。下面附上 2014 级和 2015 级第一期成绩的比较,见表 3-2。

表 3-2　2014 级与 2015 级第一期成绩的比较

年　级	优秀率	优良率	中	及　格	不及格	平均分
	90 分以上	80~89 分	70~79 分	60~69 分	60 分以下	
2014 级	11.33%	21.77%	13.21%	20.18%	33.51%	65.7
2015	12.19%	21.35%	18.26%	25.5%	22.7%	72.3

由表 3-2 不难看出,两届学生各学期的优秀率差异较小,但不及格的比率大幅下降,说明通过分层教学,使一些对数学学习没有信心、失去学习兴趣的学生达到了教学大纲的要求,效果还是比较明显的。实验最大限度地考虑学生的个性差异和内在潜力,较好地处理了面向全体与照顾个别的矛盾,充分体现了因材施教的原则,较好地解决了大学生数学学习两极分化太大的矛盾。

从学生的访谈结果来看,以前由于学生不适应大学数学的学习节奏和学习方法,随着数学学习难度的增强,学生对数学的学习兴趣越来越低;2015 级以后的学生对分层次教学的认可度越来越高,适应数学学习的能力和学习数学的信心也大大地增强。

实践证明,"分层教学"保证了面向全体学生,因材施教,做到了"优等生吃得饱,中等生吃得好,差等生吃得了",同时,减轻了学生的课业负担,是全面提高教学质量和实施素质教育的行之有效的途径。

二、分层教学的不足

从学校方面来看,分层次教学采用同一年级教师几乎同时上课,且新生一开学就要进行高等数学的学习,这就需要教务处、各个系部及新生多方面密切配合,统一协调才能完成。由于将原班级打乱,对学生管理的难度加大。因此,实施分层次教学的首要前提是取得各相关部门的大力支持。

从教师方面来看,由于同一年级教师几乎同时上课,这就使教师通过互相听课的方式达到学习、交流的目的变得相当困难。我们还应该关注如何减少甚至消除这些不利因素给教师队伍建设带来的影响。

如今,高等教育走向了大众化。这势必引发"英才"教育和"大众化"教育从教育思想到教育实践一系列矛盾的碰撞。"高等数学"分层教学就是在这时提出来的。其旨以学生为本的宗旨,承认学生的个性差异,并按学生实际学习程度和能力进行因材施教,对不同层次采取不同的教学方法、教学手段,构建新的课程体系,强调以最基本的数学知识为主干,由浅入深地螺旋上升的学习过程。虽然,分层教学试验方案的设计存在不足,特别是各教学层次基本知识、数学能力、数学思想方法等教学目标的设计是一个逐步完善的过程;进行的教学实验也处于初级经验总结阶段,存在一些不规范的地方。但是,分层次教学试验显示,"高等数学"教学质量得到提高,特别是在提高学生的学习兴趣,增强学生学习数学的自信心等方面作用是明显的。因此,在高校"高等数学"教学中具有推广价值。

总之,分层教学改革是对现代教育理念下学分制的完善和补充,是对现有教学软、硬件资源相对不足的情况下与学分制的有机结合,是使每名学生都得到激励,提高学生学习数学的积极性,促进包括基础较差学生在内的所有学生发展的有效措施。通过"高等数学"的分层次教学改革试验,最终目标是使大部分学生欣赏数学,获得高级思维的享受;一部分学生能利用数学作为解决问题的工具,解决各行各业中的数量问题,使数学成为他们未来工作中的利器;还有少部分学生通过学习,进入数学创新领域,为社会发展做出更大的贡献。

第四章　高等数学探究式教学模式与方法

第一节　高等数学探究式教学概述

探究教学思想自古有之,如古代中国孔子的"启发式教学"以及古希腊的苏格拉底(Socrates,公元前 469—前 399 年)的"产婆术"。但理科课程的出现则是 19 世纪后的事情,所以,这里我们所讨论的教育家的探究教学思想是从欧洲早期教育家们的工作谈起的。

在现代教育制度中,基于中世纪的教会学校和文艺复兴时期古典文科体系逐渐让位于体制,理科教育在与古典教育、宗教教育长期的较量中逐步壮大,由于西方国家工业化程度越来越高以及科技知识的重要性,认为学校课程应包括理科的呼声日益高涨。在 19 世纪中叶,西方国家普遍开展了理科教育。

广义定义:泛指学生自己采取类似于科学研究的方式主动探究的学习活动。

狭义定义:在教师引导、帮助、调控下,学生自主地以《高等数学》教材和实际问题为自学素材,以问题为载体和切入点,在一种准科研的情境中,采取科学研究的方式通过收集、分析和处理信息来实际感受和体验知识的产生过程,进而掌握知识、学会学习,培养分析问题、解决问题的实践能力和探究、创新精神的学习模式。

基于问题解决的探究式教学是指在教学过程中,以问题研究为手段,以全面掌握和熟练运用所学知识解决实际问题为目的,强调师生互动,充分发挥学生的主观能动性、创造性的一种教学方式和教学理念。基于问题解决的探究性学习的本质是以培养学生的问题意识、批判性思维的习惯、生成新知识的能力、协作学习的品质为目标,注重学习者在学习过程中实现主体性的参与,突出强调以问题为中心组织整个教学和学习过程。

基于问题解决的探究式教学的特征。问题解决的探究式教学所强调的是学习方式的改变,即改变那种偏重机械记忆、浅层理解和简单应用的学习方式,帮助学生主动探求知识,注重学生对所学知识和技能的实际应用能力的获得,重视培养学生的问题意识、批判性思维的习惯以及学生兴趣的满足和能力的提高,关注学生的情感体验、意识态度、意志品质的培养,以提高学习者的实践能力和创造性思维为最终目的。保证学生的共性发展、体现人格上平等的同时,充分注意不同学习水平的学生和不同思维类型的学生在学习能力上的个别差异,以不同的要求、不同的措施,实现教师与学生、学生与学生之间的多向交流,使不同的人在数学上得到不同的发展。

第二节　高等数学探究式教学实践

一、以问题为研究中心，建立探究式教学体系

"高等数学"是工科院校和高等师范院校理科的一门重要公共基础课，其教学质量直接影响学生后继课程的学习，进而影响毕业生的质量。当前，学生学习高等数学普遍存在不善于思考，不会发现问题，对理论理解不够透彻，只注重对公式的记忆和套用，不会灵活地运用新知识解决新问题等现象。这些现象和问题的存在，说明原有的"讲授式"教学模式没有充分地调动学生的主动性和创造精神。改讲授式为探究式，探究和讨论前有针对地搜集、精选、分类和编制经典问题，并精心设计问题的难度，采取先易后难、分层递进模式，利用不同层次的问题，针对不同的学生激发学生的学习兴趣，是解决上述问题的关键。

（一）基于问题解决的探究式教学的基本思想

在"高等数学"教学中，提出问题、解决问题和理性思维是其中最基本的方法，亦即学生在教师的引导下，围绕特定的问题，采用探究的教与学方式，基于问题解决来建构知识。为达到上述要求，笔者根据"高等数学"的学科特点，将课堂教学过程进行优化处理，把教学活动中教师传递学生接受的过程变成以问题解决为中心、探究为基础、学生为主体的师生互动探索的学习过程。其中教师既是学习活动的引导者，也是一名普通的合作学习者，与学生一起互动探究，以教材为凭借，引导学生走向未知领域，促进学生个性的充分发展，从而影响学生的情感、态度和价值观。

（二）基于问题解决的探究式教学的基本结构

探究式教学的具体操作程序可归纳为"问题引入—问题探究—问题解决—知识建构"四个阶段。

1.问题引入阶段

教师从学生的认知基础和生活经验出发，依照教学内容设计问题，创设富有挑战性的情境，提出要解决的问题，使学生明确探究目标，同时激发学生探究学习的积极性、主动性。

2.问题探究阶段

学生以原有的知识经验为基础，用自己的思维方式提出解决问题的一些初步想法，自主地学习和解决与问题相关的内容，自由开放地去发现，去再创造。问题探究的目的，不仅在于获得数学知识，还在于让学生在探究、分析、讨论中，充分展示自己的思维过程及方法，揭示知识规律和解决问题的方法、途径，学会相互帮助，实现学习互补，增强合作意识，提高交往能力。在这个阶段，教师从单纯的知识传授中解放出来，成为学生学习的引导者、组织者、推动者和学习方法的指导者。

3.问题解决阶段

教师通过询问、答疑、检查，及时了解、掌握学生的学习情况，针对重难点和学生具有共

性的问题,进行有的放矢地讲解,尽可能地引发学生深层次的思考和再次交流讨论,引导学生将探求出的结论抽象成一般结论并对学习的内容与解决问题的方法进行概括总结,使新知识在原有的基础上得到巩固和内化。

4.知识建构阶段

教师适当做一些关键的点评,引导学生有意识地反思问题的解决过程,帮助学生对自己或他人的表现做出评价。在这个阶段,为检查学习的效果,应让学生讨论解决其他相关的问题以及完成一些相应的课外作业,使每位学生都能灵活运用所学的知识,都能拓宽思路,体验成功和探索创新,从而提炼和升华思维,建构起自己的知识体系,达到意义的建构。在上述教学模式的教学理念指导下,可以采取多种教学形式,灵活应用。从教学方式方面来说,可以以科学知识为主线,插入具体问题和实际背景资料,也可以以问题和应用为中心逐步渗透科学知识与科学概念,从应用范围来说可围绕某一问题进行整个单元内容的教学,也可以用于教学过程的某一环节。

二、探究式教学模式的实践

(一)合理设计教学梯度、设计探究题目

因材施教是教育必须遵循的原则,任何脱离了学生基础和接受能力的教学都是失败的。学生只有跟得上老师的思路才能配合教师搞好教学,这就要求教师必须了解学生的基础,掌握教学大纲,熟悉教材,这样才能把握教学的中心,突出重点,并通过设计合理的教学梯度、分散难点,设计合理的探究题目和内容,使学生在教师的引导下,开动脑筋积极思考,师生互动,达到教与学的共鸣。

(二)精讲多练

练习是学习和巩固知识的唯一途径,目前学生课余时间十分有限,如果将练习全部放在课后,时间难以保障。对于基础较差的学生,如果没有充分的课堂训练,自己独立完成作业很困难,一旦遇到的困难太多,就会选择放弃或抄袭。因此,精讲教学内容,腾出更多的时间做课内练习是十分必要的,这不仅有利于学生及时消化教学内容,而且有利于教师随时了解学生掌握知识的情况,及时调整教学思路,找准教学梯度,使教与学不脱节,保证教学质量。

(三)密切知识与物理背景和几何意义的联系

几乎每一个高等数学知识都有它产生的物理背景和几何意义,让学生了解每个知识点的物理背景可以使学生知道该知识的来龙去脉,加深对知识的记忆和理解,知道其用途;而几何意义则可增强知识的直观性,有利于提高学生分析和解决问题的能力,所以在教学中无论是知识的引入还是在知识的综合运用中都要与它的物理意义和几何意义紧密结合起来。这样便于学生接受和理解教学内容,提升数学素质。

(四)加强实验教学环节

着眼于工科和师范生的培养目标——应用型人才,对于数学理论的推导和证明可以适当弱化,以掌握思想方法为目标,但动手操作能力不能打折扣。让学生通过数学实验可以充

分体验到 Mathematica 软件突出的符号运算功能,强大的绘图功能、精确的数值计算功能和简单的命令操作功能,认识到当今如此称颂的"高技术"本质上是一种数学技术。数学向一切应用领域渗透,当今社会正在日益数学化,数学的直接应用离不开计算机作为工具,对于本科学生最重要的是学会如何应用数学原理和方法解决实际问题,如果没有一定的数学基础,学好任何一门专业都将成为空话。

要把理论教学和实验教学有机地结合起来。例如,我们在理论课教学过程中经常遇到一些抽象的概念和理论,由于不易把图形画出来,就不能利用数形结合的手法加以直观化,致使学生难以理解,而数学软件有强大的绘图和计算功能,它恰恰能解决这些问题,所以在实验教学中,不仅要讲基本实验命令,还有更重要的是要选择一些有利于学生理解微积分理论和概念的实验让学生去做,将理论教学和实验教学结合起来,让学生带着问题去实验。例如,让学生用数学软件做出图形来判断函数 $y = \cos x$ 在 $(-\infty, +\infty)$ 内是否有界,并观察当 $r \to \infty$ 时这个函数是否为无穷大?通过这个实验学生不仅可以掌握作图的方法和命令,还能真正理解无穷大和无界的区别和联系。同时可以让学生惊叹抽象的数学在一定程度上可以变成可以看得见的富于直观形象,更加启迪人们思想的"可视化数学"。每一次课都选择两三个这样的实验,使实验教学真正成为理论教学的补充和延伸。

三、探究式教学在数学教学中的实施步骤

结合高等数学的课程特点,笔者将探究式教学法的教学过程分为六个环节:问题预设、问题引入、问题探究、问题解决、知识建构、知识巩固。下面以讲授《高等数学》(高等教育出版社,同济大学数学系)第三章第七节的曲率小节为例详述这六个环节的展开。

(一)由浅入深,问题预设

探究式教学是围绕问题展开的,教师需要根据教学内容和教学目的,预先提出一组难度适中、逻辑合理、由浅入深的问题,来帮助学生明确每一步探究的具体目标。其关键在于设置的问题既要符合学生的认知水平,又要具有一定的挑战性,才有助于培养学生的创新意识。如果探究目标难度过低,探究过程只是对已有知识的低水平重复,会使学生觉得乏味或产生骄傲自满的情绪。如果探究问题难度过大或过于笼统,与学生已有认知结构相差过远,又会使学生觉得茫然甚至产生自卑心理,最好把握在"跳一跳就能够摘到桃子的状态"。

(二)创设情境,问题引入

在引入这一系列问题的时候教师要创设问题情境,引导学生从实际问题中归纳数学问题,培养学生的问题意识。例如在曲率小节中,教师可利用多媒体课件引导学生观察火车轨道的弯曲程度、拱桥主拱圈的弯曲程度、钢梁构件的弯曲程度等生产生活中常见的实例,从这些实际问题中归纳、抽象出要研究的数学问题"曲线的弯曲程度如何度量"。这一环节是帮助学生认识数学理论的现实基础,提高学生的学习兴趣,加深知识理解深度的关键。如果忽略这一环节,直接进入知识传授阶段,会将数学知识孤立于现实问题之外,使学生产生"数学知识脱离实际、应付考完就没用"的错误认识。这会降低学生的学习兴趣,更重要的是,会疏于培养学生理论联系实际、学以致用的能力。

(三)开放课堂,问题探究

引入问题之后,教师应为学生提供相应的资料,鼓励学生大胆运用类比、归纳、猜想、特殊化、一般化等方法乃至直觉,去寻找解决问题的策略,探求数学问题的解决趋势和可能途径,提出解决问题的初步想法。这个过程可以由学生单人完成,也可以由多个学生共同讨论完成。同时教师应通过提问、答疑等方式及时掌握学生的探究情况,适时点拨,引导学生提出自己的想法。当学生持有不同结论时,教师应认真听取学生对所持结论的解释,给予指正和帮助。该环节的关键在于正确处理教师的主导性和学生的主体性的关系,做到既不放任自流,让学生漫无边际去探究,也不过多牵引。

例如在曲率单元中,教师首先引导学生观察两段弧长相等的曲线弧,交由学生自主探究切线转过的角度与曲线弯曲程度的关系。当学生提出切线转过的角度越大曲线弯曲得越厉害时,教师应给予鼓励和肯定,并及时总结为曲线的弯曲程度与切线转过的角度正相关。然后教师再引导学生观察两段切线转过角度相等但弧长不相等的曲线弧,当学生提出弧长越小的曲线弧弯曲得越厉害时,教师应及时总结为曲线的弯曲程度还与弧长负相关。教师不再是单一的知识传授者,而是学生学习的组织者、指导者、推动者。

(四)归纳总结,问题解决

引导学生总结梳理上一环节中单元问题的结论,有逻辑地归纳解决方案或创新性地构建概念、命题,然后举例检验解决方案或概念、命题的合理性。

例如在曲率单元中,在学生得出曲线的弯曲程度既与切线转过的角度正相关,又与弧长负相关后,教师继续引导学生综合考虑这两个结论,提示学生类比"平均速度"概念,利用它既与位移正相关又与时间长度负相关的特点,引导学生联想到使用曲线弧上切线转过的角度与弧长的比值度量曲线的弯曲程度,得到"平均曲率"的概念。然后教师可提供几个实例,由学生自己检验用"平均曲率"度量曲线的平均弯曲程度是否合理。例如,学生可以简便地计算出直线的平均曲率为零,圆的平均曲率为半径的倒数——这都与我们的直观感受"直线不弯曲""半径越小的圆弯曲得越厉害"相吻合。这一环节的重点在于培养学生的逻辑思维能力、归纳能力和创新精神。

(五)数学表达,知识建构

经过前面几个环节,学生已经初步建立了新的认知结构,但是由于概念、定理往往是由具体问题引入的,而且低年级大学生的抽象概括能力和数学语言表达能力并不是很强,这就使得学生难以把探究出的概念和结论上升到理论阶段。

在这一环节,教师可以作为主导者,为学生演示如何为探究出的概念给出简练的数学定义或者为猜想出的命题给出准确阐述、严格证明。以曲率单元为例,要描述曲线在某一点处的弯曲程度使用"平均曲率"是不够的,教师可以用"平均速度"与"速度"的关联启发学生,引导学生运用极限思想得出"曲率"的概念。之后教师为"曲率"给出严格的数学定义,让学生熟悉并学着使用数学语言。然后引导学生找出本节知识与前后知识的联系,梳理总结知识体系,使新知识在原有的基础上得到巩固和内化。

(六)重视运算,巩固新知

对大多数理工科学生而言,他们期冀将数学作为研究其他学科的工具,因此理解算理、讲求算法的优化是高等数学的教学重点。为了解决学生在做计算题时盲目套公式,不能灵活、综合使用多种计算方法这一问题,在本阶段教师应当提供几个适当的例题,一题多作,引导学生分析比较各种计算方法在不同情况下的优劣,通过这种练习培养学生灵活运用知识的能力和习惯。例如曲率单元中,虽然按照曲率的定义 $K = \lim\limits_{\Delta x \to 0} \left| \dfrac{\Delta \mu}{\Delta s} \right|$ 计算直线和圆弧的曲率十分简便,但在当曲线的弯曲情况较复杂时,再利用定义计算曲率运算量很大。为此教师引导学生借助微商、弧微分等所学知识,推导出曲率的计算公式 $K = \dfrac{|y''|}{(1 + y'^2)^{\frac{3}{2}}}$ 借助例题和课后作业题让学生体会,在二阶导数易求的情况下使用公式求曲率更为简便。

第三节　高等数学探究式课程教学评价

一、构建探究式教学课程评价指标体系应遵循的原则

(一)有效性原则

有效性原则即探究式教学课程评价指标体系的效度,是指探究式教学课程评价指标体系所能反映实际教学的程度,也就是说评价指标体系要尽可能最大程度上衡量实际教学。

(二)可靠性原则

可靠原则即探究式教学课程评价指标体系的信度,是指评价指标的一致性程度,也就是说不同的评价主体在不同时间,对同一个人进行评价所得出的结论应具有一致性。

(三)区分度原则

区分度原则即指探究式教学课程评价指标体系能够区分好的教学和差的教学的程度,这要求指标体系中各项指标之间是相互独立的,避免重复性指标,另外指标的权重和评分标准要设计合理。

(四)明确性原则

明确性原则即指标的描述和阐释要清晰、明确,避免产生歧义和理解错误。

(五)可接受性原则

可接受性原则即探究式教学课程评价指标体系应是被评价者普遍接受和认可的,被评价者认为该指标体系具有公正性,并符合和尊重高校教学规律与高校教学工作特点的。

(六)实用性原则

评价系统的设计和实施都要花费人力、财力和物力,因此在构建探究式教学课程评价指

标体系时要考虑成本效益原则。指标体系的设计最好简明,便于理解和操作,不能过于烦琐、复杂,尽可能以最低的花费,取得最大的效果。

二、探究式教学课程评价指标的构建

探究式教学课程评价最主要的目的不是为了证明、惩罚,而是为了诊断、改进。因此,探究式教学课程评价指标应从常规性转归多样化。学生学业评价的主体由单一的教师评价转向教师、学生本人、同学等多元化的评价主体;教师教学效果的评价由他评主体转向他评和自评相结合的多元主体;评价模式由奖惩性评价转向发展性评价,使考核评价成为一个继续学习的过程。

大一统的评价方法有可能阻碍教育教学的创新;不考虑学科特点或者一味在各种类别的课程中寻求普适性或妥协的评价指标,也会使教学评估失去促进教学工作改进的针对性。评估类别划分永远无法穷尽所有课程的特点和教师不同的教学风格,过细的评估分类也会使质量评价及比较失去意义,因此本研究中产生的量化评价表一定要与相应的质性评价相结合使用。

(一)探究式教学课程评价指标的提取

本节中的评价指标是由参与实践的师生共同商讨产生的。由于探究式教学课程的实践性,其评价内容主要包括师生课堂表现和探究式教学课程作品评价。评价主体对这些指标分配权重并给予适当的分数,这样量化的评价量表就形成了。在此评价量表的基础上,增加学生对老师的评价,同学之间的评价,老师对学生的评价等“质性”评价内容,便形成了一个“量化”与“质性”评价相结合的评价量表。

1. 学生课堂表现评价指标

探究式教学的目的主要是为了促进学生的全面发展,促进教师的专业发展以及实现“教”与“学”的和谐。学生是教学质量评价的最终受益者,探究式教学质量评价更重要的任务是强调学生个体成长的独特性和差异性,重视学生的全面发展。因此,要将学生整体培养目标的实现程度与各种能力的和谐发展作为核心内容纳入教学质量评价的范畴。具体而言,教学质量的评价不仅要有利于引导教师注重基本理论知识和技能的传授,同时还要促进教师在教学中加强对学生发展性学习能力的训练,帮助学生树立主动参与的意识和创新意识,培养学生发现和提出新问题、获取新知识、掌握新信息的能力,增强学生的团队精神及协助能力,积极开发学生的潜力。

基于以上的考虑,将学生课堂表现的一级评价指标分为学习态度、合作精神、探究过程三个维度,再通过“学习态度”五方面,来考核学生是否能积极参与到探究性课程中来;对开展的探究主题能否积极地完成;在遇到困难的时候,是否有坚忍不拔的精神。通过“合作精神”四方面,培养良好的独立工作能力和团队合作意识。通过“探究过程”五方面,能反映出学生创造性解决问题的能力。

2. 学生作品评价指标

学生作品有可能是大型作业、课程设计、设计性(创新性)实验、阶段测验、主题调查、读书报告、论文等。评价量表从思想性和科学性、创造性、艺术性三个维度来评价学生作品。通过对学生第一手材料或原始资料的分析,来判断教师开展探究式教学的实际成效。具体来说,就是通过"思想性和科学性"四个方面对学生作品的思想内容和文字表达方面进行一个初步的评判;通过"创造性"四个方面来判断作品是否有创新,是否有不同于他人的构想或设计;通过"艺术性"两个方面来对学生作品提出一个更高的要求。

3.教师课堂表现评价指标

如前所述,对于学生学业评价的主体,主张由单一的教师评价转向教师、学生本人、其他学生等多元化的评价主体。评价指标量表只是一个评分工具,只有与多方面的质性评价结合使用才可以达到比较理想的效果。这一点也适用于对教师的评价。

通过"教学内容"四方面,来考核教师的教学是否反映了现代大学教学的特点;是否反映教师教学的个性风格;是否注意突出教学重难点,并考虑学生的接受情况;通过"教学方法"八方面,来诊断教师教学方法方面存在的优缺点,用于改进教学。通过"教学效果"四方面,能反映出教师实施探究式教学课程对于学生的意义和价值。

(二)探究式教学课程评价指标评分标准等级

评分标准是指某评价指标的完成情况与被评价者在该指标上得分的关系。评分标准等级是指对被评价者在评价指标上的不同表现状态与差异的类型进行的划分。在本研究中采用的是 4 级评分标准,划分为"优、良、中、差",分别赋予 5 分、4 分、3 分、2 分(④③②①)的分值。这样就形成了一个学生课堂表现 70 分、学生作品 50 分、教师教学绩效 80 分、总分 200 分的评价量表。

为了避免量化评价带来的弊病,要将评价量与师生的质性评价结合使用,使等级定量评价与描述性质性评价相结合形成最终评价。这份最终评价要反馈给指导教师和学生本人,既可以用于各阶段的形成性评价,也可以用于终结性评价。它可以在探究式教学课程的某个研究主题中多次进行,每一个评价阶段本身就是鉴定、引导、促进学生发展的过程。

三、探究式教学课程评价主体与方法

学生课堂表现和学生作品评价的主体由单一的教师主体转向教师、学生本人、其他学生等多元化的评价主体。尤其重视学生在学习过程中的自我评价和自我反思、改进,使评价成为学生学会自我反思、发现自我、欣赏他人的过程。评价方法由原来"一考定全局"的终结性评价转向形成性评价和终结性相结合、课内教学与课外自主学习相结合的全程评价。尤其要重视"形成性评价"和"诊断性评价",它们能反映教学评价的全面性、导向性、实效性、过程性和发展性特点。考核形式可以采用习题作业、问题讨论、随堂测验、项目训练(小论文、小设计等)、社会调查等方式,加强教学过程中平时学习情况的考查,提倡多样化的考核方式,多方面地测量学生能力和水平,测量学生全面的综合素质和能力。即使是书面考试也尽量采用开放性的,需要学生具有创造性。教师教学绩效评价的主体由他评主体转向他评和自评相结合的多元主体。传统的评价主体主要是领导、同事等,教师本人被视为被动的测评对象。其实,只有教师真正参与了测评,并接受测评结果,测评才能真正发挥促进教学的目的。在保留原有"他评"主体(即学生、领导、专家、同事等)的同时,引入教师自评主体,重视教师自我反馈、自我调控、自我完善、自我认识的作用,鼓励教师主动、积极地参与评价,从而最终实现学校、教师、学生的共同进步以及三者的全面、协调和共同发展。教师教学绩效评价的方法由偏重量的评价转向质的评价与量的评价相整合。传统教师评价主要采用量化考核评价的方法,以数据的形式对教师的工作状况做出评价结论。虽然操作比较方便,易对结果进行判断比较,在一定程度上对学校管理、教师发展起了积极的作用,但是从这些抽象的数据中看不出教师个人的教学风格,也衡量不出教师的教学效果、创新能力等,教师工作的生动性、丰富性也无法得以体现。而质的评价正好弥补了这些缺陷。它具有浓浓的人文关怀气息,体现出对人的充分尊重与关爱,能调动评价者与被评价者的主观能动性,突出评价的激励功能。探究式教学课程评价应该是质性评价与量化评价的结合。

第四节 高等数学探究式教学的优势与劣势分析

一、高等数学探究式教学的优势分析

(一)提高学生学习兴趣

探究式教学由于注重学生进行自主学习,给予学生足够的自由学习空间,学生可以按照自己喜欢的学习方式进行学习,没有老师的强制性规定作业,由学生自行决定自己的学习计划,所以学生的学习兴趣往往会得到提高,学习的积极性也会增强。

(二)加强师生互动

在进行探究式高等数学教学的过程中,学生可以提出自己的意见和看法,并与同学、老师进行合作交流,从单一的教师讲课到师生合作上课。适当的互动可以有助于学生对于知识点的掌握,而且一般经过争论而得到的知识更令人印象深刻。

(三)拓宽学生的思维

探究式教学模式要求学生自行查阅资料,解决问题,所以在查阅资料和合作交流的过程中,学生不断接受新知识,拓宽自己的思维,举一反三,对于同一问题的解决提供多种解决方案。

二、高等数学探究式教学的劣势分析

(一)高等数学相比其他学科更具复杂性

在高等数学的学习过程中必须要牢记许多公式、定理,这些定理公式纷繁复杂,仅微分中值定理中要背的定理就有罗尔定理、泰勒公式、洛必达法则以及中值定理,而其中的中值定理包括了费马定理、拉格朗日定理以及最常用的柯西定理。应该背诵的必须背诵,有些内容不适合探究学习。

(二)高等数学比较抽象,学生难以自主理解

高等数学与初、高中时所学的普通数学最大的不同就在于其抽象性。高等数学中涉及很多的定理证明和公式推导。例如对导数的定义,必须联系速度、切线斜率,并将其抽象出来,而定积分的理解要联系曲边梯形的面积。总之,高等数学中的模型、公式定理的表现形式以及符号都是非常抽象的。

三、对高等数学探究式教学的建议

(一)强化学生的自主学习意识

学习的主体永远是学生,只有学生自发地进行学习探索,教学才能真正起到指导作用,所以高校应该设计相关的专题活动,激发学生的学习积极性,强化其自主学习意识,鼓励学生进行创新。

(二)努力营造良好的探究范围

良好的探究氛围可以使学生学习探索的种子健康成长,只有在探究环境中,学生才会体会到知识的魅力,唤醒内心深处对于学习的渴望,而不是为枯燥无味的数学公式所困惑。

(三)调节学生学习进度,转化"学困生"

对于那些基础较差的"学困生",一方面要对其进行思想教育,用教师的爱心感化他;另一方面要正确地引导他们,使他们可以努力跟上进度。这样做不单是为了使他们的学习成绩得到提高,更主要的是让他们学会学习。

第五章 高等数学自主学习模式与方法

第一节 高等数学自主学习概述

一、自主学习的定义

什么是自主学习？这是研究自主学习必须首先回答的问题，自主学习一直是教育心理学研究的一个重要课题。20 世纪 50 年代以来，许多心理学派都从不同角度对自主学习问题做过一些探讨。以斯金纳为代表的操作行为主义学派把自主学习看成学习与自我强化之间建立起的一种相依关系，认为自主学习包含自我监控、自我指导、自我强化三个子过程，并开发了一系列自我监控技术。苏联维列鲁学派把自主学习看成言语的自我指导过程，他们强调自我中心言语在学习中的定向和指导作用，并依据言语的内化规律开发了一系列自主学习模式。以班杜拉为代表的社会认知学派从个人、行为、环境交互作用的角度系统地探讨了自主学习的机制，他们把自主学习分成向我观察、自我判断、自我反应三个子过程，强调自我效能和榜样示范在自主学习中的作用。信息加工心理学则把学习过程中的自主视作元认知，着力研究元认知知识、元认知监控在学习中的作用，并主张通过学习策略教学促进学生的自主学习。

目前，国外使用的与自主学习有关的术语很多，如自我调节学（self-regulated learning）、主动学习（active learning）、自我教育（self-education）、自我指导（self-instruction）、自我计划的学习（self-planned learning）、自律的学习（autonomous learning）、自我定向的学习（self-directed learning）、自我管理的学习（self-managed learning）、自我监控的学习（self-monitored learning）、等等。

二、高等数学自主学习的定义

根据对自主学习定义的理解，结合学校高等教育的具体环境，将高等数学自主学习定义为在整个数学学习过程中，学生在学校数学教学目标的宏观调控下，在教师的科学指导下，在内在动机激发下，根据自身的认知水平、身体素质和兴趣爱好，自觉主动地选择高等数学的学习内容、确定学习目标、制订学习计划、管理学习时间、选择学习方法、主动参与并监控学习过程、评价学习结果、积极主动营造学习环境，通过自我调控的数学学习活动完成具体的数学学习目标的一种学习方式。

三、自主学习的特征

自主学习的三个特征：

(1)强调元认知、动机和行为等方面的自我调节策略的运用。

(2)强调自主学习是一种自我定向的反馈循环过程，认为自主学习者能够监控自己的学习方法或策略的效果，并根据这些反馈反复调整自己的学习活动。

(3)强调自主学习者知道何时，如何使用某种特定的学习策略，或者做出合适的反应。

从自主学习研究理论来看，大多数学者认为自主学习应该具备下列一些特征：

(1)主动性。主动性是自主学习的基本品质，它对应于自主学习的被动性，两者在学生学习活动中表现为"我要学"和"要我学"。"我要学"是基于学生对学习的一种内在需要，"要我学"则是基于外在的诱因和强制学生学习的内在需要，一方面表现为学习兴趣，另一方面表现为学习责任。只有当学习的责任真正地从教师转移到学生，学生自觉地担负起学习的责任时，学生的学习才是一种真正的自主学习。

(2)独立性。独立性是自主学习的灵魂，是自主学习的核心品质。如果说主动性表现为"我要学"，那么独立性则表现为"我能学"。除有特殊原因外，每位学生都有相当强的潜在的和显在的独立学习能力。不仅如此，每位学生同时都有一种独立的要求，都有一种表现自己独立学习能力的欲望，他们在学校的整个学习过程也就是一个争取独立和日益独立的过程。这是独立学习的基本依据。由于低估或漠视学生的独立学习能力，忽视或压制学生的独立要求，从而导致学生独立性的不断丧失，这是传统教学需要克服的地方。教师要充分尊重学生的独立性，积极鼓励学生独立学习，并创造各种机会让学生独立学习，从而让学生发挥自己的潜能。

第二节　高等数学的观念和特性

一、高等数学学习及其特点

高等数学是变量的数学，它是研究运动、无限过程、高维空间、多因素的科学。从观点到方法都和初等数学有着本质的差异。要想学好高等数学，必须搞清高等数学的特点。它是研究常量与变量、直与曲、有限与无限、特殊与一般、具体与抽象的一门学科。由上可知，高等数学有两个显著的特征：一是内容相当丰富；二是理论体系中结构复杂、层次繁多。

高等数学学习是根据教学计划进行的，它是一个在教师的指导下获得数学知识、技能和能力、发展个性品质的过程。由于数学具有其自身的特点，所以数学学习不仅具有一般学习的特点，而且有其自己突出的特点。数学具有逻辑的严谨性，它用完善的形式表现出来，呈现在学生面前，而它略去了发现它的曲折过程，因此给学生的"再创造"学习带来困难。高等数学教材往往是以演绎系统展开，学习它需要较强的逻辑推理能力。所以学生学习时要思考知识的发生过程，掌握推理论证方法等。所以，高等数学学习是一个将知识不断条理化、系统化、形式化的过程。

因为数学是高度抽象概括的理论，它比其他学科的知识更抽象、更概括，而且数学中使用了形式化、符号化的语言,所以数学学习更加需要积极思考、深入理解,需要较强的抽象概括能力。所以,数学学习是一个不断抽象概括、不断具体化的逻辑思维过程。数学学习不仅仅是学习数学知识,更主要的是学习数学思维活动的方法。所以数学学习中教师对学生思维的启发与引导更为重要。

综上所述,大学生因为在认知、自我方面已发展到相对成熟的水平,他们的学习自主特征日趋明显,自主学习在大学生的学习中具有重要的地位,他们学业的优劣很大程度上取决于自主学习的水平。所以在高等数学教学中,我们要视数学教学为发展人的一种途径,数学学习为人的发展的一种方式;视数学为一种(思维、建构、审美)活动(从学科性质角度),既是一种目的又是一种手段(从教育角度)。只有树立这样一种观念,才能形成正确的认识并在教学中加以落实。学生的自主学习是学生认识高等数学、理解数学、掌握数学、应用数学的必然方式;学生只有通过自主学习才能既提高数学素质,又提高非数学素质,只有通过自主学习,才能发挥学生的潜能和能动性,形成主体意识,提升主体性,真正发展学生的创造性思维,养成创造性人格。在高等数学课堂教学中,教师的主要目的在于建构学生主体,主要任务是创设学生自主学习的环境,提供自主学习的机会,使学生的自主学习有条不紊,高质高效地展开。

二、高等数学概念的自主学习

高等数学概念是反映高等数学对象的本质属性的思维形式,是高等数学基础知识的核心,这些本质属性是对具体对象的"空间形式"和"数量关系"的抽象和概括。高等数学概念的教学应遵循学生的认知规律(初步感知——建立表象——抽象概括——形成概念)来设计教学程序,引导学生"悟"出学习数学概念的方法。在自主学习高等数学概念时,教师应引导他们抓住概念中的关键词、句及符号,抓住概念所反映的本质属性,建立表面现象与本质属性的联系,理解概念的内涵与外延。在数学中有许多内容或形式上相似、相近的概念,教师在教学中除了直接揭露其本质属性外,还应引导学生加强它们之间的对比。比如,在学习"数列极限"时与"函数极限"对比,学习"不定积分"时与"定积分"对比,等等。

在学习过程中,离开数学特有的"语言"来学习概念是不可能的。爱因斯坦曾说过:"一个人的智力发展和他的形成概念的方法,在很大程度上取决于语言。因此,在学生的自主学习过程中,教师应指导学生加强数学语言的学习。数学语言是表达数学思维的工具,它不同于自然语言,它是数学特有的形式化符号体系,包括符号、记号、图形和文字叙述等。在教学中指导学生明确记忆一些常用数学符号和术语的意义及使用条件。 如:$\forall$,$\exists$,ε,η,ψ,…掌握它们是学好数学语言的基础。数学语言有时看似相近,其实不然。比如"且"与"或""都不是"与"不都是""有一个"与"至少有一个"等,所以教师在教学中应注重引导学生分析比较容易混淆的语句,以免产生数学语言理解上的错误。另外,还应加强数学文字语言与符号语言的互译的练习,即通过老师的引导和学生的自主学习,学生能将数学的文字叙述转化成符号语言,反过来能将符号语言用文字描述。

三、高等数学思想方法的学习

数学科学是知识和思想方法的有机结合,没有不包含数学方法的知识,也没有游离于数学知识之外的方法。这就要求教师在设计教案、实施教学过程时,应利用数学知识的形成过程,把数学思想方法的教学融合在数学知识的学习过程之中,以此来促进学生思维的发展,强化学生的数学能力。数学思想方法既包括与解题紧密联系、具体有便于操作的技巧型方法,如换元法、待定系数法、错位相减法、构造法、配方法、反证法等;又包括具有确定逻辑结构的逻辑型思想方法,如类比、归纳、分析、综合、抽象、概括等;也包括公理法、极限法、坐标法、模型法等全局型的思想方法。这三类方法相辅相成,共同促进着数学的发展。可见,对高等数学思想方法的学习与掌握无疑会促进学生的整体素质的提高。

首先,引导学生发掘隐藏于知识中的高等数学思想方法。高等数学中有一些主要的数学思想方法,比如函数思想、分类思想、数形结合思想、化归思想等,其渗透于各类知识之中,在教学的各个阶段都起着重要的作用。这就要靠教师在教学中引导学生去发掘,从具体的事例中抽象,从大量的事实中概括。例如,不等式的证明与求解是通过综合法、分析法、比较法、放缩法、同解变形法等达到的,尽管途径很多,但都是设法把不明显的不等式转化为明显的不等式,即都是化归这一重要数学思想的体现。在教学中把这些思想方法提炼出来,使学生了解思想方法的含义、使用范围及局限性,并将其应用于实践,以培养学生灵活使用数学思想方法的能力。

其次,由于高等数学思想方法在知识发展的各个阶段具有不同的层次性,对同一思想方法,应该注意其在不同知识阶段的再现,以加强学生对数学思想方法的认识。当对技巧方法学习到一定程度后,引导学生将其上升为较高层次的数学思想,从较高观点去揭示知识的内在联系,使所掌握的知识层次更具有深度和广度,也使学生的思维更加深刻,更加强化了这种解决问题的基本思想方法。

四、高等数学解题的学习指导

解题是一种高级形式的学习活动。学生在解题过程中必须重新组合已知概念、定理,调节题目中基本元素的关系,探索解题途径,从而发现有效地解决问题的方法。同时,通过解题,还能检查所学数学知识的掌握程度,发现存在的问题,以便及时采取补救措施。因此,解题是培养学生的思维能力,提高学生思维品质的最有效的途径。

在数学解题教学中,应引导学生主动积极地参与解题过程,这样才有助于学生数学能力的培养。波利亚指出,"学习解题最好的途径是自己发现"。在问题解决的过程中,教师的主要任务是为学生创设一个适合学生自己去寻找解法的情境,使学生经常处于"愤"和"悱"的境地,启迪思维,引导方法,让学生独立地进行解题活动。在学生解题时指导其养成"审题—探索—结论—回顾"的解题模式和思路,注意解题方法的总结和概括。

罗增儒教授断言:分析典型例题的解题过程是学会解题的有效途径,至少在没有找到更好的途径之前,这是一个可以替代的好主意。现今很多学习用功的学生总是停留在知识型的水平上,不能形成较强的解题能力,其根本原因是他们既没有分析典型的例题,也没有分析自己的解题过程。所以,在例题自主学习中,注重展示解题思路的探索过程与方法、规律的概括过程,尤其注重解题后的分析,分析解题的信息过程,分析题解的逻辑结构,分析解题技巧,分析解题思想,等等。

在解题教学中,加强培养学生养成从多角度、多侧面地观察和研究一个数学问题的思维习惯。一是注重一题多解,在教学中紧扣数学基础知识与基本方法,启发学生自己去探求多种解法并加以精选;二是注意一题多变,对教材中的例题与习题的条件和结论进行某些变化,以培养学生思维的灵活性。学生(特别是中差生)能比较自如地探寻解题思路,不是短时间训练可以达到的,要靠教师有计划的训练和学生长期坚持不懈的努力。在这个过程中,教师不能以自己的解法为唯一标准去评价学生的思路,要鼓励学生的独立思考。要使学生会学,教师的引导固然不可少,学生的主体作用更重要。只有学生在积极主动的学习过程中产生方法方面的需要,教师的指导才能水到渠成。学法的指导方式可灵活多样,可以结合具体的教学环节进行,如在教学环节中引导学生如何确定学习目标,如何独立学习,如何小组学习,如何评价学习结果等;可以结合具体的教学内容进行,教师可将与学习内容有关的学法归类概括,将其系统化、结构化再呈现给学生,促使学生迁移能力的形成;可以在教学过程中点拨、渗透一般性的学习方法,如记忆的方法、质疑的方法、复习小结的方法等,使之具体化、可操作化。另外,开设专题讲座,让在学习上较为成功的学生作经验交流与推广等也是对学生进行学法指导的有效途径。

总之,教师的学法指导要与学生的学习活动融会贯通,不能为教方法而教方法,学法指导要切实可行,学生学了以后要切实可用。学生高等数学学习方法体系的形成有待进一步探索验证,但加强对学生的学法指导,引导学生学会学习,不仅是排除大学生学习障碍的最有效办法,还是提高大学生自主学习能力,提高教学质量的根本保证。

五、高等数学课程与现代化教学手段

多媒体教学有明显的优势,使用计算机制作的电子教案图形直观清晰,文字规范,色彩丰富,可设置动画和声音,视觉效果好,具有形式上的美感,提供了图、文、声、像并茂的教学情境和氛围,容易吸引学生的注意力,激发学生的学习兴趣。例如"空间解析几何""重积分、曲线积分、曲面积分"等内容的教学涉及许多立体的曲面、曲线等,采用"黑板+粉笔"的传统教学模式,学生很难对这些复杂图形有直观的认识,从而影响他们的学习兴趣,降低学习效率。通过超级链接播放一些教材上没有的内容,以丰富学生的知识,开阔学生的眼界。例如,结合有关概念定理,适时播放牛顿、莱布尼兹、柯西、欧拉、高斯等著名数学家的图片以及生平介绍,使学生感受众多数学家的人格魅力。然而,多媒体使用不当则会造成很多负面影响,例如,多媒体虽然有"信息量大"的优势,但是,如果片面追求信息量,满堂灌,则会造成节奏过快,看上去眼花缭乱,热闹有余而数学味不足等;会使学生自主思考的时间缩短,影响学生的思维训练。采用传统的教学模式,学生可以有足够的时间进行思考,易于与学生交流。另外,使用多媒体教学一般情况下教室环境较暗,如果同时板书,学生很难看清楚黑板,容易使学生疲劳,降低学习效率。因此,电子教案的设计不能盲目追求视觉效果,而应侧重数学方面,要注重形式与内容的统一。具体、直观只是手段,培养学生的思维能力,使学生获得应有的数学素养才是目的。因此,针对不同的教学内容应该视情况而采用现代化的教学手段,而不应该全盘否定或者全盘采用。要积极采用现代教育技术手段,使传统的教学手段与现代教学手段相互结合,取长补短。

第三节　改进高等数学自主学习的基本策略

促进学生自主学习程度的提高,不仅取决于学生自身的主体意识和自主学习的能力,还取决于教师教学理念和对教学内容、教学方法的整体把握。根据高等数学教学的特点,学生在高等数学学习中通过实际问题分析、推理、演绎和归纳,真切地体验到高等数学课的乐趣,渴望获得数学知识,领略科学的神奇和伟大,这对激发学生进一步学习的兴趣,增强自主学习的意识和能力十分有利。

一、更新数学课堂观念

培养学生的自主学习能力,还必须为学生创设自主学习的最佳氛围。因此,在课堂教学中只有营造宽松、和谐、民主、活泼的气氛,才能给学生一个无拘无束的表现空间,让学生处于一种愉悦的心情状态,使学生敢想敢说,标新立异。

(一)构建和谐、温馨的课堂

现代教育观念的转变强调教师与学生的情感交流,教师适当的体态语言,有利于调节课堂教学气氛,创设温馨的教学环境。在教学中,学生往往把教师的微笑看作一种奖赏、一种鼓励,而感到亲切,感到温暖。当学生遇到困难时,教师鼓励的微笑和慈爱的问候可以让学生增强克服困难的信心;当学生与教师情感相悖时,教师微微一笑,可能把几分钟前还较为紧张的情绪变得松弛,让学生感到教师是可敬可爱的,使学生以最佳的主体精神进入最佳的学习状态。

(二)构建分层次教学的课堂

培养学生自主学习的自觉性,就要让学生体验到成功的喜悦。教师可根据学生的能力和个性差异提出适合其水平的任务和要求,确立一个适当的目标,使其经过努力能够完成。也就是说,教师在数学教学过程中可以尝试分层次教学,对"学优生"做对了题目要及时表扬,特别对他们开动脑筋的特殊解法要及时予以鼓励;"学困生"经过老师讲解才做对的,也要表扬、鼓励。在平时的课堂教学中,教师还要有意地创设情境让学生主动参与,创造机会让他们表现自己的才能,发挥其特长,及时发现他们身上的闪光点,尽可能多地给他们肯定和赞扬,从而使他们在不断的成功中培养自信,激起他们对成功的追求,积极主动地参与学习。

(三)构建留足思维时空的课堂

思考问题需要时间,探索问题需要空间。"数学教学应该向学生提供充分从事数学活动和交流的机会,帮助他们在自主探索过程中,真正理解和掌握基本的数学知识和技能、数学思想和方法。"学生的数学学习活动应当是一个生动活泼的、主动的和富有个性的过程。学生的自主学习不能没有时间和空间,因此,课堂教学中,教师要善于为学生创设行为上和思维上的"空白"。即尽量地留给学生足够的时间和空间,使他们有主动参与观察、操作、思考、讨论的学习机会,且在动手、动脑中找到解决问题的方法,培养学生自主学习的能力。

(四)构建学生自主实践的课堂

实践活动是知识内容的再现,通过学生喜闻乐见的活动,使学生亲身体验到生活中处处有数学,数学知识能用来解决生活中的实际问题并能运用所学知识去探索新知。在教学中,教师要根据学生的心理特点,创设活动环境,为学生开辟一个自由活动的"天地",为学生提供操作实践的机会,使学生通过眼看、手动、脑想、嘴说把抽象的知识转化为感知的内容,让他们在这个"快乐天地"里,尽情地展示自己,不断地创造自己。

(五)构建合作探究的课堂

思考问题需要时间,探索问题需要空间。数学教学应该向学生提供充分从事数学活动和交流的机会,帮助他们在自主探索过程中,真正理解和掌握基本的数学知识和技能、数学思想和方法,学生的数学学习活动应当是一个生动活泼的、主动的和富有个性的过程。在课堂教学过程中,教师应为学生搭设创新的舞台,给学生足够的时间思考和体验,尽可能将一些知识的发现过程详尽地展现在学生面前,让学生主动积极地学习、探究。

合作学习是学生自主学习的重要方式之一,它是在教师主导的作用下,群体研讨、协作交流。这种多向交流的学习方式会极大地调动学生学习的积极性,提高学生的参与度,使学生有机会表现自己。数学只有交流才得以深入和发展,只有用文字和符号表达出来,数学思想才变得清晰。在合作学习中学会相互帮助,实现学习互补,增强合作精神,促进学习进步和智力发展。

学生的潜能是巨大的,他们思考问题的方法有时会大大出乎我们的意料。如此教学,不仅使学生乐于探索、敢于探索,在探索中实现求异思维与聚合思维的有机统一,而且锻炼了学生的批判性思维,大大激发了学生的创新意识,把时空还给学生,把伙伴还给学生,把乐趣还给学生,把主动权还给学生,真正把课堂学习的舞台让给学生。这是时代呼唤的课堂,是素质教育所需要的课堂,更是学生渴望的课堂。

总之,要让学生积极主动地参与学习,独立地解决学习中的问题、创造性地完成学习任务,教师要努力营造民主和谐的教学氛围,激发学生学习的内在需要,教给学生自我学习的方法,提供学生自主学习的天地,让学生切实、有效地参与认知的全过程,以培养学生创新精神和实践能力。

二、创设问题情境,让学生主动地学习

心理学家布鲁纳指出:学习的最好刺激乃是对所学知识的兴趣,一个人一旦对某一问题产生兴趣,那么他的努力会达到惊人的程度。而学生的学习兴趣,并非先天就有,需要靠后天的引导、激发。在数学课堂教学中,创设情境是激发学生自主学习的必要条件。所谓创设情境,是指教师在教学时,根据教学内容激发学生强烈的求知欲望,激发学生浓厚的学习兴趣。学生怀着积极健康的心态,满腔热情投入认识过程,主动地、独立地、创造性地完成学习任务。因此,在新课教学时,应注意创设各种情境,使求知成为一种内在动力。

激发学生学习动机、改变被动的教学方式、积极地促进学生的学习迁移是促进大学生高等数学学习的重要任务。再结合学生所学专业,考虑到不同专业大学生高等数学学习的实际需求,因此,创设学生感兴趣的有效问题情境(既可以是学生熟悉的有关高等数学知识应

用的现实问题情境,也可以是涉及学生所学专业的专业问题情境〉是引导学生自主学习的重要方式。

(一)基于"情境-问题"的高等数学教学新模式解读

一般来说,高等数学"情境-问题"教学就是以高等数学在现实社会生活中的应用情境为基础,以情境中所涉及的高等数学知识点及其教学为纽带的启发式教学。高等数学"情境—问题"数学学习的基本特征可概括为:"问题性"(基于问题的发现、提出、分析和解决,培养大学生的"问题意识"),"开放性"(基于提出问题的多样性,为学生提供开放的学习空间),"探究性"(启发学生从情境中自主地提出问题与解决问题,学习过程具有明显的探究性),"主动性"(在问题意识的驱使下,学生学习具有明显的主动参与性)。

高等数学"情境-问题"教学模式本质在于把学习的权利交还给学生,大学生实际上已经具备了很强的自学能力。"情境-问题"教学模式的核心在于,把"质疑提问"、培养学生的问题意识、提高学生提出问题与解决问题的能力贯穿于教学的全过程。"情境-问题"教学模式几个要素的内在联系为:创设数学情境是前提;分析、提出数学问题是核心;解决数学问题是目标;应用数学知识是归宿。具体地,创设现实生活情境或学科专业情境是提出数学问题的基础,同时提出一个好问题又可以作为一个新的学习情境呈现给学生;提出问题与解决问题形影相伴、携手共进。解决问题的过程中也可以发现和提出新的学习问题;应用知识解决实际问题本身就是一个解决问题的过程;在学科知识的应用过程中还可以提出有意义的问题,而一个好的知识应用问题本身又构成一个好的学习情境。

基于以上分析,我们认为,高等数学"情境-问题"教学模式的实施,对教师来说,就是要采取以启发式为核心的灵活多样的教学方法;对学生来说,就是应采取以探究为中心的自主合作的学习方法。高等数学"情境-问题"教学既是一个在教学中培养学生创新精神与实践能力的切实可行的教学,又是一个新的正在探索中的教学。它力图将培养学生的创新意识和创新能力的要求落实到实际课堂教学中;力图将实现素质教育、创新教育的目标建立在数学教学上。

(二)高等数学"情境-问题"教学模式实施的几个关键点

1.重视教学情境的创设

所谓教学情境,就是从事教学活动的环境,产生教学行为的条件。从它提供的信息,通过联想、想象和反思,发现相关信息的内在联系,进而发现问题、提出问题、研究问题、解决问题。同时伴随着一种积极的情感体验,其表现为对新知识的渴求,对客观世界的探索欲望,对数学的热爱等。就高等数学的教学来说,教学中需要结合大学生的认知发展阶段及特征,创设刺激学生学习欲望的、趣味性的问题情境,以引起学生学习的兴趣,启迪思维,激起学生的好奇心、发现欲,产生认知冲突,诱发质疑猜想,唤起强烈的问题意识,从而使其发现和提出问题,分析和探讨问题,运用所学知识解决问题。

2.重视学生问题意识的培养,引导学生自主提出问题

问题意识是指学生在认识活动中感到一些难以解决的、疑惑的问题时,产生的一种怀

疑、困惑、猜测、探究的心理状态。它将激发学生积极思维，不断地提出问题，解决问题。在学习活动中，只有使学生意识到问题的存在，感到自己需要多问几个"为什么"才能激起学习中的思维火花，而且这种问题意识越强烈，学生的思维就越活跃、越深刻、越富有创造性。考虑到大学生的认知发展已经到了较高的阶段，所以只要恰当引导，学生的高等数学问题意识是可以逐渐养成的，同样，学生对"情境-问题"教学模式的适应也需要时间和空间，两者相辅相成。按照这种的思路，我们的教学不应单以知识传授为目的，更应该重视在求知过程中激发学生的问题意识、逐步加深问题的深度、探求解决问题的方法、形成学生自己对解决问题的独立见解为目的。在培养学生问题意识的同时，还应创设有利于学生提出问题的场景和时机，并逐渐将其行为化、习惯化。在这一过程中，应在充分考虑学生个性差异和认知风格差异的基础上因势利导。应培养学生逐渐养成多问"为什么？还有其他思路吗"等问题，养成学生高等数学学习过程中发问、提问的习惯。

总之，高等数学"情境-问题"教学模式有别于传统的讲授式讲学（当然，这里没有否定讲授式教学的想法，有意义的讲授教学还是必须要贯彻高等数学教学全过程的），教师在教学中要注意自身角色的转变：当好学生的教学向导；鼓励学生质疑批判；保护好学生学习的热情、提问的积极性，全方位、多渠道地引导学生自主地提出数学问题。需要强调的是，并不是高等数学所有的知识内容都适合"情境-问题"教学模式，如概念，但只要可用，我们可尽力为之。

（三）基于"情境-问题"的高等数学教学案例分析

下述以定积分概念为教学主题，设计基于"情境-问题"的简要教学案例。该案例大致是通过创设多个问题情境，基于"直边图形面积的求解—曲边图形面积的求解—引入刘徽'割圆术'的情境—渗透分割的思想，化曲为草的思想"这个思路展开。

【教学主题】定积分概念。

【教学分析】定积分是一个概念，其教学就应该符合概念学习的认知规律。心理学的研究表明，学生数学概念的获得首先有个心理表征的建构过程，但是，概念的心理表征并非是一张心理照片，而是主体对独特类型神经活动的体验时所产生的一些可建构的神经事件，也就是说，学习者所意识到的意象是由一些可建构性的神经事件构建起来的，而这些可建构的神经事件依赖于主体对相关事件的体验。因此，在数学概念教学中应注重概念的形成过程，注重从学生自发性概念入手，从概念的典型性范例中概括、抽象出具有精确定义的数学概念是很有必要的，定积分概念的教学也应该如此。

【创设情境 1】如何计算曲边图形的面积？

在中学里，已经学过含多类图形的面积的求法。基础的如平面上有三角形面积、四边形面积的求法等；空间中有长方体、椎体等的求体积公式。现在我们讨论一种这样的情况：在平面上，如何求曲边图形的面积？

分析：基于数学的特点，常常是将"未知"化归为"已知"。基于数学化归、转化的思想，首先会想到"化曲为草"。那么应该怎么转化？必须考虑到，不管怎么把曲边替换为直边，其算出的结果必然会有误差，或者说结果不是曲边图形面积的准确值，那么如何计算曲边图形面积的准确值呢？

学生已学过的都是直边图形面积的求解,无论多么复杂的直边图形,都可以通过"分割"的思想,将多边形转化为多个四边形或三角形,而最终都转化为多个三角形,然后根据三角形面积公式,逐一求出各个三角形的面积,将其加到一起即可求得直边形的面积。现在的问题是图形中的一条边为曲边,应怎么考虑?

反思:基于以上的分析和讨论,学生会提出自己的想法和问题,学生也会提出诸如化曲边为直边,用规则的直边图形分割原来的曲边梯形,用规则图形的面积逼近曲边图形等建设性的问题。这样做留给了学生思考的时间和空间,使得学生的思维逐渐地向着"极限"的思想迈进。

【创设情境 2】历史上的"割圆术"及其数学思想。

用内接多边形逼近圆的想法最早来自于古希腊的安提车和欧多克斯,古希腊最伟大的数学家阿基米德把这种思想发扬光大,从而为微积分这一数学中最重要学科的产生奠定了思想基础,他用无穷逼近的方法求出了一些曲线(例如圆和抛物线)所包围的面积和一些曲面(例如球面)所包围的体积,这其中就包含了积分概念的萌芽。而近代微分积分的酝酿和发展,主要是 17 世纪上半叶。

魏晋时期数学家刘徽为证明圆面积公式,提出了"割圆术"。所谓"割圆术",是用圆内接正多边形的面积去无限逼近圆面积并以此求取圆周率的方法。我国古代数学经典《九章算术》在第一章"方曰"章中写到"半周半径相乘得积步",也就是我们现在所熟悉的圆周长公式。即通过圆内接正多边形割圆,并使正多边形的周长无限接近圆面积,进而来求得较为精确的圆周率。

中国古代从先秦时期开始,一直是取"周三径一"(即圆周周长与直径的比率为 3∶1)的数值来进行有关圆的计算。但用这个数值进行计算的结果,往往误差很大。在刘徽看来,既然用"周三径一"计算出来的圆周长实际上是圆内接正六边形的周长,与圆周长相差很多;那么可以在圆内接正六边形把圆周等分为六条弧的基础上,再继续等分,把每段弧再分割为二,作出一个圆内接正十二边形,这个正十二边形的周长不就要比正六边形的周长更接近圆周了吗? 如果把圆周再继续分割,做成一个圆内接正二十四边形,那么这个正二十四边形的周长必然又比正十二边形的周长更接近圆周。

这就表明,越是把圆周分割得细,误差就越小,其内接正多边形的周长就越是接近圆周。如此不断地分割下去,一直到圆周无法再分割为止,也就是到了圆内接正多边形的边数无限多的时候,它的周长就与圆周"合体"而完全一致了。按照这样的思路,刘徽把圆内接正多边形的面积一直算到了正 3072 边形,并由此而求得了圆周率为 3.141 5 和 3.141 6 这两个近似数值。这个结果是当时世界上圆周率计算的最精确的数据。刘徽的"割圆术"在人类历史上首次将极限和无穷小分割引入数学证明,遗憾的是,却就到此打住,最终并没有促使微积分等高等数学思想和知识的发展。

(1)分析:为解决"曲"与"变"等矛盾,人们将用"已知"解决"未知"的思想具体化就形成了以"直"代"曲"(然后再取极限)等解决变量数学的基本思想,这正是微积分的基本思想。掌握这一思想,能使学生站在一个更高的层次来理解微积分,运用微积分。

(2)反思:微积分的理论从发展到成熟,前后经历了两千多年的时间,这说明古人发展和接受这个理论并不顺利,今天的学生在学习时产生理解上的困难是毫不奇怪的,他们也许可以凭借公式熟练地进行求极限、导数与积分的计算,但却可能不知道这种表面化计算的内在含义。近年来,人们已经认识到在学习数学时,如果不从数学历史发展的角度来组织教学的体系与内容,就难以让学生真正理解课本上形式化推理体系的背后所包含的实际内涵。人们发现,历史上数学家的一些朴素的想法和解决过的一些相对简单的问题极具教育上的价值,国外的一些大学数学教材已经开始运用数学史的观点与材料来组织高等数学(尤其是微积分)的教学体系与内容,提出要用"历史线索"和"历史原形"来指导微积分的教学,所以教师必须懂点数学历史。接下来,在学生了解了割圆术的分割思想、化曲为直思想之后,再次创设"定积分"教学问题情境。

高等数学教材所提供的资料和背景,特别是数学模型的建立,既来源于科技发展的前沿,也来源于丰富多彩的自然环境,与学生的生活实际和原有知识的积累有较为密切的关系,这为教学中创设问题情境提供了得天独厚的条件。数学教学中所展示的问题情境很多,可直接取材于身边的事例,也可是数学模型、图片、实物等一些感性的材料。高等数学教学应以问题解决为基础,为学生提供既能够反映所学知识、又能够与学生已有知识相关联的问题。解决这类问题,可以使学生对数学知识形成深刻的、结构化的理解,形成自己的、可以迁移的问题解决策略,而且对数学学习形成更为积极主动的兴趣、态度和信念。例如,在教学拉格朗日中值定理时,我们就如何构造辅助函数设计了一系列问题,首先引导学生思考和讨论拉格朗日中值定理除用几何法外,还能否用其他方法构造辅助函数。在此基础上提示是否可以从结论入手,采用递推方法寻求一个函数,使这个函数在这点的导数值恰是中值定理的结论,最后引导学生概括出构造辅助函数实际上是一种特殊的逆向分析法的结论,这样就提高了学生对构造性方法的认识。

在创设问题情境时应注意,数学问题情境的创设要有一定的层次性,能步步深入,引人入胜;要有启发性,激发学生的认知冲突,使学生达到"愤""悱"状态;要针对学生的特点,难易适度,激发学生的成功欲望,使学生在学习和探索中形成发现问题、提出问题的期望和动力,给学生提供学习的目标和思维的空间,学生自主学习才能真正成为可能。

三、教给学生数学学习的方法和策略,引导学生自主学习

在学校里对于学生来讲,最重要的学习是学会学习。要想学会学习,就得拥有一定的学习方法和策略;对于教师来讲,设法提高学生的学习方法和策略水平,把学生培养成为真正能够独立学习的人,也是教学工作的一个重要任务。高等数学学习方法,是学生完成高等数学学习任务的手段或途径,是学生获得知识、掌握技术、形成技能过程中所采取的基本活动方式和基本指导思想。高等数学学习方法"一旦触及学生的情感和意志领域,触及学生的精神需要,这种方法就能发挥高度有效的作用"。

高等数学学习策略指的是在特定的数学学习情境中,为了达到一定的数学学习目标,学习者对数学学习任务及条件的认识,对数学学习方法的选择和使用以及对数学学习步骤与过程的调控。高等数学学习策略主要包括选择性注意策略、感知策略、记忆策略、思维策略、练习策略、复习巩固策略、调控策略和资源管理策略等。

古人云:"授之鱼,不如授之以渔。"这足以说明方法和策略的重要性。因此,数学学习者拥有各种数学学习方法和策略,并且能够熟练地运用这些方法和策略是高等数学自主学习

的重要保障。然而在目前的高等数学教学中,与一般的高等数学知识技术技能教学相比,学习方法和策略教学还处于相对薄弱的地位。学生自主学习方法和策略的掌握存在两种缺陷:一是具备性缺陷,即学生根本不具备相应的学习方法和策略;二是应用性缺陷,即学生已具备相应的学习方法策略,但在需要的时候,不能及时有效地激活和提取相应的方法策略。因此,应该把高等数学学习方法策略教学作为一个极为重要的教学目标来看待。数学教师可以通过以下途径向学生传授高等数学学习方法和策略。

(一)在日常的教学情境中渗透数学学习方法、策略

高等数学学习方法策略的传授,最适宜的方法是在具体的课堂数学教学情境中进行渗透,最初可由教师通过示范、自由发挥、完整展示数学学习方法策略的使用情况,到一定的阶段可以尝试由学生一起讨论、尝试、练习使用这些学习方法和策略,这样既完成了具体的数学教学内容和任务,又使学生掌握了相应的数学学习方法和策略。为了保证"渗透学习方法"的顺利实现,数学教师在备课时必须深入考虑这样一些问题:①学生在学习某一数学学习内容或完成某数学学习任务时需要用到哪些数学学习方法;②在这些方法中,哪些是学生掌握的,哪些是学生尚未掌握的;③学生在掌握新方法时需要哪些数学知识和技能基础;④新方法如何与数学学习内容和高等数学学习过程相结合等。

(二)开设专门的高等数学学习方法策略专题讲座

要使学生系统地掌握基本的高等数学学习方法策略,开设专门的数学学习方法策略讲座也是十分必要的。数学学习方法策略的专题讲座可以是教师本人就某个数学学习方法或策略问题对学生进行专题讲座,也可以是不定期地邀请一些有经验的专家学者与学生进行座谈、讨论。学法指导讲座应注重和突出以下几点:①让学生明确学习方法的意义和作用,懂得"学法"是"会学"及"学好"的重要条件;②讲座要有针对性(或针对某一具体数学学习内容,或针对某一学习方法的运用),要结合学生的学习实际和需要;③讲座要有灵活性,要考虑到何时讲、讲什么、对谁讲以及讲到什么程度等。

(三)给学生提供灵活使用数学学习方法、策略的机会和条件

向学生提供灵活使用数学学习方法策略的机会和条件的关键是要根据数学教学的要求和学生的特点创设学习活动情境和在数学教学过程中能对学生的各种学习表现进行灵活处理。教师要了解自己的学生,在条件允许的情况下可以有针对性地对学生分别提供数学学习方法。

四、采用教考分离的授课模式

(一)教考分离对学生学习具有促进作用

1. 学生学习压力有所增大

大四的学生较其他年级学生更多地感受到压力的增大,大一、大二的学生则相对小一些。这是因为入学时,并不是所有课程都实施教考分离,而是部分课程逐渐实施教考分离,所以大四的学生经历了从教考合一到教考分离的过渡阶段。相比之下,必然是教考合一的

时候学生更轻松一些,因为教考分离会使其"乱了阵脚"。任课教师对期末试题一概不知,学生突然感觉迷失了方向,不知从何下手,而且就连阅卷工作教师也不参加,学生失去了往常央求教师给"人情分"的机会,这次是真的完全靠自己。而大一、大二、大三的学生从入学开始接受的就是教考分离的教考形式,与高中的每次测试形式相差无几,因此不会像大四的学生那样存在心理上的落差,自然压力也就没那么大。

2.学生学习的自主性有所提高

调查结果显示,学生学习的自主性普遍提高。对于成绩原本就很好的学生来说,教考合一的时候学习就很努力,对自己要求就很高,所以教学和考试分离与否对其自主性和学习成绩的影响并不大;对于成绩相对落后的学生,影响也不是很大,不管教考分离与否,其努力程度都不会因此受到影响而再降低;受影响最大的是中等生,学习成绩中等的学生一般在很多方面都处于中间水平而且极易受到影响,努力程度也是一样,所以一旦教学和考试分离,这些学生为了保住自己的"地位"或者期望更进一步,学习态度由原本并不太认真变得更努力、更自主。

3.学生学习的知识更深、更广

实施教考分离后,学生们普遍认为学习压力增大,不过这样的压力对学生来说未必是件坏事。正因为考试不再提前划范围,学生才会努力学习课本知识,力求覆盖所有知识点,这样就扩大了学生学习知识的广度。同时,学生由于害怕考试中出现难题,所以也不敢懈怠于提高对知识深度的理解,学习的深度自然加深许多。

4.学生整体成绩有所提高

为了了解教考分离对学生内部群体成绩的影响,研究小组对参加过教考分离的教师进行了调查。调查中,研究小组发现教考分离对学生学习成绩的影响呈类似正态分布的趋势,学习成绩原本就突出的学生教考分离后成绩依然优秀;后进生受教考分离的影响也比较小;只有中等生受教考分离的影响比较大,大部分同学的成绩有所提升,进一步提高了学生群体的整体水平,这些足以证明教考分离对学生群体成绩的重要性。

由此可见,教考分离对绩优生和后进生的影响并不是很大,而对中等生则具有很大的促进作用,所以为了保住优等生、促进中等生、尽量提携后进生,教考分离的实行非常有必要。

(二)高等数学课程开展教考分离的实践过程

《统筹推进世界一流大学和一流学科建设总体方案》①为国家将来五十年的高等教育的发展制定了一个总体目标,同时世界一流大学和一流学科(简称"双一流")建设高校及建设学科名单的发布也标志着"双一流"的建设正式开始。一流的大学就要有一流的本科,一流的本科就是要培养更多有创新精神和实践能力的各类创新型、应用型、复合型优秀人才。基于此,各高校致力深化本科教育教学改革,着力提升教学质量,而作为公共基础课的数学就

---

① 国务院.国务院关于印发统筹推进世界一流大学和一流学科建设总体方案的通知[Z].国发〔2015〕64号。

是其重要的一部分,我们也在探索数学的教学改革路径使其在高校"双一流"的建设中发挥更大的作用。本节详细介绍了在"高等数学"课程中实施教考分离的实践过程,并对此过程的各个环节进行了总结和研究。

教考分离旨在通过"重教、实学、严考、综评"的闭环系统,实现"以教成学、以学成考、以考促教"的效果,进而形成高质量教学、科学化评价、规范化运转的良好教学局面。此次推行的教考分离是严格意义上的教考分离,即教师的教学和学生的考试完全分离,教师严格按照教学大纲和教学日历组织实施课堂教学,而考试试题是在授课教师完全不参与的情况下,由教科部聘请外校专家命制,最后由教科部统一组织考试和流水阅卷来完成教学过程。因此,"重教、实学、严考、综评"四个环节环环相扣,正向循环。

1. 重教

高等数学具有严密的逻辑性和高度的抽象性,无论从语言符号还是理念方法上来看,均属于现代形态的数学,对教师教学提出了较高要求。教师在各教学环节上都要下硬工夫。备课要足,深度研读系统掌握教材,精心设计课堂教学,结合教学基本内容、重点内容讲一些经典的题目,以富有激情的教学激发学生的学习兴趣,提高课堂抬头率、笔记率,增强学习效果。比如一些教师通过穿插一些数学家、数学历史故事和有趣的数学现象来提升学生的数学思维意识,取得较好效果。除了精心设计课堂教学之外,教师注重利用现代化信息手段,通过课上、课下加强与学生沟通协调动态化掌握学生情况,了解学生的思想动态和学习状况,以便因材施教。

高度重视作业批改这一重要环节。数学思维和能力的训练必须通过大量的练习,每一章结束后,教师都会对学生进行一次测验,检查学生的学习效果。通过认真批改作业,掌握学生学习效果和差异,由于学生的聪明程度、理解能力有差异而导致学习的效果有差异,这一点可以在作业中反映出来,允许学生在不会做或有疑问的题目前面打上问号,教师批改时给予重点阅示,必要的话,进一步课下答疑。

2. 实学

教考分离让学生意识到必须学到真本事和硬本领。课程第一节课每位教师都会认真提醒学生,把激情转化成学习的持久动力,明确学习目的,持续地保持主动学习。要求学生及时掌握每一堂课的知识点,系统地建立知识体系,并要求学生把课前预习、课后复习、理解记忆、举一反三联系作为两次课间的链条,要注意各知识点之间的逻辑关系,注重单元复习总结,对重要的概念、定理要反复琢磨推敲,领会其实质,尽量做到融会贯通。老师会指导学生有选择地看一些参考书,从中得到启发,以拓宽知识面。

高质量完成作业是学生消化理解课堂学习的内容的重要一环。教师根据学生水平的不同为其提供一些综合性比较强的题目,要求其独立按时完成。对于掌握不透的题目,要求学生对教师批改过的作业中的批语、画线的、有错误的等进行分析、研究、更正。

3. 严考

考核是指挥棒,严格考试既是对学习效果的客观检验,也是对学生学习行为的正向督促。各任课教师在期末考试前把学生的平时成绩报到教务,平时成绩上报后不再变更。考试试题由教科部选外校专家命制。各考场试卷的装订和分发由考务人员统一组织。为使学生在公平的环境下竞争,反映出真实的学习水平,监考老师认真负责,且任课教师不能监考所教的班级。考试完毕,监考教师将试卷按学号排序,然后将试卷交给考务人员密封装订。

考试结束后,教科部选定一个评阅组长,协助老师完成评卷任务。全体(教考分离)高等数学课任课教师商定统一评分标准,对密封试卷实行集中流水线阅卷。在试卷拆封前,阅卷组对试卷进行抽样复查,通过后再统一拆封,两人一组登记完成各班成绩,计算出每位任课教师任课班级的平均成绩,并对此进行排名。

4. 综评

认真地进行考核评价总结,是实现以考促教、以考促学的重要手段。教研室组织任课教师对试卷和各位教师对自己批改的题目的得分情况进行总结,以更好地丰富和完善教学。每位任课教师还要仔细翻阅本班试卷后,全面总结本班学生的答题情况,既要通过学生答卷状况发现教学中存在问题和差距,也要对每道题的得分情况进行统计分析,掌握在今后教学中的注意事项,吸取教训,总结经验,使考试真正成为获取教学反馈信息的重要途径,达到检查教学效果、改进教学方法的目的。

第六章　数学思维能力培养

第一节　教学思维简述

一、数学思维的内涵

（一）思维的含义

人类科学的发展史，也是一部思维的发展史。随着人们对思维现象及其规律研究的不断深入，思维科学不仅已经发展成为一门独立的科学，而且已经渗透到心理学、哲学、逻辑学、控制论和信息论等许多学科。

从心理学的角度分析，思维是一种特殊的心理现象。所谓心理现象，就是人脑对客观事物的能动的反映。思维是人脑对客观事物的本质属性和内在联系的一种概括的、间接的反映过程。

从思维科学的角度审视，作为理性认识的个性思维分为抽象（逻辑）思维、形象（直觉）思维和特异思维（灵感思维、特异感知或特异活动中的思维）。

从哲学的认识论角度，一般把人的认识过程分为感性认识阶段和理性认识阶段。感觉、知觉和表象属于感性认识阶段，在这个阶段，人们只能获得对事物的表面认识，而思维则是在感性认识基础上进行的理性认识，是感性认识的概括和升华，属于认识的高级阶段。正是这个理性阶段，通过分析、综合、抽象、概括、比较、分类等思维活动，反映出事物的本质及内容的规律性。

从逻辑学角度分析，思维的主要形式是概念、判断和推理。概念是事物的本质属性的反映，由概念组成判断，由判断组成推理。

判断和推理不仅反映事物的本质，而且反映事物的内在联系与相互作用。因此思维反映的是事物的本质属性、事物的内在联系和内部的规律性。

可见，思维是人脑对客观事物本质和规律的概括和间接的反映过程。概括性和间接性是思维的两个基本特性。

思维最显著的特性是概括性。思维之所以能揭示事物的本质和内在规律性关系，主要来自抽象和概括的过程，即思维是概括的反映。所谓概括的反映是指以大量的已知事实为依据，在已有知识经验的基础上，舍弃事物的个别特征，抽取它们的共同特征，从而得出新的结论。在数学学习中，学生的许多知识都是通过概括认识而获得的。由此可见，没有抽象概括,也就没有思维。概括性是思维研究的一个重要方面,概括水平是衡量思维水平的重要标志。

思维的另一个特性是间接性。思维当然要依靠感性认识,没有它就不可能有思维。但是,思维远远超脱于感性认识的界限之外,去认识那些没有直接感知过的,或根本无法感知到的事物,以及预见和推知事物发展的进程。我们常说,举一反三、闻一知十、由此及彼、由近及远等,这些都是指间接性的认识。思维之所以具有间接性,关键在于知识与经验的作用。思维的间接性是随着主体知识经验的丰富而发展起来的。因此,知识和经验对思维能力有重要影响。

(二)数学思维的含义

所谓数学思维就是人脑和数学对象交互作用并按一般的思维规律认识数学规律的过程。数学思维实质上就是数学活动中的思维。对此,可以这样理解:其一,是指一种形式,这种形式表现为人们认识具体的数学学科,或是应用数学于其他科学、技术和国民经济等的过程中的辩证思维;其二,应认识到它的一种特性,这种特性是由数学学科本身的特点及数学用以认识现实世界现象的方法所决定的,同样,也受到所采用的一般思维方式的制约。

(三)数学思维的分类

数学思维是一种极为复杂的心理现象,为了适应数学活动目的的不同需要,数学思维具有多样性,即多种形态,可以按不同的标准对其进行分类。

(1)根据数学思维过程是否遵循一定的逻辑规则,可把它分为逻辑思维与非逻辑思维。逻辑思维是指脱离具体形象,按照逻辑的规律,运用概念、判断、推理等思维形式所进行的思维。非逻辑思维是指未经过一步步的逻辑分析或无清晰的逻辑步骤,而对问题直接的、突然间的领悟、理解或给出答案的思维。

(2)根据数学思维的指向程度,可把它分为发散思维与收敛思维。发散思维又叫求异思维,它是由某一条件或事实出发,从各个方面思考,产生出多种答案,即它的思考方向是向外发散的。收敛思维又叫求同思维或集中思维,它是指由所提供的条件或事实聚合起来,朝着一个方向思考,得出确定的答案,即它的思考方向趋于同一。事实上,数学问题的解决过程,依赖于收敛思维与发散思维的有机结合。一方面要广开思路,自由联想,提出种种解决问题的设想和方法;另一方面,又要善于筛选,采用一种最好的方案或办法来解决问题。在数学学习中,既要重视集中思维的训练,又要重视发散思维的培养,还要重视两者的协调发展。

(3)根据数学思维方向的不同,可以把它分为正向思维和逆向思维。正向思维与逆向思维,是指在思考数学问题时,可以按通常思维的方向进行,也可以采用与它相反的方向探索。数学知识本身就充满着正、反两方面的转化,如运算及其逆运算、映射与逆映射、相等与不等、性质定理与判定定理等。因此,培养学生的正向思维与逆向思维都很重要。

(4)根据数学思维结果有无创新,又可把它分为再现性思维和创造性思维。再现性思维,也就是一般性思维,它是运用所获得的知识经验,按现成的方法或程序去解决类似情境中问题的思维活动,是一种整理性的一般思维活动。创造性思维是一种特殊的思维形式,即通过思维不仅要揭示客观事物的本质及内在联系,而且要产生出新颖的或前所未有的思维成果,给人们带来具有社会或个人价值的产物,是一种具有开创意义的思维形式,是再现性思维的发展,是一种开放、动态、多向的点体型思维和空间型思维。创造性思维作为思维的最高形式,是人类创新精神的核心,是一切创造活动的主要精神支柱。

二、高等数学中几种重要的数学思维

(一)归纳思维

归纳是人类发现真理的最基本也最重要的思维方法,著名数学家拉普拉斯指出:"在数学里,发现真理的主要工具和手段是归纳和类比。

归纳是在对许多个别事物经验认识的基础之上,通过多种手段(观察、实验、分类……)发现其规律,总结出原理或定理。归纳是从观察到一类事物的部分对象具有某一属性,而归纳出该事物都具有这一属性的推理方法。或者说,归纳思维,就是要从众多事物中找出共性和本质的东西的抽象化思维,更直接地讲,从简单特殊的例子中,利用归纳法预见到进步的带有一般性质的结论。

从数学的发展可以看出,许多新的数学概念、定理、法则等的形成,都经历过经验积累的过程,经过大量的观察、实验、分类,然后归纳出其共性和本质的东西。例如,导数、微分、积分、哥德巴赫猜想、费马猜想、素数定理等等;又如 n 阶常系数线性齐次微分方程通解的结构及其解法是从一阶、二阶常系数线性齐次微分方程通解的结构及其解法归纳出来的;再如,由各类多元复合函数求导归纳出链锁法则,进而得到隐函数、参数方程的求导法则,再进一步延伸到空间得到曲面的切线及法平面的求法;由一、二阶线性方程的解的结构,归纳类比出高阶线性方程的解的结构,进而猜想到其他类线性方程解的结构,等等。

在高等数学教学中,不但要使学生掌握归纳方法的要点、本质,而且要培养学生强烈的归纳意识,并使他们认识到归纳在创新能力中的作用与价值,使学生能在学习和工作中有意识地去运用,这样也有利于对学生创造性思维的培养。

(二)类比思维

所谓类比,就是借助于两类不同本质事物之间的相似性,通过比较将一种已经熟悉或掌握的特殊对象的知识推移到另一种新的特殊对象上去的推理手段。当两个对象系统中某些对象间的关系存在一致性或者某些对象间存在同构关系,或者一对多的同态关系时,我们便可对这两个对象系统进行类比。由于类比为人们的思维过程提供了更广阔的"自由创造"的空间,因此它成为科学研究中非常有创造性的思维形式,从而受到科学家们的重视与青睐。高等数学中很多知识都有着显著的类同性。例如,极限、连续、导数、微分、积分、级数、微分方程均有线性性质(它们的共性),而这个共性可以升华到线性算子的理论上;几类积分的类同性(对象不同,但处理方式相同,从而体现元素法的重要性);多元微积分与一元微积分的类同性(点与线或线与面的关系),各类级数之间的类同性(均简单项的和);各类广义积分的类同性(类似的收敛发散概念及类似的判别法);各类微分方程求解的类同性(各种变换);各类中值定理、微分与积分的几何类比等等。著名数学家、教育家波利亚说,"类比是一个伟大的引路人,求解立体几何问题往往有赖于平面几何中的类比问题。"因此,教学过程中教师应特别重视运用类比方法,引进教学与学习(教会学生学习)活动,使学习活动更加生动具体。

在高等数学教学中,从学生已熟悉的知识,通过类比而引申出新的概念、新的理论,不但学生易于接受、理解、掌握，而且更重要的是有利于培养学生的类比思维，有助于学生创造力的开发。如，"中值定理"这部分知识的教学中教师如果采用类比，将各中值定理的条件、结论、几何意义进行比较，对培养学生的类比思维将大有裨益，从而也会取得很好的教学效果。除数学教学之外，教师还可以向学生介绍类比思维在其他学科中的应用。如，"仿生学"就是类比思维的成果，仿生学是用"生物机制"作类比的。如，滑翔机和飞机是人们受燕子飞翔的启发而设计的；潜艇、鱼雷的制造是人们看到鱼在水中游而产生的灵感。这种思想包括"类比—联想—预见"的步骤，而数学的每一个概念、结论的深入，也是按着这个步骤展开的。类比是创造性地表达思维、传授知识的重要手段，数学教学过程中教师应充分抓住知识的特点积极培养学生的类比思维。

(三)发散思维

发散思维亦称扩散思维、辐射思维、求异思维，是指在创造和解决问题的思考过程中，不拘泥于一点或一条线索，而是从已有的信息出发，选择多角度、向多方向扩展，不受已知的或现存的方式、方法、规划或范畴的约束，并且从这种扩散、辐射和求异式的思考中，求得多种不同的解决办法，衍生出多种不同的结果。由于发散思维对推广原命题、引申旧知识、发现新方法等具有积极的开拓作用，因此，它是一种重要的创造性思维。我国数学家徐利治教授指出："数学中的新思想、新概念和新方法往往来源于发散思维。"他总结概括出了数学创造能力公式(创造能力＝知识量×发散思维能力)，并指出发散思维在数学创造性活动中的重要作用。

数学发散思维首要的特征是发散性。同一个数学问题，思考时不急于归一，而是先提出多方面的设想和各种解决办法，然后经过筛选，找到科学合理的结论。此外，发散思维对所研究的数学对象、数学方法，甚至已得出的公式、定理都可以作为发散点放在不定、可变的地位上加以观察和思考，探索"可变"的各种可能，甚至在范例中也可变中求活，活中求异，异中求新，新中求广。对未知的东西，敢大胆设想，对已知的东西敢大胆质疑，提出异议，勇于突破常规。所以数学发散思维具有自由性与广阔性，突出一个"变"字。数学发散思维的第二个特征是流畅性，流畅性也称多端性，流畅的基本特征是数学思维转换的通道畅通无阻，思维向多个方面发散，大脑对外界数学知识信息的分析、加工、重组的速度快，输出输入量大，对同一个数学问题能提出多种设想，多种答案，突出了一个"快"字。发散思维的第三个特征是变通性，变通性是指思维形式不受固定格式的限制，思维方向多，既可横向，又可纵向，还可逆向。形式灵活善变，代数、几何、三角、初等数学、高等数学的知识交汇使用，反映了数学发散思维的数量特征，突出一个"多"字。发散思维的第四个特征是独特性，独特性是指思维方式求异、新颖奇特，一题多思，千方百计寻求最优解法、创优机制强烈，思维结果有创新的特点，它反映了数学发散性思维的质量特征，突出了一个"新"字。

数学发散性思维的实质就是创新，所以数学发散思维是创造性思维的重要组成部分。

(四)逆向思维

思维本身具有双向性，由此及彼与由彼及此就是思维的两个相反方向，一般情况下，人们把习惯思维的方向叫作顺向思维，而相反的方向称为逆向思维。逆向思维是相对于习惯思维的另一种思维形式，它的基本特点是：从已有思维的反方向去思考问题。顺推不行，考虑逆推,直接解决不行,想办法间接解决,正命题研究过后,研究逆命题。探讨可能性发生困难时,考虑探讨不可能性,由于逆向思维突破了习惯思维的框架,克服了思维定势的束缚,所以具有创造性。

在高等数学中,有不少内容都可以培养学生的逆向思维。例如,数学公式的逆向应用、问题分析中的"执果索因"、微分与不定积分相互转换、辅助函数和几何图形、无穷级数和函数的求法、定积分定义求和、定积分和不定积分的关系、命题的逆否命题、探讨问题的不可能性以及反证法等都充分体现着逆向思维。

(五)猜想思维

英国数学家牛顿说过:"没有大胆的猜想,就做不出伟大的发现。"所谓数学猜想,是指根据某些已知的事实、材料和数学知识,对未知的量及其关系所作的一种预测性的推断。它是研究数学、发现新定理、创造新方法的一种手段。猜想是一种合情推理,它与论证所用的逻辑推理相辅相成。对于未给出结论的数学问题,猜想也是寻求解题思维策略的重要手段。著名数学家波利亚就曾呼吁"让我们教猜想吧"。目前已有很多教师开始重视"教猜想",这正是由于大家已意识到猜想不仅是数学发现的重要手段,也是训练思维的有效方法。因此,对学生进行猜想训练、培养他们敢于猜想的精神,有利于学生数学直觉的形成,从而发展他们的创造性思维。纵观数学教育和数学发展历史,可以发现,学生猜想思维能力的发展和提高,离不开以下几种素质。

1.要有较好的数学知识基础,并具备较高的文化素质

想要眼前所遇到的各种数学问题有所超脱、升华以至改组和变形,需要具备较广博的基础知识与文化素质。只有在较宽广的知识层面上,数学想象才能振翅高飞,通过广泛的想象和联想,从那些形式上互不相关的问题中,发现知识之间的本质联系。

2.要培养高层次的数学想象能力

数学想象能力,可以划分为若干个层次,不同的层次相应地决定了想象所能涉及的范围和效果。高层次的想象可以涉及数量关系和空间形式以及由其重新组合的更为抽象、更为深入的数学构想。以非欧几何的发现为例,意大利数学家萨开里和德国数学家伦伯特远在17世纪和18世纪期间,曾经试图证明第五公设,从而发现一般与直观相矛盾的结果,及至19世纪德国数学家须外卡尔特等对于这些类似结果推断可能属于一种星际几何。虽然他们的想象能力已经达到一定的水平,但仍然未能创立非欧几何。其根本原因在于他们的数学想象能力被框在欧几里德几何的老框架内,没有把想象力突破性地拔高。

罗巴切夫斯基则敢于冲破欧氏几何的束缚。他声明:"在观测不足的情况下,应当凭理智来设想,想象几何可以适用于被观测到的世界之外以及分子引力范围之内。"[1]

3.要善于发挥数学的直觉思维

波利亚在其名著《数学与似真推理》中提出:"还必须学习合情推理,即数学猜想。数学

---

① 罗巴切夫斯基,库图佐夫. 罗巴切夫斯基几何学及几何基础概要[M].《罗巴切夫斯基几何学及几何基础概要》编译组译. 哈尔滨:哈尔滨工业大学出版社,2012:69.

猜想是一种直觉思维,利用它不仅可以预测解决现有问题的思路,而且还可以提出有价值的新问题。"数学直觉即是关于数学对象的关系和性质的直接领悟。①

以直觉在数学发现中的作用而论,又可将其划分为辨认直觉、联络直觉和审美直觉三类型。辨认直觉可以辨明和预测数学猜想是否具有科学价值;联络直觉可以探究和考察不同理论、不同猜想之间的内在联系;审美直觉可以审查和评论数学猜想是否符合数学理论的美学标准。在科学研究和学生日常解题教学中,对于理论发展的方向往往会有多种猜想,对于解决问题的思路也会有多种猜想,究竟何去何从,也必须要求助于辨认直觉和审美直觉。庞卡莱认为直觉思维是一种无意识活动。然而,在诸多无意识活动的分化组合之中,有些意识是和谐、美妙而有用的。这些意向如果能触动数学家的审美直觉,即可立刻变为数学家的有意识行为。

4. 要正确理解"数学的本质就在于它的自由"

数学家康托曾经提出"数学的本质就在于它的自由"。② 他认为数学与其他领域的区别,在于它可以自由地创造自己的概念,也即数学想象可以自由自在地发挥。例如,要想在欧氏几何中建立起非欧几何的模型,这确实是难以想象的。但是克莱因、庞卡莱和贝尔特拉米等数学家,利用数学想象的自由发展,巧妙地作了一些约定,结果把非欧几何中那些直观上看来格格不入的空间关系,也转换为欧氏几何中的普通定理,并且由此而完成非欧几何理论相对相容性的证明。

第二节　高等数学教学应该培养的数学思维能力及教学原则

数学思维能力,就是在数学思维活动中,直接影响着该活动的效率,使活动得以顺利完成的个体的稳定的心理特征。数学思维能力的纵向发展型教学目标,是指在整个数学教育过程中,学生在不同的学习阶段,数学思维能力必须发展到的高度或水平,是与学生的年龄特征和智力发展密切相关的总体数学目标。在高等数学教学中主要应该培养的数学思维能力:①具体形象思维能力;②抽象思维能力;③辩证逻辑思维能力;④创造性思维能力。

一、高等数学教学中主要应该培养的数学思维能力

(一)具体形象思维能力

具体形象思维,就是指脱离开感知和动作而利用头脑中所保留事物的形象所进行的思维,它的特点是不能离开具体形象来进行思维活动的。数学形象思维具有直观性、概括性和多面性等特征。直观性表现在思维借助于具体的形象(如几何图形、代数结构等)而运行的;概括性表现在思维时所用的材料往往是经过加工的具有一定概括性的数学形象;多面性则

---

① 波利亚. 数学与似真推理[M]. 杨迅文,等译. 福州:福建人民出版社,1985:35.
② 道本. 康托的无穷的数学和哲学[M]. 2版. 郑毓信,刘晓力,译. 大连:大连理工大学出版社,2016:3.

是相对逻辑思维而言的,逻辑思维按部就班,一步一个脚印,是线性的,而形象思维则是多角度、多侧面的,因而是多面性的。

表象是思维的基本材料,实际的数学形象思维材料往往是在表象的基础上有所抽象概括加工而成的数学形象,表象量愈多,形象思维内容愈丰富;表象质愈好,形象思维结果愈准确。随着数学知识领域的拓广和内容的不断抽象,由表象所形成的形象就成为更高层次的表象。例如,通过对函数图形的实践认识,学生积累了不少有关函数的形象,在此基础上,一笔画成的曲线就成为连续曲线的形象;没有尖点角点等奇异点的连续曲线就成了可微函数的形象。几何直观是形象思维在数学中的重要表现形式。在传统数学领域,分析、代数、几何正在日益彼此渗透,其中几何直观功不可没。

在高等数学中,微积分以函数为研究对象,这些函数都是定义在 $\mathbf{R}^n$ ($n \in \mathbf{N}$) 上的,当 $n = 1,2$ 时,这些函数就获得了在平面直角坐标系内的几何直观,当 $n \geqslant 3$ 时,对函数性质的研究和了解也往往是类比 $\mathbf{R}^1$、$\mathbf{R}^2$ 上的情形,因而可以说形象思维贯穿于微积分学习的全过程。比如,多元复合函数的求导法则如同一元复合函数一样,都遵循着"链式法则",但由于变量个数的增多,其具体的求导形式要比一元函数复杂得多。运用数学形象思维,建立多元复合函数求导法则的"树形图"几何结构,可将其复合关系和链式法则的具体形式揭示得一清二楚,使多元复合函数的求导过程变得简单有序。

再如讲授拉格朗日中值定理时,可先作一光滑图形来说明函数在闭区间上连续、开区间内可导等条件,然后说明在开区间内至少存在一点,使这点处的切线平行于曲线两端点的连线,并给出该连线的斜率,再给出严格的证明。这样做会使学生对问题的理解更为深刻。另外,形象化教学还可以借助多媒体手段,在计算机上编制适当的软件以加强形象化教学的效果,这是一条很好的途径。但是,我们不可能也没有必要对所有内容都编制软件。笔者通过多年的教学实践,体会的形象化教学并不是全靠出示教具或编排电脑节目以达到应有的效果的,它的精妙之处在于教学过程中信手拈来的生动有趣的例证和寥寥几笔的图形带给学生思维上的启示和触类旁通的感悟。因此培养学生的形象思维是培养学生用数学方法创造性地解决实际问题的一个十分重要的方面。利用数学形象思维进行直观判断的方法,能迅速抓住问题的实质,发现问题的答案,它是学好高等数学的一种重要方法,也往往是许多复杂证明赖以成功的基石。徐利治教授说:"真正的懂离不开数学直观,因此数学直观力的培养非常重要。"[①]因此,大力提高学生形象思维水平十分必要。

多年的教学经验告诉我们,"数形结合"的方法对提高学生的形象思维水平极为有效,"数形结合"表现为对问题的数学逻辑表述和对问题的几何意义综合考察,前者偏于逻辑思维,后者偏于形象思维。在思维实践活动中,二者总是相互交叉,相互制约,难以截然分开。因此,在教学活动中应重视有关概念、法则与定理所反映的几何意义以及逻辑的数学语言与直观的几何表示互译的教学。用形象思维寻找问题解决的突破口,用抽象思维对思维过程进行监控与调节。

(二)抽象思维能力

抽象思维,就是指离开具体形象,运用概念、判断和推理等进行的思维。这一思维能力

① 徐利治. 徐利治论数学方法学[M]. 孙广润,校订. 济南:山东教育出版社,2001:641.

目标,要求学生能在取得感性认识材料的基础上,运用概念、判断和推理等理性认识形式对认识对象的间接的、概括的反映。抽象思维是数学思维最显著的特征之一。在高等数学教材中,大部分概念(如导数、二重积分、曲线积分、曲面积分等)在引入时,都是从实例入手,抛开实际的意义抽象得出的。教师在教学中,可以很好地利用这一点,有意识地培养学生的抽象思维能力。例如,对二重积分定义时,一般的教材都是先讨论两个具体实例。其中一个是讨论曲顶柱体的体积,另一个是讨论平面薄片的质量。尽管前者是几何量,后者是物理量,实际意义截然不同,但它们的计算方法与步骤却是相同的,排除其具体内容(非本质属性),从中抽象出相同的数学结构 $\lim\limits_{\lambda \to 0} \sum\limits_{i=1}^{n} \rho(\xi_1, \eta_1) \Delta \sigma$ 得出了二重积分的概念。教师在讲授这一概念时,可以试着让学生自己去抽象出相同的数学结构。通过多次对不同内容的分析过程,可以逐步培养和提高学生的抽象与概括能力,也使学生掌握从具体到抽象的学习原则。久而久之,学生的抽象思维能力将会得到显著的提高。

(三)辩证思维能力

辩证思维,就是客观辩证法在人们思维中的反映,它是客观事物和客观过程的内容发展的辩证法在逻辑形式中的再现。这一能力目标,要求学生在运用概念判断和推理时应具灵活性、可变性和辩证矛盾的特性。数学教育的重要目的之一在于培养学生的数学思维能力。辩证逻辑研究的是思维形式如何正确反映客观事物的运动变化、事物的内部矛盾、事物的有机联系和转化问题。辩证逻辑研究对象的这种矛盾的解决,一般都是以辩证思维方法为依据的。在数学思维中,辩证思维被认为是最活跃、最生动、最富有创造性的成分。苏联数学教育家奥加涅相认为:"真正完美的数学思维首先是辩证思维。"在数学发展史上,许多重大的数学发现过程都具有辩证的特点。很难设想,一个缺乏辩证思维的人能创立微积分。可见辩证思维对数学的研究和发展及数学学习的重要性。作为变量数学的高等数学,蕴涵着极其丰富的辩证思想。其内容的辩证性体现得非常典型和深刻,集中反映了辩证法在数学中的地位。因而它是培养学生数学辩证思维能力的最优载体。

高等数学是用全新的、变化的观点去研究现实世界的空间形式和变量关系,所以学生从学习常量数学到变量数学,在思维方法上是一个转折。突出高等数学的辩证法,有助于学生摆脱在初等数学中静态思维方式的束缚,学会用辩证法的方法分析问题,提高辩证思维的层次。例如,极限概念中"$\varepsilon - N$"定义的产生和形成过程,就带有辩证思维方法的色彩。它的主要特点是用有限量来描述和刻画无限过程及有限到无限的矛盾转化。极限概念包含着非常深刻、丰富的辩证关系,特别是变与不变、近似与精确、有限与无限等。

矛盾的对立统一观点,是辩证法的核心,它在高等数学中的表现尤为突出。例如,极限值的得出就是变化过程与变化结果的对立统一;微分和积分刻画了变量连续变化过程中局部变化与整体变化之间的对立统一;还有"离散"与"连续"、"近似"与"精确"、"均匀"与"不均匀"等,都是矛盾对立统一的具体反映。高等数学中的许多概念也是多种矛盾的统一体,如"无穷小量"有零的特征但却不是零。

高等数学的概念、原理之间既互相渗透又互相制约的特点是高等数学辩证性的又一重要特征,是事物普遍联系规律的反映。例如,定积分、重积分、线积分、面积分概念,都是从不同的具体原型抽象概括出来的,但它们之间却有着本质的联系,即都是"分割,近似代替,求和,取极限"的数学思想方法,概念的结构是类似的。又如从不定积分与定积分的概念来看,不定积分属于求原函数的问题,而定积分属于求和式极限的问题。但上限为变量的定积分,实际上就是被积函数的一个原函数,从而沟通了定积分与不定积分概念之间的联系。这种联系还体现在运算上,牛顿-莱布尼兹公式

$$\int_a^b f(x)\mathrm{d}x = F(b) - F(a)$$

就是建立定积分和不定积分关系的桥梁。它表明,要计算 $f(x)$ 在 $[a,b]$ 上的定积分,可先求出 $F(x)$ 的不定积分 $\int f(x)\mathrm{d}x = F(x) + C$,然后再计算差值 $F(b) - F(a)$ 就可得到所要求的定积分的值。在高等数学中,矛盾对立统一的观点、普遍联系的观点、否定之否定的观点以及量变到质变的辩证规律随处可见。因此,教师在数学教学中应充分挖掘这些知识间的辩证关系,努力发展学生的辩证思维,从而逐步提高其思维能力。

(四)创造性思维能力

创造性思维,就是有创建的思维,即通过思维不仅能揭示客观事物的本质及内在联系,而且能在此基础上产生新颖的、前所未有的思维成果。这一思维能力目标,是数学教育所追求的最高境界,是其他思维能力目标充分发展、突变、飞跃而达到的终极目标。要求学生能针对数学问题给出新的解决办法,或提出新的数学问题,创造新的数学理论。如学生能在复数系基础上提出新的数系,或能定义新的运算,即所谓创造性思维能力。应该指出的是,从创新的相对意义看,创造性思维是广义的,学生的数学创造性思维是"再发现"式的,主要是相对思维主体而言,具有一定的自身价值或认识意义的新颖独到的思维活动。创造性思维能力的培养可以从以下几方面进行:①培养学生的聚合思维和发散思维。聚合思维在内容上具有求同性和专注性,发散思维在内容上具有变通性和开放性,每个人的思维都有聚合性,又有发散性,发散思维和聚合思维是相辅相成的。在数学教育中,往往更强调对学生聚合思维的训练,而对发散思维的训练则较少关注。事实上,由于高等数学教材的表述侧重于聚合思维,所以教师要善于挖掘和选取数学问题中具有发散思维的素材,恰当地确定发散对象或选取发散点,以培养学生的发散思维。例如,在引入定积分概念时,教师在举出"求曲边梯形的面积"的实例,引导学生分析其"分割、近似代替、求和、取极限"的数学思想方法后,启发学生联想"液体的静压力""物体转动惯量"等问题,并思考这些问题的共性,从而抽象出数学模型,给出定积分的定义,这是一个聚合思维的过程。教师应进一步引导学生分析该思维成果,并应用它去解决类似的实际问题,以实现对学生发散思维的培养。②培养直觉思维和分析思维能力。从辩证思维的角度看,分析思维与直觉思维是相互依赖、相互促进的。任何数学问题的解决和数学知识的发现都离不开分析思维,但是分析思维也有保守的一面,即在一定程度上缺乏灵活性与创造性,而这正是不严格的直觉思维所含有的积极的一面。教学中,教师可通过出示一组相近命题,引起学生的思维冲突,激活思维兴奋状态,发展直觉思维。同时,教师应要求学生对猜想的结果进行严格论证,从而使直觉思维和分析思维和谐地发展。③培养学生的良好数学思维品质。学生的思维品质是思维发展水平的重要标志。它主要表现于思维的广阔性、深刻性、灵活性、独创性和批判性等五方面,这五方面既有各自特

点,但又互相联系、互相补充。

创新能力的培养必须以创造性人格的塑造为根本。创造,不仅包含智力因素,还包含非智力因素。非智力因素主要是指创造过程中的人格特征,创造性人格包含着创新意识、创新热情和创造意志等多种成分。过去的做法往往注重创造性思维的技巧和方法的培养,而忽视创造性人格的塑造,这是应当加以纠正的。爱因斯坦说过:"一个人智力上的成就很大程度上取决于人格的伟大,这一点往往超出人们通常的认识。"因而,创造性人格的塑造绝不是可有可无的,教学中可从以下几方面塑造学生的创造性人格。

1.激发学生的学习动机和好奇心

具有明确的学习动机和探究事物的强烈欲望,是学生进行主动深入学习的动力源泉。高数的教学目标应着眼于学生思维方法"质"的飞跃以及数学精神的培养,教师应从数学精神的培养这一高度来阐述高数学习的意义,并借此激发学生的学习动机,使学生认识到数学学习还会影响人格特征,因而,学生的学习动机也就更明确。

2.引导学生独立思考,树立批判精神

教师必须树立师生平等观念,教学强调以人为本,充分尊重人的主体价值,强化学生的主体意识。只有这样学生才能充分发挥自身的主观能动性,才有可能从事创造活动。为此,教师应根据教材内容和学生的实际水平,提出一些富有启发性的问题,例如,讲解"定积分的应用"时,先提出:①定积分的应用主要有哪些方面?②如何分析实际问题与数学知识间的联系?③如何应用数学模型解决实际问题?④对这类问题的解决有什么值得注意的因素?⑤是否有更好的改进方法?然后让学生带着问题自学,再进行讨论,教师适时加以点拨、指导。这样的课堂设计,学生主动参与教学过程,自主地分析问题和解决问题。教师应调控教学活动进程,对学生的讨论要悉加引导,合理评价学生的思维与学习,并要求学生对所学知识加以总结、提高,强调对知识的批判性吸收。批判精神应包括对科学知识的分析、评价、延伸、完善、改造等因素。最后,教师应依据学生的学习情况作概括性总结。

3.促使学生勤于和善于吸纳与加工改造知识经验

个体的创新活动,离不开前人的文化积累,因为已有的知识经验是个体进行创造的基础。个体必须不断吸收已有的知识经验,并进行整理、加工,使之融入主体的认知结构,形成主体的结构化知识,有助于促进个体的创新行为。知识经验的获得与改造离不开个体的主动的、高效率的学习。因而教师应教会学生如何学习,如何制定学习策略和学习方法。例如,常微分方程这一章,教师在引导学生的学习策略上,应强调对所学材料进行合理编码,有条理地总结归纳微分方程的类型以及各种类型的解法,根据它们的意义与内在联系形成编码系统。

4.培养学生坚忍不拔的意志品质

贝费里奇在《科学研究的艺术》一书中提到,"所有有成就的科学家都具有一种百折不挠的精神,因为大凡有价值的成就,在面临反复挫折的时候,都需要毅力和勇气"。① 因此,教师要有意识培养学生坚强的意志品质,特别是学生在学习中遇到不易理解的内容或难题时,教师应帮助学生树立自信,让学生不要轻易放弃,因为良好的意志品质是在平时的学习生活中锻炼形成的。以上四方面,在创造性人格这一统一体中是相互联系的。兴趣与爱好是创新的源泉与动力,学习与改造知识经验是创新的基础与前提,思考与批判是创新的灵魂,持之以恒的努力是创新得以成功的保证。为了开发学生的创造能力,除了塑造学生的创造性人格,培养创造性思维,还需要教给学生有关创造的思维方法。数学学习不仅是具体的数学知识的学习,而且也是数学方法的学习。学生将来未必会用到所学过的具体数学知识,而数学思想方法却会影响一个人的思维方式、认知习惯、做事原则,甚至人生态度与信仰。从这个意义上来说,数学方法的训练显得尤为重要。另外,创造性方法的基础意义还在于能够有意识地、自觉地运用合理方法洞察事物的本质属性,寻求事物的特殊规律。在教学中,通过从思想方法的分析来带动具体数学知识的传授,才可真正地做到把数学课"讲活""讲懂""讲深"。因此,教师应注重对典型例题的解析来揭示创造的一般方法,探索创造的一般过程。创新能力的培养是一种教育活动,这种活动是教育者与学习者之间积极有效的相互作用。教育者除了不断提高自身素质外,还应充分考虑学习者的气质类型、年龄特点、性别特征,把创新能力的培养落到实处。

二、培养数学思维能力的教学原则

根据笔者多年从事高等数学教学的实践和认识,认为在高等数学教学中培养学生的数学思维能力应当遵循以下几条原则。

(一)渗透性原则

首先,因为数学思维能力的培养离不开表层的数学知识,那种只重视讲授表层知识而不注重培养数学思维能力的教学是不完备的教学,它不利于学生对所学知识的真正理解和掌握,使学生的知识水平永远停留在一个初级阶段,难以提高;另外,数学思维能力的培养总是以表层知识教学为载体,若单纯强调培养数学思维能力,就会使教学流于形式,成为无源之水,无本之木,学生的数学思维能力难以得到培养和提高。其次,数学思维是一种复杂的心理现象,它体现为一种意识或观念。因此,它不是一朝一夕、一招一式可以完成的,而是要日积月累,长期渗透,才能水到渠成。再次,数学思维能力的培养主要是在具体的表层知识的教学过程中实现的。因此,要贯彻好渗透性原则,就要不断优化教学过程。比如,概念的形成过程;公式、法则、性质、定理等结论的推导过程;解题方法的思考过程;知识的小结过程等。只有优化这些教学过程,数学思维才能充分展现它的活力。取消和压缩教学的思维过程,把数学教学看作表层知识结论的教学,就会失去培养学生数学思维能力的机会。以上三方面,说明了贯彻以渗透性原则为主线的重要性、必要性和可行性。

(二)反复性原则

一般来说,数学思维的形成有一个过程,学生通过具体表层知识的学习,经过多次反复,

---

① 贝弗里奇. 科学研究的艺术[M]. 陈捷,译. 太原:北岳文艺出版社,2015:75.

在比较丰富的感性认识的基础上逐渐概括形成理性认识,然后在应用中,对形成的数学思维方法进行验证和发展,加深了理性认识。从较长的学习过程来看,学生是经过多次的反复,逐渐提高认识的层次,从低级到高级螺旋上升的。另外,数学思维的培养教学与具体表层知识教学相比,学生领会和掌握情况有着较大的差异,所以具有较大的不同步性,只有贯彻反复性原则,才能使大多数学生的数学思维能力得到培养和提高。反复性原则和渗透性原则联系在一起就是要反复地渗透,螺旋式地上升。例如,在积分定义教学中,需要反复渗透类比思维。高等数学中积分共有 7 大类:定积分、二重积分、三重积分、第一类曲线积分、第二类曲线积分、第一类曲面积分、第二类曲面积分,每类积分都有一套定义,但它们之间却有着十分密切的联系,并且有许多共性,比如说这 7 类积分概念的引入过程都是经过"引例(通常就是几何、物理意义)—定义—性质—运算"四个步骤,同时它们积分定义也大致相同,都是按照"分割、近似求和、取极限"三个步骤下定义的,在讲其他类型的积分(本体)时,可用定积分概念(喻体)相类比的方法启发学生自己给出定义,即首先由教师指出其他积分与定积分类似,然后可引导学生类比定积分的定义来定义其他积分。这就教给了学生如何去找类比的已知概念(喻体),又如何通过类比给出新概念(本体)的定义,使学生较好地掌握了概念的本质。培养一种数学思维要通过教学内容的多次反复,一般由孕育阶段、形成阶段和加深应用阶段组成。

(三)系统性原则

数学思维能力的培养与表层知识教学一样,只有成为系统,建立起自己的结构,才能充分发挥它的整体效能。当前在数学思维能力培养中,一些教师的随意性较强,在某个表层知识教学中,突出培养某种数学思维,往往比较随意,缺乏系统性和科学性,尽管数学思维培养的系统性不如具体的数学表层知识那么严密,但进行系统性研究,掌握它们的内在结构,制定各阶段教学的目的要求,提高教学的科学性,还是十分必要的。要进行数学思维培养的系统研究,需要从两方面入手,一方面挖掘每个具体数学表层知识教学中可以进行哪些数学思维的培养,另一方面研究一些重要的数学思维可以在哪些表层知识教学中进行渗透,从而在纵横两方面整理出数学思维能力培养的教学系统。下面试分析归纳思维能力培养在高等数学教学中大致的系统,首先,在讲授完某一教学内容时可进行局部归纳。例如,教师在讲完极限概念后可进行归纳:对于自变量的变化趋势不外乎 $x \to x_0$(有限)与 $x \to \infty$(无限)两种情形,若细分又可分为 $x \to x_0^+$、$x \to x_0^-$ 及 $x \to +\infty$、$x \to -\infty$,特别地,当 x 取自然数时即是数列的极限当 $n \to \infty$ 时的情形。这样,通过对自变量的变化趋势进行归纳,使学生明白了自变量的变化趋势 $x \to x_0$。这是从"薄"到"厚"(细分为 5 种情形)的变化过程。例如,教师在讲授完极限一章后可把本章内容归结为:5 个定义、4 种关系、3 个性质、两种运算、两个准则、两个极限。其次,在讲授完同一类型知识后可进行横向归纳。例如,就函数的导数而言,有一元函数的导数、多元函数的偏导数及方向导数 3 种,它们在本质上都是函数的变化率问题,都是增量比的极限,但也有区别:前二者为双侧极限,方向导数为单侧极限。通过这样简单的对比归纳,可以使学生深刻理解概念的实质。最后,对相互关联的教学内容可进行纵向归纳,例如,《高等数学》教学内容中的"向量代数与空间解析几何"这部分内容是多元函数微积分的基础,学生在学习时比较容易理解,但却不能深入其中,以至于在学习方向导数与两类线（面）积分的关系及第二型线（面）积分的计算时不得要领。因此,教师在讲授前面的知识点时要为后面的教学内容作好铺垫,指导学生在学习后面的知识点时要与前面的教学内容紧密结合,使前后教学内容相互衔接,达到融会贯通。

（四）确定性原则

数学思维能力的培养,在贯彻渗透性、反复性和系统性原则的同时,还要注意到确定性原则,只是长期、反复、不明确的渗透,将会影响学生从感性认识到理性认识的飞跃,妨碍学生有意识地去培养数学思维能力。渗透性和明确性是数学思维能力培养的辩证统一的两个方面,因此,在反复渗透的过程中,利用适当机会,对某种数学思维进行概括、强化和提高,对它的内容、名称、规律以及运用方法明确化,应当是数学思维培养教学的又一个原则。当然,贯彻明确化原则势必在数学表层知识教学中进行,处理不好会干扰基础知识的教学,我们应当在整个教学过程中,有计划、有步骤地进行尤其可以在章节小结中去完成明确化的任务。另外,明确化也要做到适度,要针对教材的内容和学生的实际,有一个从浅到深,从不全面到较全面的过程。

第三节　努力培养学生良好的思维品质

一、培养思维的灵活性

思维的灵活性是指思维活动的灵活程度,主要表现为具有超脱出习惯处理方法界限的能力,即一旦所给条件发生变化,便能改变先前的思维途径,找到新的解决问题的方法。学生思维的灵活性主要表现为随新的条件而迅速确定解题方向;表现为从一种解题途径转向另一种途径的灵巧性,也表现为从已知数学关系中看出新的数学关系,从隐蔽的形式中分清实质的能力。

思维灵活性的反面是思维的呆板性,或称心理惰性。知识和经验经常被人们按着一定的、个人习惯的"现成途径"反复认识,从而产生了一种先入之见,思维倾向于某种具体的方式和方法,使人在解题过程中总是遵循业已知的规则系统 —— 即思维的呆板性。思维的呆板性是发明和创造性活动的极大障碍。思维的呆板性是部分学生思维的特点,表现为片面强调解题模式,缺少应变能力。

当然,许多学生固有的思维的呆板性也有好的一面,即在解同一类型问题时,他们可不必重新安排解题程序。教师的主要任务是帮助学生克服"呆板性"的消极的一面,及时地让他们了解新的情况下新的解题途径。

（一）启发学生多角度思考问题,培养思维的灵活性

在教学过程中,可以用多种方法从各个不同角度和不同途径去寻求问题的答案,用一题多解来培养学生思维过程的灵活性。一题多解可以拓宽思路,增强知识间的联系,使学生学会多角度思考解题的方法以及灵活的思维方式。

(二) 运用开放型习题，培养思维的灵活性

开放型习题由于没有现成的解题模式，解题时往往需要学生从不同角度进行思考和探索，尽可能多地探究寻找有关结论，并进行求解。开放型题目的引入，主要是为了引导学生从不同角度来思考，应该要求学生不仅仅要思考条件本身，而且要思考条件之间的关系，要根据条件运用各种综合变换手段来处理信息、探索结论，这样才有利于学生思维灵活性的培养，也有利于培养他们孜孜不倦的钻研精神和创造力。

(三) 通过一题多变，培养思维的灵活性

一题多变是题目结构的变式，指变换题目的条件或结论。变换题目的形式，而题目的实质不变，以便从不同角度、不同方面揭示题目的实质。用这种方式进行教学，能使学生随时根据变化的情况积极思索，迅速想出解决的办法，这样可以提高学生举一反三、触类旁通的能力，从而防止和消除思维的呆板和僵化，培养思维的灵活性。

二、培养思维的广阔性

思维的广阔性是指思路宽广，善于多角度、多层次地进行探求。在数学学习中，思维的广阔性表现为既能把握数学问题的整体，抓住它的基本特征，又能抓住重要的细节和特殊因素，放开思路进行思考。思维广阔性的反面是思维的狭隘性，学生正是由于存在这种狭隘性，常常跳不出条条框框的束缚，造成解决问题的困难或发生错误。

思维的广阔性还表现在不但能研究问题本身，而且还能研究其他有关的问题。教师可以从某些熟知的数学问题出发，提出若干富于探索性的新问题，让学生凭借他们已有的知识和技能，去探索数学的内在规律性，从而获得新的知识和技能，并扩大视野。

数学教学中教师应鼓励学生广泛联想，放开思考，扩散思维，寻找多种解决问题的方法，训练学生的发散思维，培养学生思维的广阔性。

三、培养思维的深刻性

思维的深刻性常被称为分清实质的能力。这种能力表现为：能洞察所研究的每一个事实的实质及其相互关系；能从所研究的材料（已知条件、解法及结果）中揭示被掩盖着的某些个别特殊情况；能组合各种具体模式。思维的深刻性的反面是思维的肤浅性，其经常表现为对概念的不求甚解；对定理、公式、法则不考虑它们为什么成立和在什么条件下成立；做练习时，对题型，套公式，不去领会解题方法的实质。数学教学中教师应抓住概念、公式、定理及问题解决的教学来培养学生思维的深刻性。

(一) 进行数形结合的训练，培养思维的深刻性

数学的研究对象是客观事物的数量关系和空间形式。数缺形时欠直观，形缺数时难入微。数与形是客观事物不可分割的两个数学表象，它们各有自己特定的含义。在数学问题解决的教学中，特别是在解代数问题和几何问题时，教师要引导学生挖掘数与形的内在联系，并将它们相互转化，从而培养学生思维的深刻性。

（二）运用不定型开放题，培养思维的深刻性

不定型开放题，所给条件包含答案不唯一的因素，在解题的过程中，必须利用已有的知识，结合有关条件，从不同的角度对问题作全面分析，正确判断，得出结论，从而培养学生思维的深刻性。

四、培养思维的敏捷性

思维的敏捷性是指思维过程中的简缩性和快速性。具有这一思维品质的学生能缩短运算环节和推理过程，"直接"得出结果。运算过程或推理过程的缩短，表面看来好像没有经过完整的推理，其实它还是有一个完整的过程的。

研究表明，推理的缩短取决于概括，能立即进行概括的学生，也能立即进行推理的缩短。教师可以通过引导学生练习，提高学生思维的概括性，从而提高思维的敏捷性。另外，数学教学中教师还可以有意识地选择一些用顺向思维的方法难以解决或解法烦琐，而用逆向思维的方法却能迅速解决的问题来启迪学生的思维，从而培养学生思维的敏捷性。

五、培养思维的独创性

思维的独创性是指思维活动的创造性精神，是在新颖独特地解决问题中表现出来的思维品质。这里的"独创"，不只是看创造的结果，还要看思维活动是否有创造性态度。学生能独立地、自觉地掌握数学概念，发现定理的证明，发现老师课堂上讲过的例题的新颖解法等，这些都是思维独创性的具体表现。

思维独创性的反面是思维的保守性，它的主要表现是思维受条条框框的限制，落入俗套而受其束缚，从而产生思维的惰性。消除学生思维保守性的方法是在加强基础知识学习和基本技能训练的前提下，提倡让学生独立思考，从分析问题的特点出发，去探求新颖独到的解题方法。

（一）通过一题多解培养思维的独创性

一题多解能开拓学生的思维，提高学生的应变能力。一题多解要求学生的思维方法要注重新颖独特，要不循常规，不拘常法，寻求变异。因此一题多解能克服思维定势的消极作用，有利于培养学生思维的独创性。

（二）进行发散思维的训练，培养思维的独创性

发散思维又叫求异思维，它打破了常规的思维模式。进行发散思维训练，能逐渐打破狭窄思维体系的封闭性。好题巧思妙解能培养学生的思维能力，提高解题速度。在解题教学中，要求学生不要只满足于一种解法，应多多联想寻找更多解法，并比较哪种解法最优。因此，数学教学中一定要以教师为主导，以学生为主体，给学生以思维的时空，让学生充分暴露和展示思维过程，鼓励学生标新立异，发表独特见解。只要有新思想、新见解、新设想、新方法，都可以认为具有思维的创新性。

六、培养思维的批判性

思维的批判性,就是指思维活动中善于严格地估计思维材料和精细地检查思维过程的智力品质,它是思维过程中自我意识作用的结果。思维的批判性表现为:有能力评价解题思路选择得是否正确以及评价这种思路必然导致的结果;愿意检验已经得到的或正在得到的粗略结果,以及对归纳、分析和直觉的推理过程进行检验;善于找出和改正自己的错误,重新计算和思考,找出问题所在;不迷信老师和课本,有分析地接受老师讲的内容,凡事都要经过自己的头脑去思考,然后再做出判断。

(一)培养学生的质疑精神

数学教学中要鼓励学生敢于大胆质疑,敢于发表自己的观点和看法,而不是"人云亦云"。数学史上有许多这样的例子。如,罗巴切夫斯基否定欧氏第五公式,创立了非欧几何。再如:一个三棱锥和一个四棱锥,棱长都相等,将它们的一个侧面重合后,还有几个暴露的面? 这是美国1982年有83万人参加的大中学生数学竞赛的一道试题。命题专家和绝大多数的考生都认为正确的答案是7个面,但是佛罗里达州的一名考生丹尼尔的答案是5个面,他的结果立即被评卷委员会否定。然而丹尼尔并没有被权威压倒。他坚持自己的信念,自己做了一个模型以印证其结果的正确性,并给出了证明。最后,有关数学专家不得不承认他是正确的。这个学生敢于挑战权威的优良品质受到人们的一致称赞,他的这种锲而不舍的质疑精神值得在学生中大力提倡。我们在数学教学中要重视学生思维批判性的培养,要给学生创设尽可能宽松的学习氛围,让学生有勇气、有机会提出自己的不同意见,从而培养他们的质疑精神。

(二)提高学生的识别能力

许多数学题目,潜存着具有决定性影响的隐含条件,这种条件只有经过深入的分析才能发现,对隐含条件的挖掘是培养学生思维品质的重要途径。教师应引导学生在辨析的过程中,把握问题的本质,挖掘题目中的隐含条件,从而提高识别的能力。学生的学习过程,其实就是不断辨析和更新自己头脑中知识结构的本质的过程,而且这样教学比正面讲授效果要好得多,潜移默化中就能培养学生思维的批判性。

(三)提高学生的自我评价能力

一堂好课,不在于学生没有错误,而在于教师要确立学生的课堂主体地位,这就要求教师要善于抓住时机启迪学生思维,纠正概念上的理解错误并且纠正习题上的解题错误,从而纠正学生自己头脑中知识结构上的错误。在纠错过程中,教师不能越俎代庖,而是引导学生自我纠错,自我寻找致错根源。因此,要提高学生的自我评价能力,必须充分发挥学生的主体地位。

(四)培养学生反驳问题的能力

对于一些似是而非的问题,培养学生从反驳的角度来考虑就不失为一个很好的办法。反驳是数学创造性思维、批判性思维的重要组成部分。要培养学生的反驳能力,构造反例无疑是一种很好的方法,因为反例在数学发展中和证明中一样占有重要的地位,是否定谬误的有力武器。正如教育心理学指出:"概念或规则的正例,传递了最有利于概括的信息;反例则传递了最有利于辨别的信息。"

总之,学生思维品质的各方面的培养是一个有机的整体,它们是彼此联系,相互渗透,不可分割的。培养学生良好的思维品质是一项艰巨而复杂的任务,不可能立竿见影,一蹴而就。在平时的数学教学中,教师应充分利用不同题型和不同方法,培养学生的思维品质。同时,要真正有效地提高学生的思维品质,教师在教学中还要通过积极的教育和引导,培养学生坚毅顽强的钻研力、对比筛选的分析能力、专注持久的注意力、丰富大胆的想象力以及破旧立新的创造力等。注意从基础抓起,着重发展学生的形象思维能力和逻辑思维能力。教师要不断地更新教学观念,改进教学方法,优化教学过程,创设思维情境,加强思维训练,积极摸索规律,认真总结经验。

第四节　培养学生数学思维能力的教学策略

高校学生数学思维能力的培养是教育学、心理学中一个十分重要的问题,受到了许多有识之士的极大重视。同时,培养并发展学生的数学思维能力是数学教育的智育目标中最根本的任务。我们应分析和探讨学生数学学习中数学思维的心理学基础,弄清数学思维的心理根源,把握它的心理本质,从而努力提高学生的思维水平。这是因为,随着知识经济社会的来临,个人的思维能力、创新能力在个人发展、社会发展中的作用越来越重要。当今社会变化越来越快,经济发展的趋势从产业经济向知识经济转化,制造业的工作人员数量在不断减少,而对新类型的工作人员需求却在不断增加。这种新类型的工作人员称作"知识工人"或"符号分析员"。他们必须具备较高的思维素质,操纵复杂的观念与符号,有效地获取和分析信息,并保持足够的灵活性以适应不断变化的环境和终身学习的需要。对于一个国家来说,大量有知识会思考的公民是最有价值的财富。对于个人而言,较高的思维素质是获得好的工作职位和高收入的保证。但令人遗憾的是,高校学生的思维能力培养在教学过程中并没有受到应有的重视,许多教师只重视知识的传授,采取"满堂灌"的方式进行教学。即使在教学中重视培养思维能力,也往往只是知识内容教学中的"副产品"。因此,高等数学教学中教师应重视学生思维能力的培养,努力发展学生的思维能力。

一、培养学生的自学能力,发展数学思维能力

自 20 世纪 50 年代中期以来,数学家华罗庚在著文和演说中多次倡导"要学会自学""要学会读书",他认为学生"在校学习期间,学会读书与学得必要的专业知识是同等重要的。学会读书不但要保证我们在校学习好,而且保证我们将来永远不断提高"。他又指出:"任何一人如果养成自修的习惯,都是终身受用不尽的。"由此可见,培养学生自学能力的重要性。所谓自学,首先体现在独立阅读上,它的效率就反映在阅读技能与学生个人在这方面的个性心理特征上;其次,自学是一个数学认识过程,有感知、记忆、思维等,所以它包括各种数学能力;再次,这个独立的数学认识过程,很大程度脱离了教师的组织、督促与调控,需要学生自己进行组织、制订计划(包括进度)、做出估计、判断正误、评价效果(自我检查)、进行控制(自

我监督)、自我调节等,这方面能力就是元认知能力;最后,在自学过程中,对需要独立阅读的内容进行概括和整理,弄清知识的来龙去脉、重点关键,并抓住数学思考方法,进而能提出问题、分析问题、解决问题,大胆对阅读材料提出疑问,甚至提出存在的问题及不当之处等,它反映的是独立思考能力(包括批判能力),这种能力无疑更接近于创造能力。

21世纪是一个知识更新极快的时代,在学校学习到的知识并不能使学生自如地应对将来新知识的挑战,所以自学能力的培养和提高是教育的一个重要环节。在高等教育阶段,培养学生独立地发现问题、思考问题和解决问题的能力,是一项十分艰巨的任务。在数学教学中培养自学能力,可以促使学生由"学会"变为"会学"再到"会用",最后到"会创造",是对学生终身能力的培养。教师在数学教学中可采用以下方式提高学生的自学能力。

(一) 做好预习

由教材入手,课前预习。弄清将要讲的内容,哪些清楚,哪些不明白,不明白的地方在老师讲的时候重点听,这样才有针对性,效果才会好。坚持不懈搞好课前预习,有助于自学能力的提高。

(二) 作业独立完成

作业是对课堂教学的复习、再现和消化吸收,学生只有在理解知识的前提下,独立思考完成作业,才能使知识得到巩固、补充和提高,将书本知识变为自己的知识,若解题遇到困难,学会查阅资料,学会从不同角度考虑问题,这样才能锻炼自己的独立思考能力,自学能力也自然得到提高。

例如,求极限 $\lim\limits_{n\to\infty}\dfrac{1^p+2^p+\cdots+n^p}{n^{p+1}}(p>0)$,可先将它转化为 $\lim\limits_{n\to\infty}\sum\limits_{k=1}^{n}\dfrac{1}{n}\left(\dfrac{k}{n}\right)^p$,因为 x^p 在 $[0,1]$ 上连续,所以它在 $[0,1]$ 上的定积分存在,将 $[0,1]$ n 等分,取 $\xi_i(i=1,2,\cdots,n)$ 为小区间的右端点,作积分和得 $\lim\limits_{n\to\infty}\sum\limits_{k=1}^{n}\dfrac{1}{n}\left(\dfrac{k}{n}\right)^p=\int_0^1 x^p\mathrm{d}x=\dfrac{1}{1+p}$。此例将求极限的问题转化为定积分的问题,是问题的解决简化。

(三) 形成完整的知识体系

教学生学会对比、分类、归纳、总结,帮助学生形成完整的知识体系,并掌握其规律,将有助于学生自学能力的提高。

如教师可启发引导学生由:

$$\int_0^1 f(x)\mathrm{d}x=\lim_{\lambda\to 0}\sum_{i=1}^{n}f(\xi_i)\Delta x_i$$

通过类比,得

$$\iint\limits_{D}f(x)\mathrm{d}\sigma=\lim_{\lambda\to 0}\sum_{i=1}^{n}f(\xi_i,\eta_i)\Delta\sigma_i$$

再进一步,得

$$\iiint\limits_{v}f(x,y,z)\mathrm{d}v=\lim_{\lambda\to 0}\sum_{i=1}^{n}f(\xi_i,\eta_i,\gamma_i)\Delta v_i$$

并挖掘其中的基本数学思想:"分割 — 近似代替 — 求和 — 取极限"。

(四)一题多解

解题尽可能一题多解,从不同的角度考察各知识点的联系和运用。教师应注意汇集,选择典型例题、习题加强训练,以形成学生多向联系的知识网络,从而有助于他们自学能力的提高。

二、充分利用课堂教学,发展数学思维能力

数学知识是数学思维活动升华的结果,整个数学教学过程就是数学思维活动的过程。因此,课堂教学作为学校教学的基本形式,在各种教学环节中始终占据主导地位,有着不可忽视的优点和作用。为了发挥课堂教学在发展大学生思维能力方面的作用,教师要深入钻研教材内容,运用最优化的教学方法,理论联系实际,不断提高课堂教学的效果。具体来说,从以下几方面去做。

(一)应使学生对数学思维本身的内容有明确的认识

长期以来,在数学教学中过分地强调逻辑思维,特别是演绎逻辑,从而也就导致了数学教育仅赋予学生以"再现性的思维""总结性思维"的严重弊病。因此,为了发展学生的创造性思维,必须冲破传统数学教学中把数学思维单纯地理解成逻辑思维的旧观念,应把直觉、想象、顿悟等非逻辑思维也作为数学思维的组成部分。只有这样,数学教育才能不仅赋予学生以"再现性思维",更重要的是还给学生赋予了"再造性思维"。这里应该注意,为了不使学生对"再造性思维"望而生畏,教师应明确地指出:不只是那些大的发明或创造才需要创造性思维,而在用数学解决实际问题及证明数学定理时,凡是简捷的过程、巧妙的方法等都属于创造性思维的范畴。

(二)通过概念教学培养数学思维能力

数学概念的教学,首先是认识概念引入的必要性,创设思维情境及对感性材料进行分析、抽象、概括。比如,如果教师能结合有关数学史谈其必要性,将是培养学生创造性思维的大好时机。比如,为什么要学习定积分,引入定积分概念的办法为什么是这样,这样做的合理性是什么,又是如何想出来的,等等。也就是该数学概念教学的任务,不仅要解决"是什么"的问题,而且更重要的是解决"是怎样想到的"问题,以及有了这个概念之后,又如何建立和发展理论的问题。也就是首先要将概念的来龙去脉和历史背景讲清楚。

其次,就是对概念的理解过程,这是一个复杂的数学思维活动过程。理解概念是更高层次的认识,是对新知识的加工,也是对旧的思维系统的应用,同时又是使新的思维系统建立和调整的过程。

为了使学生正确而有效地理解数学概念,教师在创设思维情境,激发学生学习动机和兴趣以后,还要进一步引导学生对概念的定义结构进行分析,明确概念的内涵和外延,在此基础上继续启发学生归纳概括出一些基本性质及应用范围等。

例如,在讲授定积分的概念时,教师可以先在黑板上画出几个规则图形(如三角形、平行四边形、矩形等),让学生回答这些图形面积的计算公式;然后教师画出一个不规则图形(类

似中国地图的图形),同样让学生思考这个图形面积的计算办法。这时,学生一般都回答不出来,教师可适时地引导学生将不规则图形分割成曲边梯形,最后的问题就归纳为如何求曲边梯形的面积。对于求曲边梯形的面积,教师引导学生通过"分割""近似代替""求和""取极限"四个步骤来解决。然后再给学生讲授变速直线运动的路程的计算问题。通过对两者计算方法与步骤的比较,启发引导学生归结出具有相同结构的一种特定和式的极限,从而抽象概括出定积分的定义,并在此基础上学习定积分的性质、计算方法及应用。总之,在数学概念的形成过程中,既要培养学生创造性思维能力,又要使他们学到科学的研究方法。

最后还应指出,概念教学的主要目的之一在于应用概念解决问题。因此,教师还应阐明数学概念及其特性在实践中的应用。例如,用指数函数表示物质的衰变特征,用三角函数表示事物的周期运动特征等。从应用概念的角度来看,教学中不应只局限于获得概念的共同本质特征和引入概念的定义,还要学会将客体纳入概念的本领,即掌握判断客体是否隶属于概念的能力。教育心理学研究表明,从应用抽象概念向具体的实际情境过渡时,学生一般将会遇到较大困难。因为这时既要用到抽象的逻辑思维,更要借助形象的非逻辑思维。

综上所述,数学概念的教学,从引入、理解、深化、应用等各个阶段都伴随着重要的创造性思维活动过程,因而都能达到培养学生数学思维的目的。

(三)通过数学定理的证明培养数学思维能力

数学定理的证明过程就是寻求、发现和做出证明的思维过程。它几乎动用了思维系统中的各个部分,因而是一个错综复杂的思维过程。一方面,数学定理、公式反映了数学对象的属性之间的关系。关于这些关系的认识,要尽量创造条件,从感性认识和学生的已有知识入手,以调动学生学习定理、公式的积极性,让学生了解定理、公式的形成过程,并设法使学生体会到寻求真理的兴趣和喜悦。另一方面,定理一般是在观察的基础上,通过分析、比较、归纳、类比、想象、概括、抽象而成。这是一个思考、估计、猜想的思维过程。因此,定理结论的"发现",最好由教师引导学生独立完成,这样既有利于学生创造性思维的训练,也有利于学生分清定理的条件和结论,从而对进一步做出严格的论证奠定心理基础。

定理和公式的证明是数学教学的重点,因为它承担着双重任务:一是它的证明方法一般具有典型性,学生掌握了这些具有代表性的方法后可以达到"举一反三"的目的;二是通过定理的证明可以发展学生的创造性思维。

在数学教学中还要注意使学生真正掌握知识的内在联系,这也是人的认识由感性上升到理性的一个重要方面,数学的每一个定理、公式、法则实质上都揭示了某一种内在联系。

总之,一个命题展现在学生面前,首先应该使学生从整体上把握它的全貌,凭直觉预测其真假性,在建立初步确信感的基础上,再通过积极的思维活动从认识结构里提取有关的信息、思路和方法,最后再给出严格的逻辑证明。

(四)讲授知识的同时抓住知识之间的联系

思维是以知识为基础的,如果只是传授知识,而不注意它们之间的联系,所学的知识就像一盘散沙,杂乱无章。为使所学的知识结构化和系统化,思和学必须紧密结合,"学而不思则罔,思而不学则殆"。为此,在传授知识的同时,必须紧紧抓住知识之间的联系,对学生进行思维训练,使他们做到能将所学知识在运用中举一反三。如《高等数学》中,极限是整个高等数学大厦的基石。连续、导数、定积分、偏导数、重积分、曲线积分、曲面积分和无穷级数等,均建立在极限定义的基础之上。教师在讲授这些知识的时候,应注意引导学生抓住知识之间的内在联系,从而使学生所学知识结构化和系统化,将有助于培养他们的数学思维能力。

(五)授课语言要求严密准确

思维是有意识的头脑对客观世界的反映,且思维过程是不可见的,但思维的过程、结果是可以用语言等手段,予以间接的显示。可以说,语言是思想的直接实现,思维的实际性表现在语言之中。无论是人类思维的产生,还是人类思维活动的实现以及思维成果的表达都离不开语言。在抽象思维中,概念离不开词语,判断离不开句子,推理离不开词句。

课堂教学中的信息传递主要通过语言。准确、严密地运用课堂语言是完成课堂教学任务的决定因素,对培养、开发和发展大学生的数学思维能力也大有好处。教师的讲述、学生的回答问题,都应具有完整性、条理性和严密性,不能挂一漏万,捉襟见肘。数学的概念来源于经验,是通过人们的思维加以抽象而得到的,是现实世界中空间形式和数量关系及其特有的属性在思维中的反映。理解并牢固掌握数学概念,是学好高等数学的基础,也是提高分析问题和解决问题能力的前提。

三、培养学生的创造性思维,发展数学思维能力

创造性思维是指人们对事物之间的联系进行前所未有的思考并产生有创见的思维。创造性思维不仅是深刻揭示事物的本质和规律的主要思维形式,而且能够产生出独特的、新颖的思想和结果。数学创造性思维,是一种十分复杂的心理和智能活动,需要有创见的设想和理智的判断。在高等数学教学中,可以从以下五方面着手,培养学生的创造性思维。

(一)引导学生提出问题和发现问题

提出问题和发现问题是一个重要的思维环节。爱因斯坦说:"提出一个问题往往比解决一个问题更重要。"科学发现过程中的第一个重要环节是发现问题。因此,引导和鼓励学生提出问题和发现问题是很有意义的。即使经过检验发现这个问题是错误的,但对学生思维的训练也是有益的。

在高等数学教学中,教师要抓住适当的时机主动引导、启发学生提出问题。如讲柯西中值定理的证明前,引导学生通过观察式子式 $\frac{f(b)-f(a)}{f(b)-f(a)}=\frac{f(\xi)}{g(\xi)}(a<\xi<b)$ 提出问题,能否用拉格朗日中值定理来证明柯西中值定理? 经过学生的探索,发现由拉格朗日中值定理得到的结果:

$$f(b)-f(a)=f(\xi_i)(b-a) \text{ 和 } g(b)-g(a)=g(\xi_2)(b-a)$$

式中的 ξ_i 和 ξ_2 不一定相等,因此,这种证明是行不通的,然后再引导学生利用罗尔定理证明柯西中值定理。提出问题和解决问题,不仅加深了学生对拉格朗日中值定理和罗尔定理的认识(定理中的 ξ 是客观存在的,不是任意取定的),而且启发学生要善于从不同的方向思考问题。

(二) 采用启发式的教学方式

培养创造性思维的核心是启发学生积极思维,引导学生主动获取知识,培养分析问题和解决问题的能力。对于数学中的问题或习题,主要引导他们如何去想,从哪方面去想,从哪方面入手,怎样解决问题。如问题:若方程 $a_0 x^n + a_1 x^{n-1} + \cdots a_{n-1} x = 0$ 有一正根 x_0,证明方程 $a_0 x^n + a_1 x^{n-1} + \cdots a_{n-1} x = 0$ 必有一个小于 x_0 的正根。在讲解该问题时可以给学生设计这样几个问题:① 证明根的存在性,学过哪几种方法? ② 每种方法的条件、结论各是什么? ③ 各方法的区别是什么? ④ 本题应该用哪种方法? ⑤ 类似的题目应该怎样考虑? ⑥ 是否可以判断根的唯一性?

通过这样的提问、讨论,学生不仅会证明这道题,而且类似的问题也会解了,起到了举一反三、事半功倍的作用。

(三) 鼓励学生大胆猜想

乔治·波利亚在《数学的发现》一书中曾指出:"在你证明一个数学定理之前,你必须猜想出这个定理,在你搞清楚证明细节之前,你必须猜想出证明的主导思想。"[①] 猜想,是一种领悟事物内部联系的直觉思维,常常是证明与计算的先导,猜想的东西不一定是真实的,其真实性最后还要靠逻辑或实践来验证,但它却蕴含着极大的创造性。在高等数学教学中,要鼓励学生大胆猜想,从简单的、直观的、特殊的结论入手,根据数形对应关系或已有的知识,进行主观猜测或判断,或者将简单的结果进行延伸、扩充,从而得出一般性的结论。比如,在解决 $f(x) = \cos 2x$,求 $f^{(n)}(x)$ 这个题目时,教师可让学生先求出 $f^1(x), f^2(x), f^3(x)$,然后引导他们猜想 $f^{(n)}(x)$,格林公式是用平面的曲线积分表示二重积分,在此基础上,可以引导学生猜想能否用空间的曲线积分来表示曲面积分呢? 这种猜想促使了高斯公式和斯托克斯公式的产生。因此,鼓励学生进行大胆的猜想,对于创造性思维的产生和发展有极大的作用。

(四) 训练学生的发散思维

发散思维是根据已知信息寻求一个问题多种解决方案的思维方式,不墨守成规,沿多方向思考,然后从多个方面提出新假设或寻求各种可能的正确答案。发散思维是创造性思维的主导成分。因此,在高等数学教学中,应采用各种方式对学生进行发散性思维能力的培养。比如,教师在讲课时对同一问题可用不同的方法进行多方位讲解或给出不同解法。在对知识总结时,可以从不同的角度进行总结概括。如一题多解就是典型的发散思维的应用,例如,求极限:

$$\lim_{x \to 0} \frac{1 - \cos x^2}{5x^3 \sin x}$$

用三角公式变形、用洛必达法则、用无穷小量的代换、用泰勒公式等方法都可以解决。

---

① 波利亚. 数学的发现:对解题的理解、研究的讲授[M]. 第 2 卷. 呼和浩特:内蒙古人民出版社,1981:42.

又如证明不等式 $\dfrac{x}{1-x} \leqslant \ln(1+x) \leqslant x(x \geqslant 0)$，运用函数的单调性、中值定理以及泰勒公式等方法都能加以证明。总之，发散性思维在高等数学中不断呈现，只要注意汇集、选择典型例题习题加强训练，不但能形成学生多向联系的知识网络，有助于融会贯通，而且对培养学生的创造性思维大有裨益。

（五）充分利用逆向思维

逆向思维是相对于习惯思维的另一种思维方式，它的基本特点是：从已有思路的反方向去思考问题。顺推不行，考虑逆推；直接解决不行，想办法间接解决；正命题研究过后，研究逆命题；探讨可能性发生困难时，考虑探讨不可能性。它有利于克服思维习惯的保守性，往往能产生某些意想不到的效果，促进学生数学创造性的发展。培养学生的逆向思维可从以下几方面去做：第一，注意阐述定义的可逆性；第二，注意公式的逆用，逆用公式和顺用公式同等重要；第三，对问题常规提法与推断进行反方向思考；第四，注意解题中的可逆性原则，如解题时正面分析受阻，可逆向思考。

例如：设 $f(x)$ 是以 T 为周期的连续函数，证明 $\displaystyle\int_a^{a+T} f(x)\mathrm{d}x$ 的值与 a 无关。

分析：常规方法是利用定积分的换元法证明：

$$\int_a^{a+T} f(x)\mathrm{d}x = \int_0^T f(x)\mathrm{d}x$$

如果换一个角度考虑，要证 $\displaystyle\int_a^{a+T} f(x)\mathrm{d}x$ 与 a 无关，只需证 $F(a) = \displaystyle\int_a^{a+T} f(x)\mathrm{d}x$ 是关于 a 的常函数。进而转化为证明 $F'(a) = 0$ 即可。事实上，$F'(a) = f(a+T) - f(a) = 0$。

四、培养数学元认知能力，发展数学思维能力

在众多的元认知定义中，以元认知研究的开创者 Flavell 所作的界定最具代表性。1976年，他将元认知表述为"个人关于自己的认知过程及结果或其他相关事情的知识"，以及"为完成某一具体目标或任务，依据认知对象对认知过程进行主动的监测以及连续的调节和协调。1981 年，他对元认知作了更简练的概括：元认知即"反映或调节认知活动的任一方面的知识或认知活动"。可见，元认知这一概念包含两方面的内容，一是有关认知的知识，二是对认知的控制与调节。也就是说，一方面，元认知是一个知识实体，它包含关于静态的认知能力、动态的认知活动等知识；另一方面，元认知也是一种过程，即对当前认知活动的意识过程、控制与调节过程。作为"关于认知的认知"，元认知在认知活动中起着重要作用。

数学元认知能力，就是学生在数学学习中，对数学认知过程的自我意识、自我监控的能力，它以数学元认知知识和元认知体验为基础，并在对数学认知过程的评价、控制和调节中显示出来，就其功能而言，它对数学认知过程起指导、支配、决策、监控的作用。

高职阶段的数学教学更强调理解、领会教材，强调独立思考，强调自我管理。高职院校数学课程的主要内容是高等数学，高等数学中的问题解决可以说是创造性的数学思维活动，与其他较低级的心理活动相比，高等数学问题解决更需要元认知的统摄、调节和监控。因此，在高等数学教学中培养学生的数学元认知能力，对提高学生的数学学习成绩，优化学生

的思维品质乃至对学生综合素质的提升都具有重要作用。

教师在数学教学中应充分尊重学生学习的主体地位,采用科学的教学方法,有目的、有计划地对学生进行元认知的培养和训练。首先,教师应该丰富学生的元认知知识,教给学生元认知策略。其次,教师要加强元认知操作的指导,加强学生的自我计划、自我控制,自我评价能力。此外,教师应培养学生的数学反思能力和概括总结等习惯。

五、培养积极的数学态度,发展数学思维能力

高等数学教学不仅是数学知识的教学,还应包括对数学的精神、思想和方法的学习与领悟、数学思维方式的形成、对数学的美学欣赏、对数学的好恶以及对数学产生的文化价值的认识。这都与加涅学习结果中的态度有关。态度是指影响个体行为选择的心理状态。积极而正确的数学态度有利于学生思维技能的形成,有利于数学思维能力的培养。

(一)数学态度包含的内容

1.对数学学科的认识

对数学学科的认识,也可称作数学观或数学信念。当我们向曾经学习过数学的人提出"什么是数学"时,他的回答就代表他的数学观。大学生对数学学科的认识一般停留在"数学就是逻辑、数学就是计算与推理、数学是思维的体操、数学是一种工具、数学就是一大堆定理和公式、数学就是解题等"这个层次,教师应通过高等数学的教学,让他们对数学学科的认识上升到"数学是一种科学的语言、数学是一种精神思想、数学是一种理性艺术、数学是一种文化"这样的更高层次。

2.对数学美的欣赏以及对数学中的辩证思想的感受与认识

如对数学的简洁美、和谐美、统一美、奇异美的认识;对高等数学中的有限与无限、常量与变量、曲与直、精确与近似等矛盾对立统一体的辩证认识,往深了说就是对数学形成的哲学认识。伟大导师恩格斯指出:"变数的数学,其中最重要的部分是微积分,本质上不外是辩证法在数学方面的运用。"这不仅是哲学家的思考,还能代表恩格斯对数学的情感体验,受数学教育的学生不一定有这么高的认识,但形成这方面的一些初步认识还是可以达到的。这种学习结果不仅体现在欣赏与感受上,还能影响到个体的思维方式,并能迁移到其他领域去,对学习和研究都有很大的意义。比如说数学家在对某些定理做推广研究时,很多时候就是按美学原则进行的。

3.对数学的兴趣

大学生对于思维的对象是否感兴趣是思维能力培养的重要因素。一个人如果对自己研究的对象缺乏兴趣,那么,他在所研究的领域进行创造性思维几乎是不可能的,因为他丧失了进行创造性思维的动力机制。对于科学的兴趣,爱因斯坦(Einstein)说过:"在我们之外有一个巨大的世界,它离开我们人类而独立存在。它在我们面前就像一个伟大而永恒的谜。然而至少部分地是我们观察者思维所能及的。对这个世界的凝视深思,就像得到解放一样吸引着我们,而且我不久就注意到,许多我们尊敬和敬佩的人,在专业从事这项事业中,找到

了内心的自由和安宁。"显然,兴趣是进行思维的动力机制。

4.持之以恒

持之以恒,永不放弃,对于学术成功是十分重要的。思维是一项艰苦的活动,只有努力坚持才会有成功的回报。有些学生一碰到困难任务就退缩,没有开始就败下阵来,有些则半途而废。好的思维是一项艰苦的工作,需要不懈地坚持。研究发现,在数学方面优生和差生的差异可直接归因于坚持方面的不同。差生认为,如果一个问题不能在 10 min 内解决可能就会放弃,而优生则会坚持下去直到解决为止。不管一个人有多高的天分,也不管他对自己的思维对象怀着多么强烈的兴趣,如果他是浮躁的、缺乏意志力的,他就不会把自己的注意力锲而不舍地集中在自己的思维对象上,因此,要做出创造性的思维是很难的。思维是一件极其艰辛的劳动,没有顽强的意志力是什么也干不成的。陈景润说过:"做研究就像是登山,很多人沿着一条山路爬上去到了最高点就满足了。可我常常要试9~10条山路,然后比较哪条山路爬得最高。凡是别人走过的路,我都试过了,所以我知道每条路能爬多高。"

5.正确看待错误

每个人都会犯错误,关键是怎样对待自己的错误。好的思维者能够从错误中学习,通过反馈了解什么地方出了错,哪些因素导致了错误的产生,发现并抛弃无效的策略,以改善思维的过程。认真研读前人,特别是具有原创思维的大思想家的著作是认识和矫正错误的一个好方法。只有不断地与具有原创思维的第一流的思想家、科学家对话,才能锻炼我们的思维,激发我们的创造热情。郑昕在讲授康德哲学时曾经说过:"超过康德可能有新哲学,掠过康德可能有坏哲学"。事实上,只要人们不认真研读一位大思想家的著作,他们的思想就只能停留在他之前。

6.有合作精神

合作精神是我们这个时代所必需的,一个没有合作精神的人是很难取得较大成功的。一个优秀的思维者应具备较高水平的沟通交流技巧,具备善于听取别人的意见来调节自己的思维过程,寻求互让并达成一致的品质。如果没有合作精神,即使是最伟大的思想家也难以把思想变为行动。

(二)转变学生的数学态度

数学态度就是数学教学过程中情感体验的结果,它在每一节课中发生,又在一定阶段得到提升与沉淀。首先,要求每一个高等数学教师在做教学设计时,要把数学态度列入教学目标的设计之中,即所谓按知识与能力过程与方法情感态度与价值观的三维立体教学目标体系来设计;其次,要看到许多学生在学习高等数学之前已形成了消极的数学态度,这势必影响高等数学的学习,并使消极的数学态度继续发展。因此,高等数学教师要帮助这些学生扭转消极的情绪与认识,以使他们逐渐形成积极的数学态度,增强学习的自信心。为此,要做到以下几点。

1.教师要加强学习,提高自身素质

很多教师有较高的数学学历,对数学有自身的情感体验,但要想帮助学生在高等数学学

习中形成积极健康的数学态度,还应该提高自身的数学教育素质。一方面,要多读一些与数学史、数学哲学、数学方法论、辩证法以及美学有关的书籍,只有这样,教师本身才能形成积极的数学观,从而影响学生数学观的形成。可以说,教师的数学观直接影响着自己的教学观,从而会影响到他的教学设计。教师如果有数学是一种科学的语言的观念,他在教学设计时就会时时关注学生数学语言的学习。另一方面,教师还应加强教育理论的学习,更新教育观念,以现代教育理念设计每一堂课,营造和谐、平等、民主、快乐的高等数学课堂氛围,把教学过程看作是教师与学生的交流、交往的过程,教师不再是权威的形象,学生也不再是被动的接受者,学习任务由师生共同来完成,这样的学习氛围对缓解学生的压力,避免或减少数学学习焦虑的产生,进而得到愉悦的情感体验,形成良好的数学态度都是大有益处的。

2.教师以积极的数学态度引领学生数学态度的形成

这要求教师每一堂课都能以饱满的热情,对数学的无限热爱、对数学美无限欣赏、对数学中辩证思想的无限感慨以及对数学无限崇敬的精神状态出现在学生面前。教师对数学的这种积极情感定会感染学生,使他们对数学产生极大的兴趣,从而喜欢数学、热爱数学、增强学习和使用数学的信心。这样学生在每一堂课上得到的情感体验就会逐渐地稳定下来,并对他们后续的学习产生积极的影响。如果教师积极的数学态度能经常影响着学生,并在具体的教学内容上体现出来,久而久之,就会在学生的思维中扎下根来,促使他们稳定数学态度的形成。

3.全方位、多角度促进学生积极的数学态度的形成

虽然课堂是素质教育的主战场,是良好的数学态度形成的主要渠道,但由于一部分学生在应试教育以及其他因素的影响下,已经形成了相对稳定的消极数学态度。所以,扭转这部分学生的数学态度,单靠课堂教学是难以做到的,作为教师应全方位、多角度地想办法,以促成他们积极的数学态度的产生,比如课下访谈、组织课下学习小组、结对子等办法,而由消极的数学态度到积极的数学态度的转变也许会改变一个人一生的学习与工作。此外,高等数学的课时非常紧张,涉及数学史与数学家传记等内容在课堂上不能占用过多的时间,可采取课前或课后布置与教学内容相关的数学史和数学家的阅读材料,以提高学生学习高等数学的兴趣,取得良好的教学效果。

总之,培养学生的数学思维能力是现代社会发展的要求,落实它是一项艰巨的任务,是一项系统工程,它涉及数学科学、心理学、教育学、思维学等专业理论,它需要数学教师、教育工作者、教育管理者共同努力。培养学生的数学思维能力主要通过课堂教学来实现,笔者结合高等数学教学实践作了一个初步的探究,但思维是一个广义的抽象的事物,它看不见,摸不着,只有有思想、有思考能力的人才能感受到它的存在。由于受主观因素影响较大,因此,数学思维能力的形成与发展又因人而异,如何结合学生的心理等方面的因素来进行研究,还有待更广更深的探讨。

第七章　数学问题提出能力的培养

第一节　数学问题提出概述

一、数学问题提出的含义

"问题提出"指通过对情境的探索产生新问题,或解决问题过程中对问题的"再阐述"。数学问题的提出是一个产生数学问题的过程。在这个过程中,主体通过对数学情境基本构成要素的观察、分析,深入挖掘隐藏于其中的数学关系,大胆质疑,大胆猜想,并确定新的未知构成要素,即提出一个新的数学问题。因而,数学问题的提出便是把一个数学问题情境变成一个新的数学问题情境的过程。这是一个发现、探索和创新的过程,借用这个过程,可以使学生进一步认识和理解数学。

"怎样提出问题?""提出什么样的问题?""学生问题提出能力如何培养?"对这一系列问题的思考和探讨又很自然地让我们想到了另一个更基本的问题,那就是"问题"是什么?

二、问题和数学问题

(一)问题及数学问题的含义

在认知心理学中,问题是指一个人在有目的地追求而尚未找到适当手段时所感到的心理困境。因而,问题的存在与否依赖于人已有的认知能力。问题还可以被视为一个系统,对某个人而言,若一个系统的全部元素、元素的性质和元素间的相互关系中至少有一个是未知的,那么这个系统被称为不稳定系统即问题系统,反之,则称该系统为稳定系统即非问题系统。在问题系统中,如果确立了一个或一个以上未知要素,那么该系统就成为一个问题。可见,问题是确立了一个或一个以上未知要素的系统,问题的存在因人而异,具有相对性。

所谓数学问题是指以数学为内容,或者虽不以数学为内容,但必须运用数学概念、理论或方法才能解决的问题。①

(二)问题的构成要素

1.问题的情境

心理学上对"情境"一词有这样一种解释,"情境"表现为"多重刺激模式、事件和对象"

---

① 为行文方便,以下的"问题"指"数学问题"。

等。因而情境的作用不仅包括为问题的提出和解决提供相应的信息和依据,而且能激发问题的提出。教科书上习题的信息往往是充分给定的,而开放式习题的信息往往是部分给定的,因而能诱发新问题的产生,激发学生自我提出问题。

2.对问题的阐述

(1)对问题的阐述大多以提问的形式或需要完成的任务明确提出,如"用6根火柴拼成4个边长为火柴长度的等边三角形"。

(2)有些只是部分、不清楚地阐述,需要读者进一步阐述。

例如:"为了提高公交车的运行效率,某市将对公交车的运行线路进行改进,你被邀请给公交公司提供一定的帮助。"若把该例作为一个社会问题,问题的阐述已经清晰了,而作为一个数学问题,对问题的阐述是不明晰的。

3.求解问题的方法

需要说明的是,这里所提"求解问题的方法"是从"解决问题的方法"这个角度去分析问题、了解问题,而不是论述如何去解决问题。打一个贴切的比方,为了观察生物的结构,需要解剖,这里"解剖"是手段,而认识生物的结构是目的。同样,"求解问题的方法"是手段,认知"问题"才是目的。

为了达到对问题的解决,一些相应的方法、策略和活动是必要的,包括:①搜集必要信息的方法;②对问题再阐述的方法(包括问题提出的策略);③启发法。

大多数文献对"问题"的定义正是从"求解问题的方法"这一角度出发的。波利亚从这一角度出发,将"问题"分为:①解题者所熟悉的算法即时应用;②以前学过算法的选择性应用;③一些算法适当结合后的应用;④探索、研究水平(涉及未知算法的使用)。

4.问题的答案

①大部分常规性问题或其他问题只有唯一确定的答案;②一些现实的问题或一些数学问题往往只有近似答案;③开放性或其他问题有多个或不确定的答案;④"不可能问题"没有答案。显然,这四种答案情况,分别代表问题的四个类型。

(三)"好的数学问题"的标准

"数学问题"正在数学教学中发挥越来越重要的作用,特别是,为了更好地通过创设问题情境和提出问题来进行教学,我们有必要从教学的角度对"好的数学问题"所应满足的条件作出进一步的分析。具体地说,一个"好的数学问题"应当符合以下标准:

(1)具有较强的探索性。正如波利亚所指出的:"我们这里所指的问题,不仅是寻常的,它们还要求人们具有某种程度的独立见解、判断力、能动性和创造精神。"当然,这里所说的"探索性"应与学生的实际水平相适应,也就是说,一个好的数学问题应当是学生力所能及的,应当处于学生的"邻近发展区"。

(2)有一定的启示意义。这就是说,好的问题应当有利于学生掌握有关的数学知识和思想方法。我们应恰当处理好"问题解决"与数学基本知识和技能学习的关系,即不可以"问题解决"去取代数学基本知识和技能的教学,也不可完全脱离具体的教学内容去进行数学方法论的教学,而应以思想方法的分析去带动具体数学知识内容的教学。

(3)具有多种不同的解法,甚至多种可能的解答。也就是说,一个好的数学问题应具有较大的"开放性"。这对于冲破每一个问题都有唯一的"标准解法"和唯一的"标准解答"这一错误观念是十分有利的。

(4)具有一定的发展余地。这就是说,由好的数学问题可以引出新的数学问题和进一步的思考。

(5)具有一定的现实意义,或与学生的实际生活有着直接的联系。这可以使学生更好地认识数学的意义,从而充分调动他们学习数学的积极性和主动性。

(6)考虑到合作学习这一学习形式正得到更多的重视和提倡,一个好的数学问题应当鼓励、促进学生间的合作。

(7)问题的表述应当简单易懂,应当考虑学生的观点,融入学生的生活语言及熟悉的生活事物。

当然,以上所列举的各条标准不可能在每个问题中都得到充分的体现,而且,从更高的层次去分析,所谓问题的好与坏事实上也只具有相对的意义,要因人、因时、因地而异。

对数学问题及其构成的深入认识,能提高对问题的感知能力,是培养问题提出能力的重要基础。

三、培养学生数学问题提出能力的意义

"问题提出"能培养学生发散、灵活的思维,强化问题解决的技能,拓展其数学感知,丰富和巩固基本概念的理解,因而国外一些学者认为:"问题提出是数学课程的重要组成部分,是数学活动的中心。"问题提出在数学教学中正发挥着越来越重要的作用,目前较受关注的"研究性学习"的核心是问题的提出,而所谓"对话式教学"也强调教学要通过师生相互提问(特别是激发学生提问)、平等对话而进行。问题提出具有如下的价值和意义。

(一)问题提出有利于培养学生的创新精神、创新意识和创新能力

数学上的创造能力在一定程度上表现为对以文字、图示或图表的形式描述的一个数学情境,能提出大量的、怪异的问题的能力。有学者将提出问题的流畅性、灵活性和独特性作为判断创造力的关键参照点。其中,流畅性指提出问题的数量,灵活性指提出问题的种类的多少,独特性指问题解答的特异性。因而,问题提出常常与创造性活动密切联系。科学创见始于问题提出,没有问题就没有创新。具有创造力的人都有好问、深问、怪问的品质,他们善于发现蕴藏在习以为常的现象背后的问题,他们敢于打破常规、敢于提出问题。问题提出正是通过塑造创造性人格(质疑、独立性、勇敢、冒险等),改善创造性思维(尤其是灵活性、发散性)来促进人的创造力的。可见,问题提出对创造力培养的重要性。

(二)问题提出有利于学生积极参与数学活动

长期以来由于受"应试教育"的影响,我国的数学教育过于注重知识的传授,教师问、学生答的教学方法依然盛行,学生被动回答教师抛出的一个个问题,很少有自己提出问题的机会,完全处于被动应付的状态,成了教师的奴隶。有效的数学学习应该是在教师指导下,学生通过积极主动的探索不断提出问题和解决问题的过程。问题提出能使学生在课堂教学中

发挥主体作用,敢于或善于发现问题、提出问题,积极主动地去探索知识的奥妙,在这一富有挑战性的过程中,学生的思维得到启发、思想得以活跃。他们由此获得丰富的情感体验,个性品质得到锻炼,主体性得到逐步形成和发展。

(三)问题提出有利于培养学生的思维品质

问题提出有利于培养学生思维的深刻性、灵活性、敏捷性、独创性和批判性等思维品质。提出问题是人们对某些现象、某些事物进行细致观察深入思考的结果,它要求学生不仅要具备直觉的洞察力,而且要有见微识著能力、发散思维能力和求异思维能力。在问题提出的过程中,通过大胆的假设、猜想,可以培养学生的直觉思维;通过对一个问题多层次、多视角地去观察、分析和思考而提出具有创造性的问题,可以培养学生思维的深刻性、灵活性、独创性;通过"不唯上、不唯书、不唯实"的大胆质疑,可以培养学生思维的批判性。总之,问题提出使学生一直处于"有疑—无疑—有疑"的思维活跃状态,会大大促进他们思维品质的发展。

(四)问题提出有利于促进学生的数学理解

理解是数学教学的基本目标,也可以说是首要的目标。关于数学理解的机制虽未达成一致的认识,但联系促进数学理解的观点在众多文献中都可以见到。问题提出要求教师要用联系的观点处理教学内容,充分挖掘知识之间的内在联系,数学教学要与学生已有的知识经验相联系,与学生的生活背景相联系,因而提出问题的过程正是生成数学联系的自然过程,可以有效地促进数学理解。事实上,在数学教育研究上,问题提出已经被用来作为探测不同学生数学理解差异的工具。提出问题作为一个窗口,可以来探测学生的数学理解能力,通过创造自己的问题表达数学观念,不仅展示了学生对数学概念发展的理解和水平,而且也反映了他们对数学本质的理解。由此可见,问题提出有利于促进学生的数学理解。

(五)问题提出有利于增强学生问题解决的能力

从波利亚的"启发法"建议"思考一个相关的较易解决的问题"(当问题解决者遇到一个较难解决的问题时)到"怎样解题"表中的几十个设问,都让我们意识到问题提出对问题解决的促进作用。问题解决包括对初始问题连续的再阐述;对一个复杂问题的解决过程包括提出一些连续的更精炼的问题——更能体现已知信息与目标之间关系的问题。这一系列问题提出的同时,也将总的解决问题的目标分解为一层一层的次目标,通过逐次对次目标的实现,达到对原问题的最终解决。从课程与教学的角度来看,提出问题在教学上的最大作用是它能够促使学生成为更好的问题解决者。由此可见,问题提出有利于增强学生问题解决的能力。

(六)问题提出有利于改进学生对数学的态度

在提出数学问题的教学活动中,教师通过创设良好的问题情境,能使学生在心理上造成一种悬而未决但又须解决的求知状态,形成克服困难的积极主动的心理倾向;通过营造宽松、和谐、民主的心理环境,能使学生享有探究的自由,敢于多角度、多层次地提出数学问题,从而让每位学生都能发挥自己的优势,调动起他们学习数学的积极性和主动性;教师运用有效的激励手段,通过精心设计符合不同知识基础和能力的问题,为每位学生的成功创造条件和机会,让学生体验到强烈问题意识所带来的胜利和喜悦的感觉,学生渴望成功,成功将更能激发他们学习数学的热情,培养他们对数学的兴趣。因此,问题提出有利于改进学生对数学的态度。

(七)问题提出有利于促进学生的认知发展

问题提出能力强的学生常常会问自己"是什么""为什么""怎么办"等问题,为解决这些问题,他们会启动思维,搜寻头脑中原有的知识,对其重新分析、理解,从而对知识的掌握更为深刻。此外,解决问题的欲望还会促使他们去查阅资料,请教别人,这就使他们的知识得以扩充。在积极的思维、探索过程中,零星的知识变得系统、有序,原有的知识结构更加完善、合理,这就提高了建构知识的能力,为今后知识的撷取创造了有利条件。因此说,问题提出有利于促进学生认知发展。

总之,问题提出是数学活动的显著特点,是培养学生创新能力的重要途径,是提高学生问题解决能力和改进学生对数学的态度的有效手段,是促进学生数学理解的一个窗口,是培养学生数学素质的关键。在数学教学中培养学生问题提出的能力将会有重要的价值和意义。

第二节　数学问题提出的一般理论研究

一、数学问题提出的已有基础及研究状况

(一)问题提出的已有基础

尽管问题提出和解决同样重要,但相对于后者而言,对问题提出的方法的研究要薄弱得多。应该说,提出问题的方法在我国有很好的研究基础。戴再平先生在《数学习题论》一书中给出了编制习题的若干方法,即演绎法、基本量法、倒退法、变换条件法、类比和推广、演变、模型法。近年来他又对开放题的编制做了许多工作。我国多年形成的变式训练也很有特色。但与国外相比,开放题、探索题、应用题的编制和教学是我国最薄弱的环节,这会影响学生数学创造能力和应用能力的培养,我们必须引起重视。

由于人们现在已经普遍认识到了"问题提出"的重要性,因此,就如波利亚关于解题策略的研究,人们也从方法论的角度积极探讨了提出问题的策略。具体地说,作为提出问题的一般方法,布朗与沃尔特在上述著作中给出了如下法则:① 确定出发点,这可以是已知的命题、问题或概念等;② 对所确定的对象进行分析,列举出它的各个"属性";③ 就所列举出的每一"属性"进行思考:"如果这一'属性'不是这样的话,那它可能是什么?"④ 依据上述对于各种可能性的分析提出新的问题;⑤ 对所提出的新问题进行选择。

由于这一方法的核心在于其中的第三步,即就各个"属性"具体地去考虑:"如果它不是这样的话,那又可能是什么?"因此,这一方法被称为"否定假设法"("What if not…")。这是从原问题出发,产生新问题非常有效的方法。例如,从方程 $x^2 + y^2 = z^2$ 演变而来的活动。对于该方程式,运用"What if not"策略来提出问题可以分为两步:第一,列出特征。它是直角三角形,它有 3 条边,它与面积有关,它是一个等式,3,4,5 是方程的解等。第二,否定

假设。如果不是直角三角形,那结论还成立吗? 如果不是 3 条边,而是 3 条以上,那结论还成立吗?""如果不是 3,4,5,还有哪些数值使方程 $x^2+y^2=z^2$ 成立? 如果不是面积,而是体积或其他,那么又可能是什么? 如果不是等式,而是不等式,那么又可能是什么等。

利用"否定假设法"可引出大量的新问题,这一方法的运用不应被看成一个一次就可得以完成的简单过程,而应该认为,这里存在着不断深化和发展的可能性,比如我们在获得了若干个新问题以后,又可以这些新问题作为出发点并应用"否定假设法"去得出更多的新问题,显然,这一过程是可以无限地进行下去的。

(二)问题提出教学研究的进展

综观多年以来的研究情况,可以发现,国内外数学问题提出的教学研究大致可分为两个方面:一是以"问题解决"为视角的研究;二是以"问题意识"为视角的研究。前者将"问题提出"视为"问题解决"教学的一种手段,而后者则把"问题提出"视为一种相对独立的数学活动。

1.以"问题解决"为视角的研究

近年来,由于受以问题解决为核心的数学教育改革的影响,有关问题提出的教学研究几乎从未离开过问题解决这个视角。在这种视角下,由于问题提出不是被看作教学的目标,而是作为问题解决教学的一种手段。因此,问题提出教学研究主要探讨的是问题提出与问题解决之间的关系。比如,问题提出对问题解决有何作用,问题提出能力与问题解决能力之间关系如何,等等。许多学者对此作过深入研究,取得了大量的研究成果。一个人常常是在他产生和分析一系列相关的新的数学问题时,才会理解和欣赏数学问题解决的方法。有些研究结果则表明,学生的问题提出与问题解决能力之间具有很强的正相关性,一个"好"的问题解决者比"差"的问题解决者能提出更多更复杂的数学问题。吕传汉教授与汪秉彝教授在贵州的研究表明:"学生的数学问题解决能力好于数学问题提出能力。"

2,以"问题意识"为视角的研究

自 20 世纪 90 年代以来,对问题解决教学的反思,以及知识经济社会对学校数学教育提出的创新人才的培养要求,有关数学问题提出的教学研究开始成为数学教师和数学教育研究者共同关注的研究话题,并在研究视角上发生了明显的变化,即由以问题解决为视角的研究转向了以问题意识为视角的研究。这种视角的变化表现在问题提出不是作为解决问题的一种手段,而更多地被视为一种相对独立的数学活动。这使得研究问题转向了对学生问题意识与问题提出能力的培养。

从国外多年的研究成果看,以问题意识为视角的研究所涉及的内容比较广泛:有关于提出数学问题的策略与方法的研究,有对学生问题提出能力差异进行的比较,有对问题的信息来源进行分析,还有对有关问题提出能力培养的教学设计,等等。其中,学者彭光明在培养学生问题提出能力的教学设计方面取得了重要的研究成果。[①] 该教学设计由 5 个阶段组成:①培养学生的质疑技能。教师为学生提供几个有待解决的数学问题,要求学生根据这些

---

① 彭光明,施顺强,孙健. 布依文化数学问题提出与解决课例研析[M]. 西安:陕西师范大学出版社,2019:75.

问题提出一些问题。②提出一个相关的数学问题。在教师的指导下,学生重新回到已经解决的数学问题中,并在原有数学问题基础上提出一个变化的或拓展的数学问题。③产生一个数学任务。为学生提供一个缺少明确的数学任务或数学问题的数学情境(如统计图表),要求学生根据其中的信息提示,创造或提出一个问题。④寻找数学情境。通过报纸、杂志、期刊、商业目录或因特网等途径,让学生寻找 3 个数学情境(其中缺少需要解决的数学任务);为每一个数学情境提出一个用已知信息就能解决的数学问题,并自己添加一些其他信息。⑤生成数学问题,如采用"接龙"的活动方式,使每个(群)学生依次进行数学问题的创造活动,直至生成一个完整的数学问题。

20 世纪 90 年代,国内开始了针对学生问题提出能力培养的专门研究。这些年来,这一研究已由最初的教学经验总结,逐渐走向了理论建构与实证研究的发展方向。在理论建构上,主要表现在两个方面:其一,提出了有关数学问题提出的教学模式。其中,由吕传汉教授与汪秉彝教授提出的"数学情境与提出问题"教学(以下简称"情境—问题"教学)模式在国内数学教育界引起了极大的反响。该模式的主要特点是:强调教师的引导作用和学生对知识的主动探究与索取,注重教学中问题情境的创设,将学生基于数学情境的"质疑""提问"与"自主学习"贯穿在教学过程的始终,重视"情境—问题"学习链的构建及其作用的发挥。其二,初步形成了"情境—问题"教学的基本理论,该理论涉及的内容有:"情境—问题"教学中研究性学习因素的体现、情境创设与问题提出的教学策略设计、学生数学问题提出能力的评价、"情境—问题"教学对学生数学认知的作用,以及"情境—问题"教学对学生数学焦虑的平缓作用等。在实验研究方面,主要进行了问题提出教学的实验研究。其中,由吕传汉教授与汪秉彝教授主持的"数学情境与提出问题"教学实验研究标志着国内"问题提出"教学进入了实证研究阶段。该研究表明,"情境—问题"教学对学生"问题提出"能力的培养具有显著的效果。

多年来,尽管"问题提出"的教学研究已经引起了国内外数学教育界的普遍关注,但国内对这一课题的研究仍缺乏一定的广度和深度,仍存在一些有待深入研究的问题。

二、影响学生数学问题提出的因素

影响学生问题提出的因素很多,其中最为突出的是"元认知"和"观念"。

(一)元认知

根据弗拉维尔的观点,元认知就是对认知的认知,具体地说,是关于个人自己认知过程的知识和调节这些过程的能力,对思维和学习活动的知识和控制(Flavell,1976)。董奇认为元认知包括三个方面的内容:元认知知识、元认知体验和元认知监控。在实际的认知活动中,元认知知识、元认知体验、元认知监控三者是互相联系、互相影响和互相制约的。元认知过程实际就是指导、调节我们的认知过程,选择有效认知过程,选择有效认知策略的控制执行过程,其实质是人对认知活动的自我意识和自我控制。对于元认知水平较低的学生,往往不能恰当地进行"问题提出",对于自己在干什么、为什么这样干始终缺乏明确的认识,又不能对自己目前的处境做出清醒的评估并由此做出必要的调整。相反,元认知水平较高的学生,能恰当地进行"问题提出",他们对认知过程始终保持明确的问题意识,并不断监控和调节自己的思维,直至提出一些质量较高的、有创建性的问题。特别地,一个元认知水平较高的学生,在解决问题的过程中能恰当地进行"问题提出",而且能"求取问题解答并继续前进",对所进行的工作继续进行"问题提出",使已有的认识得到升华。可见,元认知水平的高低直接影响着学生问题提出能力的培养。

(二)观念

所谓"观念",是指问题解决者的数学观、数学教育观及其对于自我解题能力的认识和信念等。在传统的数学教学中,教师把学生当作知识的"接收器",学习中所解决的问题都是有确定条件和答案的问题,在这样的教学下学生认为任何问题的求解都与自己的主观性无关,是客观的,不可更改的,当然学生也就不会对它产生质疑而提出新问题。传统的应试教育使得学生对课本上的知识和一些数学问题根本没有深究的时间保证,漫游在题海的一些学生认为自己遇到的数学问题够多的了,自己再提出数学问题,不是自找烦恼吗? 这些观念的存在说明了学生问题意识的淡薄,不利于学生问题提出能力的培养。

三、构成学生数学问题提出能力的认知要素

(一)对问题的数学结构的认识和理解

结构是"根据语言的表达所形成的一个抽象的形式",而所谓的问题的数学结构就是"问题"所反映的数学思想。大多数学生往往注重问题的表面特征,而忽视(或看不出)问题的数学结构,部分学生对一些问题的共性的归纳能力或用类推法解决相关问题的能力较差,正是这一现象的又一例证。同时,我们的数学教学不注重培养学生对问题的数学结构的认识和理解能力。如一些教学资料或教师在应用题的教学中有"工程问题"和"行程问题"之分,这一分类显然只看到问题的表面特征,事实上,它们具有相同的数学结构,应属同一类问题。让学生通过对一给定问题数学结构的分析,创编一个与之相似的问题,可提高学生对数学结构的认识和理解。如给定问题:"小红有3件衬衣:一件白色的、一件黄色的、一件绿色的;有4条裙子:一条红色的、一条黑色的、一条灰色的、一条蓝色的。问一件上衣配一条裙子,共有多少种搭配方式?"让学生通过对该问题数学结构的分析(该问题的数学结构是组合问题)创编一个新问题,学生会创编出一些与该问题有相同的数学结构但情境变化了的数学问题或仍属组合问题但进行了合理扩展的数学问题。如:书架的第一层放有4本不同的文艺书,第二层放有3本不同的故事书,第三层放有2本不同的体育书,问:从书架的第一、二、三层各取1本书有多少种不同的取法? 学生在分析问题的数学结构创编新问题的过程中将加深对数学结构的认识和理解。

(二)对不同问题的感知能力

如果我们的教学尊重学生的思想,那么就应该了解学生是如何感知问题的。除了鼓励学生将自己对问题的感知大胆地讲出来,并与其他同学进行比较、评价以外,也可以通过测试去了解,如给定一个情境,让学生根据情境提出容易、中等难度和较难的问题,通过学生提出的数学问题可以了解学生是如何感知问题的。让学生讨论不同类型的问题是怎样的相同或不同,常规问题与非常规问题是怎样的不同,哪些因素决定的问题难度和解决程序,等等,

这些问题可以提高学生对不同问题的感知能力。学生对不同问题感知能力的提高,能增强他们处理更广泛问题的信心,为建构新的问题打下丰厚的基础。

(三)用多种方法解释问题情境

用多种方法解释一个情境,有利于对情境的理解,直接影响提出问题的数量和质量。这一情境应是格泽尔斯所指的"被发现的情境在此情境中,问题由读者自己提出而不是别人给定,且问题尚未用已知公式来阐述,不一定已知解法。给定这样一个情境,让学生根据此情境提出不同层次的问题,可提高学生对情境的观察、解释能力。例如,情境:一次聚会,客人随铃声进入会场,第 1 次铃声进 1 人,第 2 次铃声进 3 人,第 3 次铃声进 5 人,第 4 次铃声进 7 人,……测试结果显示,学生提出的问题大多是:"这 4 次一共进多少人?""第 3 次比第 1 次多进多少人?""这 4 次平均每次进多少人?""第 4 次进入的人数是第 2 次的多少倍?"等类似的问题。由此,我们可推测出提出这类问题的学生对这一问题情境的理解:"客人随铃声进入会场,铃声只有 4 次,后次进场的人数比前次多。"除此之外,不再有其他的解释。事实上,对此情境还可解释为:"铃声次数不止 4 次,可能有任意多次,后一次进场人数比前一次总是多 2 人,每次进场人数与铃声的第几次之间存有一定的关系……"有了对问题情境的这一解释,就可能提出诸如"第《次铃声有多少人进场》"此类的问题。

为了提高学生"问题提出"的能力,教师应加强学生对问题的数学结构的认识和理解能力的培养,让他们意识到数学思想对问题提出的重要作用,提高他们对问题的感知能力,拓宽学生解释问题情境的思路。

四、数学问题提出的理论基础

(一)美国心理学家杰洛姆·布鲁纳的教育理论[①]

美国心理学家杰洛姆·布鲁纳认为:"在教学中学生不是被动的、消极的知识接受者,而是主动的、积极的知识探究者,教师的作用是要形成一种使学生能够独立探究的情境,而不是提供现成的知识。"因此,教师应通过创设具有启发性、趣味性、现实性和挑战性的学习情境,使学生进入"心欲求而未得,口欲言而不能"的"愤悱"状态,以促使学生发现问题、提出问题,激发学生探求知识与真理的迫切而强烈的欲望。

(二)当代教育心理观

1.感知规律

感知是人们认识过程的先导,是思维活动的源泉,人的认识活动总是从感知开始而后转化为思维的。感知是学习心理活动的基础,观察是感知的一种特殊形式。在数学教学活动中,教师应该遵循学生的感知心理规律,培养学生的问题提出能力。

在问题提出的数学学习活动中,教师针对教学知识点通过设置数学情境并让学生对情

---

① 檀传宝. 世界教育思想地图 50 位现当代教育思想大师探访[M]. 福州:福建教育出版社,2010:199.1.

境中提供的数量关系、数学图形、数字符号等信息进行观察、思考和探究,提出相关的数学问题并解决这些数学问题。让学生学会观察数学表达式的结构,数学图形的特点,各种数字符号信息的内在联系等,从而培养学生学会观察分析事物之间的联系、比较发现事物之间的差异等各方面的能力,让学生养成良好的观察分析习惯,进而提高学生提出问题的能力。

2.注意规律

注意是心理活动对一定事物的指向与集中,它是由客观事物引起的具有选择性心理活动的表现,是一切心理活动的开端,是组织教学和发展学生智力的重要因素。因此,数学教育心理学要求数学教师将教学的科学性与艺术性有机地结合起来并根据注意规律设计教学过程。

在问题提出数学教学活动中,数学教师应遵循学习的注意规律创设问题情境,制造认知冲突,激发学生学习数学的动机,提高他们学习数学的兴趣,刺激学生的数学思维,引起学生学习注意力的集中,诱发学生积极地思考,从而较好地发现问题与解决问题。

3.想象规律

所谓想象力就是创造性地形成新事物的形象,推测其结构性及其发展变化的能力,以及把思考组合与记忆结合起来,把表面看来彼此不相干的事物联系在一起,或把混合在一起的事物分离开,把它们加以重新组合或修改的能力。

在问题提出的数学教学活动中,教师要求学生对所给的数学情境进行思考、探究,挖掘其间的信息并进行组合、加工,然后发挥想象力提出相关数学问题尤其是具有创造性的问题,这是在数学教学中对想象规律的成功运用。

(三)素质教育观

1.素质教育的主体观

素质教育承认学生的主体地位,培养学生的主体意识,发扬学生的主体精神,促使他们形成独立的人格和高尚的风貌。它要求学生真正成为学习的主人,它促使学生把内在的学习兴趣和学习要求,把与生俱来的求知欲和进取心作为学习的动力。

2.素质教育的建构观

皮亚杰可以看成是建构主义在现代的直接先驱。皮亚杰认为,学习是一种能动的建构过程,学习不是积累越来越多的外部信息,而是学到越来越多的有关他们认识事物的程序,即建构了新的认知结构。[①] 这种新的认知结构不仅是原有认知结构的延续,还是改造和重组。个体遇到新的刺激时,总是试图用原有认知结构去同化它,以求达到新的平衡;同化不成功时,个体则采取顺应的方法,即通过调节原有认知结构或新建认知结构,来得到新的平衡。同化与顺应之间的平衡,也就是认识上的适应。平衡过程调节个体与环境之间的相互作用,从而引起认知结构的一种新建构。

---

① 皮亚杰. 外国教育名著丛书 皮亚杰教育论著选[M].卢濬选,译. 北京:人民教育出版社,2015:16.

苏联心理学家维果斯基发展了皮亚杰的观点,他认为,活动和社会交往在人的高级心理机能发展中起到了重要的作用,高级心理机能来源于外部动作的内化,这种内化可以通过教学、日常生活、游戏和劳动等各种活动来实现。内在智力动作也外化为实际动作,而内化与外化的桥梁则是人的活动。①

当今建构主义认为,认识不是主体对于客观实在的简单、被动的反映,而是主体以自己已有的知识经验为依托所进行的积极主动的建构过程。建构主义重视已有知识经验、心理结构的作用,强调学习的主动性、社会性和情境性,对于学习和教学提出了许多新颖的观点。

传统的数学教学模式强调学生被动地接受知识,因而这一教学观认为提出问题应是教师和教材编写者的事;而素质教育的建构主义教学观认为应将问题提出作为教学活动的一部分。数学教学应该给学生提供这样的机会——从给定情境中提出问题,或通过修改已知问题的条件产生新问题。问题提出不仅应被看做是教学的目的,而且应作为一种教学的手段。建构主义为此提供了直接的论据,因为如果坚持学习是学习者主动的建构这样一个基本立场,那么一个必然的结论就是:最好的学习方法就是动手去做。就数学学习而言,这也就是指,"学数学就是做数学",这不仅使学生真正处于主动的地位,还通过积极的探索去建立自己的理解与意义,这事实上也就把学生摆到了与数学家同样的位置上。

3. 素质教育的创新观

创新教育是素质教育的核心,培养学生的创新精神、创新意识、创新思维和创新能力是素质教育的关键。创新的实际过程,也就是教人发现真理的过程,即启发、诱导、激励人们去探索、开拓、发现、创造,充分发挥自身的潜能与特长,用自己的创新精神和创造能力成就灿烂的事业和建构辉煌的人生。教育的基本任务就是通过文化知识的传递而实现人类文明遗产的传承。但传承不是最终目的,传承是为了更好地衍生和发展,墨守成规、因循守旧的教育只能使社会停滞不前、使人类退化。因此,变"守成教育"为"创新教育",使学生在获取知识的同时,学会思考、学会发现、学会创造,就显得尤为重要。科学和社会总是通过创新而获得发展的,而创新从本质上来讲是基于"问题"之上的,且就某种意义而言,提出问题比解决问题更为重要。因此学校教学中培养学生发现问题、提出问题的能力,是素质教育创新观的基本要求。

(四)学习迁移理论

学习的迁移是指已经获得的知识、动作、技能、情感和态度等对新的学习的影响。迁移不仅表现为先前的学习对后来学习的影响,而且表现为后继学习对先前学习的影响。这种影响可以是积极的也可以是消极的。积极的影响通常称为正迁移,消极的影响称为负迁移。加涅把正迁移又分为横向迁移和竖向迁移。横向迁移是指个体把已学到的经验推广应用到其他在内容和难度上类似的情景中,而竖向迁移是不同难度的两种学习之间的互相影响。一种是已有的较容易的学习对难度较高的学习的影响,往往是对已有的学习进行概括和总结并形成更一般的方法和原理的结果;另一种是较高层次的学习原则对较低层次的学习的影响,原则的迁移就是由较高层次的学习原则对该原则适合的具体学习情景的迁移。负迁移一般是指一种学习对另一种学习的消极影响,多指一种学习所形成的心理状态,如反应定势等对另一学习的准确性和效率产生的影响;或一种学习对另一种学习所需的学习时间或所需的练习次数增加或阻碍另一种学习的顺利进行、知识的正确掌握等。

迁移在数学教育中无所不在地发挥着重要作用。进行问题提出就要运用已有的经验和知识对自身以外知识或问题进行合理表征,然后与已有知识经验中的知识体系进行类比,将已有的知识经验具体运用到新的问题情境中去,从而在新的问题情境中发现问题、提出问题。这种问题或知识经验的类比和具体化的过程就是迁移的过程。因此,充分认识迁移发生的规律,有助于教师合理创设具体的问题情境并引导学生更好地提出问题。

第三节 培养学生数学问题提出能力的教学策略

一、学生问题意识的培养

(一)问题意识的含义

所谓"问题意识",是指人们在认识活动中经常意识到一些难以解决或疑虑的实际问题,并产生一种怀疑、困惑、焦虑、探究的心理状态,而这种心理状态又驱使个体积极思维、不断提出问题、分析问题和解决问题。现代思维科学研究认为,问题意识在思维过程和创新活动中占有重要地位。它不仅体现了个体思维品质的活跃性,还反映了思维的独立性和创造性。

(二)当前学生问题意识的现状分析

按照《现代汉语词典》,"提问"一词的含义是指"提出问题来问(多指教师对学生)"。目前教师思考比较多的也是自己在教学过程中如何对学生"提问",而如何培养学生自己"提出问题"却考虑不多,甚至没有考虑。李政道教授曾经一针见血地指出:"中国历来是讲究做'学问',现在学生只是做'学答'。"在我们的数学课上,有太多的"好胜心",太少的"好奇心",更多的是教会学生做"学答",而不是做"学问"。问的前提是生疑,而生疑往往由于好奇而产生。我国大学生目前的状况是,长期进行作答训练,使得大部分学生的问题意识十分薄弱,具体表现为以下几方面。

1.不愿提

学生不愿提问题不仅有主观还有客观上的原因。以应试为目标的学生往往对提出与应试相关的数学问题表现出明显的内容选择的心理倾向,他们提出问题的价值取向往往否定考试范围外的数学问题。部分学生认为解答课本、老师、练习中的数学问题就可以了,提出问题那不是浪费时间吗。学生的自我能力评估也往往决定是否愿意提出数学问题的态度,当他们感觉到自己知识、能力储备不够,也表现出不愿意提出"超能力"问题的心理倾向,免得自己提出问题又解决不了,丧失信心,"劳民伤财"。传统的数学教学模式中,学生对课本和一些数学问题根本没有深究的时间保证,更由于一部分教师进行"填鸭式"教学,剥夺了学生的独立思考时间和权利,一些学生没有形成提问题的习惯,久而久之什么问题也不愿提,更不知道怎么提了。

2.不敢提

美国心理学家罗杰斯认为:"成功的教学依赖于一种真诚的尊重和信任的师生关系,依赖于一种和谐安全的课堂气氛。"长期以来,我国的课堂教学大都是"课堂为中心,书本为中心,教师为中心"的单一模式。课堂教学主要特征是传授、灌输知识,教师满堂讲,学生被动听,教师严肃有余,亲切不足,学生岂敢质疑问难?有的学生刚产生疑问时,感觉自己根本无法解决,不去考虑就把问题扼杀在摇篮中;有的怕提出问题后,问题太简单,会被同学或教师耻笑而降低身份;有的学生产生数学疑问时,自己尝试解决未果,就束之高阁,也不向其他人请教。因此,大部分学生在学习中即使有疑也不敢提出来。久而久之,消极的听课态度使学生的问题意识日渐淡化。

3.不善提

提出问题需要会生疑并克服心理的某些障碍,能用清晰的信息传输媒体将自己的疑问表达出来。善不善于提问题是对一个人提出问题的知识储备、方法储备、研究储备、意识倾向、洞察力特征和运用媒体能力的综合考验,显示出提问者提出问题的胆识和能力特点。就我国很多高职院校的学生现状而言,一些调查研究表明:大部分学生只能提出比较简单的、容易的问题,有些学生虽能提出中等难度的问题,但也过于简单,思维不够开阔,联想不够丰富,能提出具有创见性、高质量问题的学生更是少之又少。究其原因是:教师在教学中常常比较重视对学生分析问题和解决问题能力的培养和训练,而忽视了提出问题能力的培养和训练,使得学生缺乏提出数学问题的策略性知识。因此,学生大都不善于提出数学问题。

张奠宙教授曾说:"中国学生提不出问题,不能创造性地利用数学知识解决问题,其中关键原因就是问题意识的淡薄。"因此,要培养学生问题提出的能力,首先要激活和发展学生的问题意识。

(三)数学教学中培养学生问题意识的策略

1.营造良好的教学氛围,激活问题意识

(1)改变"好学生"的传统评价方式,使学生"想"提。教师应转变单纯把考试分数高和循规蹈矩的学生视为好学生的传统观念,评估体系要鼓励创造性,鼓励提问题,并允许答案多样化。努力培养学生"不唯上、不唯书、不唯实",敢于大胆质疑的学风。

(2)营造宽松、和谐、民主的心理环境,使学生"敢"提。美国心理学家罗杰斯认为:"成功的教学依赖于一种尊重和信任的师生关系,依赖于一种和谐安全的课堂气氛。"陶行知先生说:"只有民主才能解放最大多数人的创造力,并且使最大多数人的创造力发挥到顶峰,应创设教学中良好的师生关系。"由此可见,要让学生大胆提问,改善师生关系,为学生创造平等民主的学习氛围是非常必要的。在课堂教学中教师应多给学生以微笑,多用一些幽默的语言,多讲一些鼓励性的话,变"师道尊严"的师生关系为"教学相长"的朋友关系,同时,教学中要充分爱护和尊重学生的问题意识,以消除他们在学习中、课堂上的紧张感、压抑感和焦虑感。只有这样,学生的问题意识才可以充分发挥和显示,各种奇思妙想、独立见解才会层出不穷。

(3)给予学生以释疑质疑的成功体验,使学生"爱"提。学生渴望成功,成功将更能激发他们提问的热情,培养他们提问的兴趣。所以,教师要善于运用有效的激励手段,通过精心设计符合不同知识基础和能力的问题,为每个学生的成功创造条件和机会。凡是能提出问题的学生让他在课堂上自圆其说,对问题中合理的成分要重在肯定,不合理的也要首先肯定学生提出问题的积极性、主动性,然后共同分析思维不合理的原因,让学生自悟其"理",体验强烈问题意识所带来的胜利和喜悦的感觉,以进一步强化学生的问题意识。

2.改革传统的教学模式,激发问题意识

在"重教轻学,重智轻能,重结果轻过程,重解题训练轻质疑探求,重统一要求轻独立见解"的传统教学模式下,很难培养出具有强烈问题意识的学生。因此,要培养学生的问题意识,必须改革传统的教学模式。采取"数学情境—提出问题"的教学模式,将有助于激发学生的问题意识。该模式即在教师指导下,从学生熟悉或感兴趣的数学情境出发,通过主动探究、提出问题、研究和解决问题等活动来获得适应未来社会生活和进一步发展所必需的数学知识、数学思想方法和应用数学的技能,培养勇于探索、勇于创新的精神。

3.加强数学思维训练,促进问题意识

(1)发展直觉思维。直觉思维是人脑对客观世界及其关系的一种非常直接的识别或猜想的心理状态。教学中教师多给学生做出直觉思维的示范,如大胆假设、猜想等,让学生意识到直觉思维不仅是一种重要的思维形式,还是发现问题、解决问题的一种重要方法。对问题合理大胆的猜想与假设正是学生有强烈问题意识的一种表现。

(2)培养发散思维。发散思维是创新教育的重要思想。学生思考得越多,他在周围世界中看到不懂的东西也越多,他对知识的感受性就越敏锐。因此,对一个问题多层次、多视角地去观察、分析和发散思考,提出具有创造性的问题,这有利于培养学生的发现问题,尤其是创造性发现问题的能力。

(3)鼓励批判思维。数学的批判性品质是数学能力的构成要素,也是衡量数学能力高低的重要标准。敢于批判,敢于打破定势思维,才会使问题变得更有研究的价值,才可能出现有创造性的独立见解。在教学中经常提倡学生不要迷信书本、不要迷信老师,凡事都用自己的头脑思考、有分析地接受、有分析地批判,无疑对提高学生思维的批判性大有益处。通过批判思维的培养,给学生创造一个高度自由的思维空间,鼓励学生发表自己的见解,敢于说"不",从而使学生有更多的问题空间,激发他们潜在的问题意识。

4.发展学生的策略性数学知识,使学生"善提"

策略性数学知识是关于如何获取数学知识的知识,它侧重于知识学习过程中内在的数学思想方法。提出问题的核心任务就是要让学生学会和掌握提出问题的策略性知识,使之养成一种自动的反思技能,"教是为了不教",提高学生的策略性知识是实现这一目标的根本保证。

总之,要培养学生发现问题、提出问题的能力,首先要激活和发展学生的问题意识,使学

生"想"提、"敢"提、"爱"提、"善"提。

二、创设有利于学生问题提出的数学情境

问题的提出与发现能力与人的直觉、观察、分析、联想、类比、想象等品质密切相关,因此,它的培养不能仅靠知识的单向灌输和习题的重复训练,更需要对必要的情境特别地关注。问题源于情境,没有情境就没有问题,因此,要使学生建立数学问题意识,培养学生提出数学问题的能力,创设数学情境至关重要。

(一)对数学情境及其创设的认识

情境指一个人正进行某种行为时所处的社会环境,是人们对社会行为产生的条件。它包括机体本身和外界环境的有关因素,可分为三类:①真实的情境,指人们周围存在的他人或群体;②想象的情境,指在意识中的他人或群体;③暗含的情境,指他人或群体行为中包含的一种象征性意义。

情境是学生从事学习活动、产生学习行为的一种环境和背景,提供给学生思考空间的智力背景,产生某种情感经验,进而诱发学生提出问题、研究问题、解决问题的一种信息材料或刺激模式,同时也是传递信息的载体。数学情境是从事数学活动的环境,产生数学活动的条件。从它提供的信息,通过联想、想象和反思,发现数量关系与空间形式的内在联系,进而发现提出问题、研究问题、解决问题的策略与方法。同时,伴随着一种积极的情感体验,其表现为对新知识的渴求,对客观世界的探索欲望,对数学的热爱等。数学情境一般有 3 种形式:①以文词语言表达的情境,语义丰富;②以数学符号语言表达的情境,简洁而抽象;③以图形语言表达的情境,形象而直观。创设数学情境就是呈现给学生刺激性数学材料信息,引起学生的学习兴趣和学习热情,启动思维,激发其好奇心和发现欲,造成其认知冲突,诱发质疑猜想,唤醒其强烈的问题意识,从而提出数学问题、研究问题、解决问题。创设数学情境也是给学生提供一种智力背景。创设数学情境的根本意义是诱发学生提出数学问题,在学习数学的过程中实现数学的"再创造",在做数学中学数学。重复数学家发现数学知识之路,从而真正理解数学。

从数学教学的需要出发,创设数学情境可激发学生的学习动机,建立平等合作、相互尊重的师生关系,明确学生在学习中的主体地位,进而给学生提供一次筛选信息、查阅资料的机会,培养学生搜集、处理和利用信息的能力,以及将知识迁移到不同情境的能力,发展学生已有的和潜在的学习能力。

(二)数学情境创设的基本要求

在教学过程中,为了培养学生的数学问题提出的能力,数学情境的创设,应遵循以下基本要求。

(1)以"问题"为导向。这有助于学生树立自信心,形成"问题提出"的自觉意识。事实上,让学生在一个不具有"问题"导向的情境中去发现和提出问题,这几乎是难以进行的数学活动。

(2)以一定的数学知识点为依托。数学情境的创设应服务于一定的教学目标,应有利于学生对相关的数学知识和数学思想方法的掌握。在数学教学中,教师呈现给学生的不应是

静态的数学知识,而应是数学知识产生的背景——数学情境。因此,根据数学课程中的知识点创设数学情境,引导学生从中提出数学问题,便成为数学教学的重要环节和有机组成部分。

(3)与学生已有的数学认知发展水平相适应。数学情境是数学问题产生的土壤,数学情境的精心创设是学生发现和提出数学问题的重要前提。只有创设的数学情境进入学生的"最近发展区",学生才能在已有的认知发展水平基础上,通过教师适当的引导,从中发现问题、提出问题,形成"问题"意识,从而进一步提高自己的探究意识和创新意识。

(4)符合学生的年龄特征及数学思维的发展特点。根据学生的年龄特征及数学思维的发展特点,在高中阶段,数学情境的创设既应突出数学的抽象性和逻辑性,又要注重抽象性和形象性的有机结合。

(5)有利于学生的主动探索。学生的数学学习内容应当是现实的、有趣的和富有挑战的,应有利于学生从事观察、实验、猜想、验证、推理与交流等数学活动。只有当数学情境在内容上富于挑战性和探索性,才有利于学生在问题提出的过程中形成创新意识。

(三)数学课堂教学中情境的创设

要建立学生的数学问题意识,培养学生数学问题提出的能力,教师精心创设数学情境非常重要。而数学情境可以说无时不在,关键在于怎样去精心设置和有效利用。在数学教学中,同一个知识点可创设不同的情境,同一个情境可作为多个知识点的素材。数学情境可以是一个生活生产现象、一个命题、一组数据、一张图、一个已有的问题等。其来源主要有:从已有数学知识中提供产生新问题的资料,特别是古今中外典型数学问题的资料;贴近日常生活生产的资料;其他相关学科中的资料等。

1.从实际生活生产实践创设数学情境

数学的概念或式子有些是由生产、生活实际问题中抽象出来,教师可引导学生对实际生活与生产实践的现象多加观察,利用数学与实际问题的联系来创设数学情境,给学生提供刺激性的数学信息材料,激发学生的好奇心和发现欲,引起认知冲突,诱发学生质疑猜想,从而使数学情境中发现、提出、解决问题的过程成为一种"数学化"的学习过程。这样的情境创设既有利于学生从实际问题中抽象出数学知识,又有利于学生发现与数学知识相关的实际问题,进而有利于发展学生的数学应用能力。

例如,"已知:a、b、m都是正数,而且$a<b$,求证:$\dfrac{a+m}{b+m}>\dfrac{a}{b}$。"该题目的实用性很强,与生活密切相关。当学生证明该问题时,教师先不要急于给出它,可通过创设情境,诱发学生提出它。

情境:现有$a\,g$糖水中含有$b\,g$糖(不饱和溶液,且$a<b$),若在糖水中加入$m\,g$糖,问所得糖水是变甜了还是变淡了?

该情境有利于学生通过抽象提出上面的问题。

在引导学生完成该不等式的证明以后,教师继续提问:在生活或生产实践中你能否提出与这个不等式有关的问题?

通过查阅资料,学生给出了以下的实际问题:建筑学规定,民用住宅的窗户面积必须小于地板面积,但按采光规定,民用住宅的窗户面积与地板面积之比不能小于10%,并且这个比值越大,采光条件越好。

他们还进一步提出问题:如果同时增加相等的窗户面积与地板面积,采光条件是变好了还是变差了?

2.从数学实际创设数学情境

(1)从数学自身发展创设数学情境。以数学知识的产生、发展过程创设数学情境,使学生了解数学知识的实际发现过程,学习数学家探索和发现数学知识的思想和方法,实现对数学知识的再发现。这样的情境创设有利于学生经历对一些重要的数学结论的再发现过程,因此,这种方法尤其适用于定理教学和公式教学。

如在学习"泰勒定理"后,让学生认真观察泰勒公式中各量之间可能隐含的关系和规律,大胆猜想、提出问题。该情境有利于学生从不同角度将泰勒公式特殊化提出麦克劳林公式和拉格朗日中值定理。

(2)从已有数学问题创设数学情境。从已有数学问题,特别是从课本例题和习题创设数学情境,引导学生通过变换问题的表达形式或通过对习题的引申、推广提出新的数学问题。这样的情境创设有利于学生发现与情境中数学问题有关的更特殊或更一般性的结论,并且可以较好地发挥例题与习题的潜在功能,达到举一反三、触类旁通的效果。

如,教师创设情境:从问题"平面四边形$ABCD$中,若$AC \perp BD$,则$AB^2 + CD^2 = AD^2 + BC^2$。"出发提出新问题。该情境可诱发学生提出以下的问题:

问题1:平面四边形$ABCD$中,若$AB^2 + CD^2 = AD^2 + BC^2$,则$AC \perp BD$。

问题2:空间四边形$ABCD$中,若$AB^2 + CD^2 = AD^2 + BC^2$,则$AC \perp BD$。

问题3:若空间中任意4点A,B,C,D满足$AB^2 + CD^2 = AD^2 + BC^2$,则$AC \perp BD$。

问题4:若A,B,C,D是空间中任意四点,则$AC \perp BD$的充要条件为
$$AB^2 + CD^2 = AD^2 + BC^2$$

(3)从已有数学知识创设数学情境。由于数学知识的逻辑性、系统性,数学中很多知识存在着必然的内在联系,可以由此及彼,触类旁通,举一反三。教师可根据知识间的内在联系,从已有的数学知识创设数学情境,让学生通过自己的观察思考,通过类比、归纳进行探索研究,提出新问题。这样的情境创设能够促使学生运用已有的知识和经验在比较类比中揭示新知识,从而有利于知识的系统和认知结构的优化。

如在《导数应用》这部分内容的教学中,在学生理解掌握"应用一阶导数求函数的极值点"和"函数拐点的含义"后,教师可这样来创设问题情境:如何应用二阶导数求函数的拐点? 该情境有利于学生提出应用二阶导数求函数拐点的方法和步骤。

(4)从操作实验中创设数学情境。新教育理念强调丰富学生的学习方式,自主探索、动手实践、合作交流等都是学习数学的重要方式。从操作实验中创设数学情境可使学生体验、感受"做"数学的乐趣,在做数学中提出数学问题。

例如,在导数的几何意义这一知识点的教学中,教师利用计算机设计的程序,引导学生运用几何画板软件画出图形,使用其动画功能让动点沿曲线运动到切点,这时割线就运动到它的极限位置。

教师:通过该实验你能提出什么问题? 此时此景,学生易于提出以下问题:

问题1:割线的倾斜角趋近于切线的倾斜角?

问题2:切线的斜率是割线斜率的极限?

问题3:函数在某一点处的导数为函数曲线在该点处切线的斜率?

3. 从相关学科中创设数学情境

数学课程是学习物理、化学、生物等学科的基础,其诸多知识都与上述学科有着紧密的联系。如概率原理在生物遗传学中的应用,立体几何中的正多面体与化学中的金刚石、甲烷等的物质结构的联系,三角函数与向量在物理学中的应用等。教师应抓住数学与相关学科知识的联系创设问题情境,启发引导学生提出数学问题。这样的情境创设有利于学生在学科知识的交汇点处提出问题。

例如,教师借助甲烷的分子结构创设问题情境,引导学生从数学角度去对信息进行加工、处理,提出数学问题。如图7-1所示,碳原子位于正四面体的中心,4个氢原子分别位于正四面体的4个顶点上。该情境可诱发学生提出下面的问题:

问题1:C—H键的键角大小是多少?

问题2:能否用数学知识证明甲烷是非极性分子?

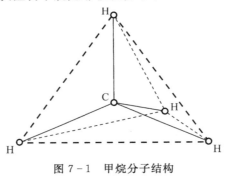

图7-1 甲烷分子结构

我们认为数学教学应该给学生提供从给定情境中提出问题、在挑战已知中产生新问题、通过反思与回顾提出问题的机会。教师不仅把问题提出当作教学的手段,而且应看作一种教学目标。创设数学情境,培养学生提出数学问题能力的教学,就是创新教育和研究性学习在数学学科中的最佳切入点。

三、发展学生问题提出的策略性知识

策略性知识具有如下特点:首先,从信息的处理来看,策略性知识具有高度的灵活性。认知对象、相关背景及认知过程本身都处于不断的变化之中,因此,在应用策略性知识时,个体必须根据认知对象、当时的数学情境、认知过程的深入等因素变化不断调整认知策略。其次,从信息加工的结果来看,策略性知识具有极强的创造性。面对新的情境时,原有的策略完全失效,那就只有根据全新的情况来监控和调整策略,而新的策略只有依靠个体去创造才能获得。最后,从信息的表征来看,策略性知识更侧重对规则以及策略的调节和监控,能根据情况的变化及时地确定应对策略。根据策略性知识的特点,运用策略性知识提出问题的关键是个体要具有一些提出问题的基本策略和自我监控的提出问题的意识。

(一)掌握问题提出的有效方法

提出问题的基本策略有很多,如否定假设法、类比思维法、一般化方法、换位思维法、观念组合法等,但应该承认,合情推理是提出数学问题的主要工具。在数学教学中培养学生数学问题提出能力的一个有效途径是让学生掌握合情推理的方法。合情推理是指根据已有的事实和正确的结论(包括定义、公理、定理等),以及个人的经验和直觉,运用观察、实验、归纳、类比、假设、猜想等一套自然科学常用的探索方法推测某些结果的思维过程。学生们在从事合情推理活动时,可以说是在从事科学家们的探究发现工作。因此,教师应创设有效的问题情境,启发引导学生运用观察、实验、归纳、类比、假设、猜想以及联想等这些合情推理的方法提出数学问题。

1.用归纳法提出数学问题

归纳是通过对特例的观察和综合去发现一般规律的思维形式,也是问题提出的常用方法。教材中的概念、法则、性质、定律的提出过程,解题思路的探求,规律的分析过程多采用归纳的思维形式阐述。教师可以针对教学内容,把这些知识的形成过程,设计为学生再发现、再创造、再概括的探究过程,让学生在探究中进行观察并归纳抽象出来,教师只起引导、提示作用。这样不仅可以提高认知效果,培养学生的创新意识,而且能使学生掌握运用归纳提出数学问题的方法。如在二项式定理的教学中,以"杨辉三角"创设问题情境,启发引导学生通过观察,运用归纳法提出问题:①$C_n^r = C_n^{n-r}$;②$C_n^{n-1} + C_n^r = C_n^r$;③$\sum_{r=0}^{n} C_n^r = 2^n$。

2.用比较与类比提出数学问题

比较与类比常用于探究一个事物与其他事物的联系与区别,揭示事物的本质与规律。新概念的揭示、法则的提出、规律的概括都渗透了比较与类比的思想方法。教师可以把上述知识的发生过程、法则的形成过程、规律的概括过程,设计为学生的探究学习过程。引导学生在已有知识的基础上,通过类比发现、概括进行探索研究,促使学生运用已有的知识和经验在比较与类比中揭示新知识、提出新问题,从新旧知识的比较中强化对新知识的理解,并学会运用比较与类比的方法提出数学问题。比如讲二元函数极限概念时,教师可用与一元函数极限概念相类比的方法启发学生自己给出定义。

就学生已有的数学认知发展水平而言,由猜测得出的结论仍具有未知性。因此,这些发现也就成为学习者急于想知道正确与否的数学问题,而这种发现的过程便成为学生提出数学问题的过程。

当然,运用类比思想方法做出的猜想有时也不一定正确。比如,对掌握了$a(b+c) = ab + ac$的知识,但没有建立"$\lg a(b+c) = \lg a + \lg(b+c)$"认知结构的学生而言,通过类比方法猜想出的可能是这样一个错误的结论:$\lg a(b+c) = \lg ab + \lg ac$。尽管如此,恰当地运用比较与类比方法,让学生大胆猜想,这仍然为学生发现和提出数学问题提供了一种有效的方法。

3.用观察、实验提出数学问题

观察是人们对事物或问题的数学特征通过视觉获得信息,运用思维方法辨认形式、结构和数量关系,从而发现某些规律或性质的方法。数学思维通常都要从观察对象开始,结合运用其他方法才能获得客观事物本质和规律的认识。因此,观察法是数学思维过程中必需和第一位的方法,也是发现问题的常用方法。怎样进行观察?指导学生应注意:观察要有意识、有目标,处处留心,总想"找茬儿",想从中发现什么;在观察中更要注意从个别想到一般,从平常想到异常。新的数学教学观明确指出:数学不仅是思维科学,而且也是实验科学。实验是自然科学的生命,实验同样也是探究数学规律、提出数学问题的重要方法。几何中的公理、定理几乎都是通过实验归纳提出来的。教师可以在教学中设计实验探究性问题,引导学生通过实验、观察、归纳来发现问题、提出问题,从而使学生掌握运用实验、观察的方法提出数学问题。如在"函数图形"的教学中,教师可以在利用计算机进行演示的基础上,引导学生画图,寻找图形的特点,观察发现结论,讨论实验过程,揭示因果关系并对结论的内涵外延进行探索。

4.用假设、猜想提出数学问题

科学结论以及成果的得出多源于假设、猜想。假设、猜想是探究数学规律、提出数学问题的重要方法,是一种有意探索。它具有明确的目的性、方向性。假设、猜想的内容大多具有新颖性与创新性,即其内容体现了具有创造性的能力。许多问题都是在假设、猜想的基础上提出,然后通过实验探究论证而最终获得的。教师应设计利用假设、猜想来获得新知识的探究性学习过程,让学生掌握运用假设、猜想提出数学问题的有效方法。

5.用联想方法提出数学问题

联想是由一事物的思维引起对与其相关的事物的思维的心理过程。联想是回忆旧知识、发现新知识的重要手段,是联系生疏问题和熟知问题的心理桥梁,是在解题过程中不可缺少的心理活动,也是提出数学问题的常用方法。教师应创设利用联想来提出数学问题的探究性学习过程,从而让学生掌握运用联想提出数学问题的有效方法。在原有问题的基础上略加变化,改编出新的问题也是通过联想提出问题的一种方法。例如,对问题"5个旅客投宿于3个旅馆,共有多少种不同的方法?"加上限制,就会产生一个新的问题"5个旅客投宿于3个旅馆,每个旅馆至少有一位旅客住宿,共有多少种不同的方法?"

事实上,一个数学问题的提出往往是多种方法的综合运用。教师应在教学过程中经常创设有利于问题提出的问题情境,鼓励学生充分发挥他们的想象力,运用类比、归纳、联想、特殊化与一般化、直觉猜想这些合情推理的方法提出数学问题,并对问题的结论进行检验证明,使学生经历像数学家那样创造发明的曲折历程,培养他们执著探索、勇于发现、不断进取的数学精神和创新意识,久而久之,他们会自觉掌握运用合情推理的方法提出数学问题。

(二)增强元认知监控技能

培养学生数学问题提出的能力,不仅需要学生掌握提出问题的基本策略,还要增强他们的元认知监控技能,以监控和调节这些基本策略的运用。研究表明,经常问及以下的问题是促进元认知的一个十分有效的方法:"你现在在干什么"或"你准备干什么"("什么");"你为什么要这样做"("为什么");"这样做的实际效果如何"。

在教学过程中教师应经常提及这些问题以促进学生元认知水平的提高,直至这样的提问最终成为学生的自觉行为。

四、教给学生问题提出的角度

当学生有了一定的问题意识和一定的提出问题的能力后,教师应鼓励学生自己提出问题,美国的教育家布鲁巴克就曾说过:"最精湛的教学艺术,遵循的最高准则是让学生自己提出问题。"而学生自己提问题往往带有一定的盲目性,他们会为提问而提问,提一些简单、无效的问题,这样会影响教学进度的正常进行。为了使学生提出的问题具有针对性、明确性和科学性,为了能把有限的教学时间用在完成教学任务和教学目标上,教师应教给学生提出问题的角度,引导他们在自己教学的重点、难点和疑点等方面提问。

(一)从概念的理解中提出数学问题

对于数学概念的学习,在学生理解其含义后,引导学生提出问题:

(1)该概念揭示了事物何种本质属性? 其内涵反映了哪些特征?

(2)它的外延范围怎么样?

(3)它按何种形式下定义? 可以有几种定义方式?

(4)和它邻近的概念是什么? 它们在内涵和外延上有何关系?

(5)该概念在理解上会产生哪些错误?

(二)从数学公式的剖析中提出数学问题

(1)该公式若是从已有的数学知识中推导出的,那么这种推导的基础是什么?

(2)有几种推导方法? 有哪些限制条件? 这些条件可否增减? 增减后公式的结果、适用范围又将发生怎样的变化?

(3)公式的适用范围怎样? 如何用它解决有关的数学问题和实际问题?

(4)公式的形式是否还可简化? 有何独有的特征? 如何记忆?

(三)从定理的分析中提出数学问题

(1)该定理的条件有几个? 起到何种作用? 可否减少?

(2)定理的条件和结论能否互换? 互换后命题是否为真?

(3)如何用数学语言来表述该命题?

(4)运用时可能会产生一些什么错误? 常出现在什么地方?

(四)从解决问题中提出数学问题

数学的学习离不开问题的解决。克莱因常常对学生讲:"用新方法来解决老问题,可以推动纯粹数学的发展,当我们对老问题有了更好的理解时,自然会提出新问题。"因此,应鼓励并引导学生在解决问题的过程中和解决问题之后提出问题或变换问题。

(1)解决问题时可根据波利亚的"怎样解题"表,引导学生从如下方面提问:已知条件是什么？要求的问题是什么？你以前曾见过它吗？你能提出一个相似或相同已知条件的问题吗？你能提出一个更容易着手的有关问题吗？一个更一般的问题？一个更特殊的问题？你能解出问题的一部分吗？是否需要辅助问题等。

（2）问题的解决并不等于教学过程的结束，教师应引导学生继续前进，对解决问题的过程进行反思，并通过和学生的交流进行调整，提出更深层次的问题。解题后的引申推广是一种常用的方法。解题后一般可朝三个方向进行推广。一是一般化，即减弱问题的条件，把结论推广到条件更一般的情形；二是特殊化，即强化问题的条件，把结论推广到条件更特殊的情形；三是"发展性"推广，即在原有条件、结论的基础上，进一步发展其空间形式或数量关系。

（五）从实际生活生产实践中提出数学问题

在日常生活和生产中，在个人日常思维中，包含不少数学运算和关系。发现并解决日常生活中的数学问题，是良好的数学素质之一。因此，教师应鼓励和引导学生用数学的眼光去观察发生在身边的现象，然后抽象概括出数学问题并解决它。如生活中的储蓄利率问题、物价涨跌问题、购物的容量问题；生产中的成本问题、合理用料问题、最佳决策问题，等等。在平时结合所教内容，渗透应用题的教学，并搜集一些生活中的问题加以解决，给学生以示范作用。

五、引导学生提出高水平的问题

在训练学生问题提出的初始阶段，教师要对任何学生提出的任何问题进行无条件的肯定，哪怕是幼稚、无关、无效、荒诞的问题都应得到肯定，以保护学生的问题意识及问题提出的积极性。当学生敢于提问后，教师应对他们进行规范，以保证学生提出高水平、高质量的问题。为此教师要做好以下几个方面的工作。

（一）师生共同评价问题

教师可把学生提出的问题列出来，与学生一起讨论哪些是重复的，哪些是无关的、无效的，最后把有效的、有水平的、有质量的问题筛选出来，然后再分析这些问题为什么有效、有水平、有质量。教师既要鼓励学生多提问题，也要鼓励学生提好问题，著名科学家茅以升先生在教书的时候就是这样，当学生提出一个好问题时，就给他记100分，如果学生能提出一个难倒老师的问题则记特等分，结果学生提出来的问题质量越来越高。

（二）引导学生分析解决自己提出的问题

学生提出的问题实际上有相当一部分是自己稍作思考或自行查阅就可能解决的。教师要引导学生在把问题向别人表述之前先自己作思考，能够自己解决的尽量自己解决。这样可避免学生为提问而提问，并可避免提简单、无效的问题。另外，教师还要引导全班学生参与分析讨论问题。当某学生提出问题后，教师可先反问："你自己能回答吗？"如果他不能回答，则把问题交给其他学生："谁能帮他解决这个问题？"

（三）引导学生恰时恰点地提问

课堂教学中，教师应引导学生恰时恰点地提出问题，提好问题，并给他们以提问的示范，使他们领悟提出问题的艺术。具体地说,可以在知识形成过程的"关键点"上,在运用数学思想方法产生解决问题策略的"关节点"上,在数学知识间联系的"联结点"上,在数学问题变式的"发散点"上,在学生思维的"最近发展区"内,引导学生提出恰当的、对学生数学思维有适度启发的高水平的问题。总之,教师要引导学生在自己教学的重点、难点中提问,这样不仅更有可能使学生提出有价值的问题,更重要的是能把有限的教学时间用在完成教学任务和教学目标上,从而把学科教学和问题提出能力的培养有机结合起来。

在提出问题的教学中,我们应当特别重视对于学生提出的各个可能的"新问题"的评价和选择,鼓励并引导学生提出好的、有价值的、高水平的问题,这应被看成是提出问题能力的一个重要内涵。

总之,敢于探索、善于提出问题是科学研究的开端,同时也是科学研究能力的具体表现。数学家希尔伯特说:"只要一门科学能提出大量的问题,它就充满着生命力。"因此,我们应当赋予提出问题与解决问题同样的重要性,必须十分重视在数学课堂教学中对学生提出问题能力的培养。在数学课堂教学中,教师应尽可能多地为学生提供提出问题的自由空间,努力创设有意义的数学问题情境,鼓励学生自己提出问题并解决问题,努力培养学生的数学问题意识和数学问题提出的能力。当然,学生的问题很可能会漫无边际,我们会担心教学任务能否顺利完成。但我认为,这里有一个引导艺术的问题。而且只要学生的创新能力在这样的课堂上不断得到提高,就不应计较"一城一池"之得失。甚至,只要学生能提出好的数学问题,就应视为一种成功。

第八章 数学应用素质的培养

第一节 数学应用意识概述

一、数学应用意识的界定

(一)意识的含义

"意识是心理反映的最高形式,是人所特有的心理现象。"①但心理学家对意识至今尚无一个统一的定义。引用我国心理学教授潘菽对意识所下的定义,他认为意识就是认识。具体地说,一个人在某一时刻的意识就是这个人在那个时刻在生活实践中对某些客观事物的感觉、知觉、想象和思维等的全部认识活动。如果只有感觉和知觉而没有思维方面的认识活动,那就不会有意识。例如,我们听到了呼唤声,此时在心理上可能会有两种反应。一种情况是,我们只是听到了一种声音,由于当时正集中精力从事某种工作,并未理会是一种什么声音,因而可能"听而不闻"。另一种情况是,我们不仅听到了声音,而且知道是对自己的呼唤,并且做出相应的应答反应。在前一种情况下,虽然有某种感觉产生,但不能说有意识。只有在第二种情况下,才能够说我们是有意识的。

(二)数学应用意识的内涵

数学应用意识本质上就是一种认识活动,是主体主动从数学的角度观察事物、阐述现象、分析问题,用数学的语言、知识、思想方法描述、理解和解决各种问题的心理倾向性。它基于对数学基础性特点和应用价值的认识,每遇到可以数学化的现实问题都会产生用数学知识和数学思想方法尝试解决的想法,并且能很快按照科学合理的思维路径,找到一种较佳的数学方法解决它,体现运用数学的观念、方法解决现实问题的主动性。《普通高中数学课程标准(实验)》②关于数学应用意识的刻画,为我们理解数学应用意识提供了依据,具体包括以下三方面:

(1)无论从数学的产生还是发展来看,数学与现实生活都有着密不可分的联系。数学推动了信息化社会的发展,推动了科学技术的进步,被广泛应用于现实世界的各个领域。在数学学习中,只有学生能主动认识到数学存在于现实生活之中,数学知识才能广泛应用于现实

---

① 黄庭希.心理学导论[M].北京:人民教育出版社,2001.
② 中华人民共和国教育部制定.普通高中数学课程标准[M].北京:人民教育出版社,2020.

世界,也就是说只有将数学与生活联系起来,学生才能够体会到数学的应用价值,从而充分调动起学习的积极性,才有可能主动地把获得的数学知识、数学思想方法用于解决现实生活问题。

（2）面对实际问题时,能主动尝试从数学的角度运用所学知识和方法,寻求解决问题的策略。现实世界有许多现象和问题隐含着一定的数学规律,要解决这样的问题,首先需要我们从数学的角度去发现,去探索。如果缺乏应用数学的意识,就会对这些现象和问题视而不见,也就很难解决它们。就像抛硬币这一简单现象,如果人们不能主动地从数学角度研究硬币落下来的规律,那么也就永远无法了解到硬币落下时正面朝上与反面朝上的概率相同的事实。可以说,面对实际问题,能够主动尝试着从数学角度出发,运用所学的数学知识和方法寻求解决问题的策略,是数学应用意识的重要体现。

（3）面对新的数学知识时,能主动地寻找其实际背景,并探索其应用价值。目前,很多教师都注意在引入新知识时,提供一两个实际背景,让学生体会到数学源于生活,但仅仅如此还不够。如果抛开教师提供的实际背景,学生依然无法找到所学知识与现实生活的其他联系,也就无法感受到新知识的应用价值,这显然不利于应用意识的形成。因此,引导学生主动地探求数学知识的实际背景,是增强他们应用意识的重要一环。

事实上,现代生活中处处充满着数学,如天气预报中出现的降水概率,日常生活中的购物、购房,股票交易、参加保险等投资活动中所采取的方案策略,外出旅游中的路线选择,房屋的装修设计和装修费用的估算等等都与数学有着密切的联系。培养学生具有较强的数学应用意识,不仅要使他们在面对实际问题时,能主动尝试着从数学的角度,运用所学的知识和方法寻求解决问题的策略,而且在面对新的数学知识时,能主动寻找其实际背景,并探索其应用价值。

二、培养学生数学应用意识的必要性

(一)改善数学教育现状的需要

我国的数学教育在培养社会所需的人才方面有重要的作用,如教育关注学生的智力发展,数学科学就显示出了其他自然科学无法比拟的优势。"数学是思维的体操""数学是智力的磨砺石"已得到大家的公认。但是我国目前的数学教育现状已不能适应人才市场的需求,主要反映在课程安排片面强调学科的传统体系,忽视相关学科的综合和创新,教学模式陈旧,课程内容缺少与"生活经验、社会实际"的联系,没有很好地体现数学的背景和应用;教学过程中重知识灌输,轻实践能力的状况仍很普遍,对学生应用能力的培养以及创新精神、创业能力的培养重视不够。1996年7月1日,在西班牙古城塞尔维亚市举行的第八届国际数学教育大会上,国外人士对我国数学教育的评论如下:"中国取得数学教育的成绩花费了太高的代价,中国学生在考试中表现良好,但忽视创造性能力和应用能力的培养,缺乏个性发展的导向,代价似乎太大。"这恰恰指出了我国学生数学学习的症结:强于基础,弱于创造;强于答卷,弱于动手。造成这种情况的原因有多方面,其中有一点就是对数学价值的认识太过单一,至今还有很多人只把数学看作是一种逻辑思维。

数学意识是判断一个学生是否具备数学素质的首要条件,它从本质上包含学生应用数学的意识,而这恰恰是我国数学教育在应试体制下长期被忽视的。因此,数学教师必须有一种危机感,在教学中应切实贯彻培养学生应用意识的教育目标。

(二)适应数学内涵的变革

20世纪以前,从古希腊开始,纯粹数学一直占据数学科学的核心地位,它主要研究事物的量的关系和空间形式,以追求概念的抽象与严谨、命题的简洁与完美作为数学真谛。在很长一段时间里,人们普遍认为,只有纯粹数学的概念和演绎法才是对客观世界真理的一种强有力的揭示,是认识世界的工具。应用数学主要是指从自然现象、社会现象等的研究中产生并着眼于直接解决实际问题的数学,如最优化理论、应用统计等学科。20世纪以后,这种状况发生了根本改变,数学以空前的广度与深度向其他科学技术和人类知识领域渗透,再加上电子计算机的推波助澜,使得数学的应用突破了传统的范围,正在向包括从粒子物理到生命科学、从航空技术到地质勘探在内的一切科技领域进军,乃至向人类几乎所有的知识领域渗透。这一切都证明数学本身的性质正在经历一场脱胎换骨的变革,人们对"数学是什么"有了重新的认识,即从某种意义上说,数学的抽象性、逻辑性是对数学内部而言的,数学的应用性是对数学外部而言的。人类认识与理解宇宙世界的变化,显然应该从同一核心出发向两个方向(数学的内部和数学的外部)前进。因此,数学教育应该增强数学应用,培养学生的应用意识,改变数学教育只重视数学内部发展需要的倾向。

(三)促进建构主义学习观的形成

建构主义学习观认为,数学学习并非是对外部信息的被动接受,而是一个以学习者已有的知识与经验为基础的主动建构的过程。建构理论强调认识主体内在的思维建构活动,与素质教育重视人的发展是相一致的。现今的数学教育改革,以建构主义理论为指导,强调数学学习的主动性、建构性、累积性、顺应性和社会性。其中前四条性质受认知主体影响较大,而社会性是指主体的建构活动必然要受到外部环境的制约和影响,特别是受学生生活的社会环境的影响。随着科学技术的飞速发展,学生的生活环境、社会环境与过去相比发生了较大的变化。科学技术的发展使学生的生活质量普遍提高,同时,报纸、杂志、电视、广播及计算机网络等多种大众传媒的普及,扩大了学生获得信息的渠道,开阔了学生的视野,丰富了学生的经验和文化。因此,数学教育的改革不应忽视这些对学生发展的重要影响。

数学的发展,特别是应用数学的发展,使我们感受到数学与现实生活存在着紧密的联系,从诸如计划长途旅行之类的日常家务事,到诸如投资业务之类的重大项目管理,再到科学中各种各样的数据、测量、观测资料等,都可以使学生领略到数学的应用,它虽然不像化学中的分子或生物学中的细胞那样生动,但是作为数、形、算法和变化的科学,它同样对人类具有重要意义。因此,在数学教学中适当增加数学在实际中应用的内容,有利于激发学生的学习动机,提高他们学习的主动性和积极性。学生通过对现实生活中现象与事物的观察、试验、归纳、类比以及概括等手段来积累学习数学的事实材料,并由事实材料中抽象出概念体系,进而建立起对数学理论的认识,当然其中也经历了数学理论是如何应用的过程。这样的学习过程,才符合建构主义对学习的认识。

（四）推动我国数学应用教育的进展

我国数学应用教育的发展在历史上经历了一波三折。原来的大纲虽然在一定程度上反映了要重视数学应用的思想，但实际上还是把着眼点放在"三大能力"上，特别是逻辑思维能力。当前，我国正处在以经济建设为中心，建立社会主义市场经济体制的历史时期，世界经济将从工业经济过渡到知识经济，人类已经进入信息时代。随着社会对数学需求的变化，数学应用教育对学生培养的侧重点也有所改变。因此，帮助广大接受数学教育的人员在学习数学知识和技能的同时，树立起数学的应用意识是数学教育改革的宗旨。正如严士健教授所说："学数学不是只为升学，要让他们认识到数学本身是有用的，让他们碰到问题能想一想：能否用数学解决问题，即应培养学生的应用意识，无应用本领也要有应用意识，有无应用意识是不一样的，有意识遇到问题就会想办法，工具不够就去查。所以要让学生像足球队员上场一样，具有'射门意识'。"[①]新一轮数学课程改革已把"发展学生数学应用意识"作为培养理念和总体目标，这就为我国数学应用教育的发展提供了新契机，也将大力推动我国数学应用教育的进展。

第二节　影响数学应用意识培养的因素剖析

一、教师的数学观

很多研究表明，课程与教材的内容、教育思想等会影响教师的数学观，而教师的数学观又与教师的课程教学有着密切的联系。教师不同的数学观会营造出不同的学习环境，从而影响学生的数学观以及学习结果。传统数学教师的数学观把数学看成一个与逻辑有关的、有严谨体系的、关于图形和数量的精确运算的一门学科，于是学生所体验到的是数学乃是一大堆法则的集合，数学问题的解决便是选择适当的法则代入，然后得出答案。尽管教师几乎一致强调数学与社会实践以及与日常生活之间的联系，却把在日常生活中有广泛应用的数学如估算、记录、观察、数学决定等方面看成是与数学无关的。

教师在教学实践中对数学应用的理解，存在以下几种认识，如将数学应用等同于会解数学应用题；把数学应用固化为一种绝对的静态的模式；数学应用的教学抛开"双基"让学生去模仿，记忆各种应用题模型。事实上，数学应用题是实际问题经过抽象提炼、形式化、重新处理以后而得出的带有明显特殊性的数学问题，它仅仅是学生了解数学应用的一个窗口，是数学应用的一个阶段。如果把数学应用囿于让学生学会解决各种类型的数学应用题，数学应用将会沦落为一种僵化的解题训练，从而失去鲜活的色彩。应该清楚地认识到，对于同一个问题，应用不同的数学知识和方法可能得出不同的结论，从数学观点来看它们都是正确的，哪一个更符合实际要靠实践检验，它是一个可控的、动态的思维过程。因此，我们强调数学应用，绝不是搞实用主义，忽视数学知识的学习，而是注重在应用中学，在学中应用，体现数

---

① 严士健. 严士健文集：典型群・随机过程・数学教育[M]. 北京：北京师范大学出版社，2005：353.

学"源于生活,寓于生活,用于生活"的数学观。教师之所以会对数学应用存在这样的片面认识,其中一个因素是源于教师所持有的静态的、绝对主义的数学观和工具主义的数学观。

二、学生的数学观

先看这样一组统计资料:①

——约有 1/3 的学生认为数学就是计算,解题就是为了求出正确答案;

——不少学生只有在课堂和考试时才感觉数学有用,离开了教室和考场就感觉不到数学的存在;

——理科成绩优秀的学生超过半数不愿到数学专业或与数学有着密切关系的专业学习,甚至一些全国高中数学联赛的获奖者也毅然放弃被保送到高校学习数学的机会。

上述种种现象表明,学生对数学的理解和看法具有简单性和消极性,他们的数学观是不完善的,有其片面性。具有这样认识的学生很难说他们具有良好的数学应用意识。

一般地,数学观是人们对数学的本质、数学思想及数学与周围世界的联系的根本看法和认识。有什么样的世界观就会有什么样的方法论。一个人的数学观支配着他从事数学活动的方式,决定着他用数学处理实际问题的能力,影响着他对数学乃至整个世界的看法。因此,关注学生现有数学观的状况,是为了让教师认识到,从建立学生良好数学观角度出发来设计教学活动,才能谈得上对学生数学应用意识的培养。高校的学生至少应具备如下的数学观:数学与客观世界有密切的联系;数学有广泛的应用;数学是一门反映理性主义、思维方法、美学思想并通过数与形的研究揭示客观世界和谐美、统一美的规律的学科;数学是在探索、发现的过程中不断发展变化的并在学习数学过程中包含尝试、错误、改正与改进的一门学科。

对学生形成现有的数学观的原因可作如下分析:

"把数学等同于计算。"在我国数学史上,算术和代数的成果比几何要多,即便是几何研究,也偏重于计算。反映在教材上,无论是小学教材,还是中学教材,亦或是大学教材,数学计算内容远多于数学证明内容。

"把数学看成一堆概念和法则的集合。"教师在教学中精讲多练的方式,把注意力更多地放在做题上;复习课本应帮学生理清所学的知识结构,却换成难题讲解。久而久之,学生看不到或很少看到概念与概念之间、法则与法则之间、概念与法则之间、章节之间、科目之间所存在着的深刻的内在联系,从而存在上述误解,学生也就难以体会到数学的威力、魅力和价值。

"对数学问题的观念呆板化。"现有资料给学生提供的数学问题,如教科书上的练习题、复习题、或者考试题,都是常规的数学题,都有确定的或唯一的答案,应用题则较少遇到,即使遇到也已经过教师的解剖转化为可识别的或固定的一种题型。

"看不到或很少看到活生生的数学问题。"现实生活中存在着丰富多彩的与数学相关的问题,然而出于各种原因,使得它们与学生的数学世界隔离,多数学生对这些问题认识肤浅,甚至没有认识,从而严重削弱了学生数学应用意识的形成。

---

① 王元明. 数学是什么? 与大学一年级学生谈数学[M]. 南京:东南大学出版社,2003:13.

三、数学教材和教学

(一)教材因素

传统的数学教材体系陈旧。20 世纪初,中国数学教学受"中学为体,西学为用"的影响,仿照日本;五四运动后,向欧美学习;新中国成立以后,学习苏联。到了 20 世纪 90 年代,基本模式还是 60 年代的思路,许多方面已不适应时代要求和社会发展了。教材结构"过于严谨",体系"过于封闭",内容"过于抽象"。

现行的数学教材,从微观上看,首先是教材中应用题比例过小;其次,教材中现有应用题内容陈旧,非数学的背景材料比较简单,数学结构浅显易见,数学化很直接;再者,现有应用题大多与现实生活无关,与社会发展不同步,不能体现数学在现代生活诸方面的广泛应用。总之,教材中数学的表现形式严谨、抽象,与生活相距太远,即便是少数含有生活背景的数学应用题,经过"数学化"加工,也已与现实生活不太贴近,很难体现"数学应用"的真实状态,即源于生活,寓于生活,用于生活,从而不利于学生数学应用意识的形成。

(二)教学因素

受应试教育或其他方面的影响,传统的数学教育既不讲数学是怎么来的,也不讲数学怎么用,而是"掐头去尾烧中段"——推理演算。教学方法过去主要是"注入式",现在提倡并部分实施启发式,也不过是精讲多练;教学中强调数学概念的理解以及数学定理、公式的证明和推导,对各种题型进行一招一式的训练,注重学生的记忆和模仿,而忽视从实际出发;对于实际问题的解决,则是通过抽象概括建立数学模型,再通过对模型的分析研究返回到实际问题中去的认识问题和解决问题的训练;对应用题教学,忽视有计划、有针对性的训练,不能把应用意识的培养落实到平时的教学及其每一个环节之中。

任何数学知识都有其发生和发展的过程,教学过程中的"掐头去尾"实际上是剥夺了学生对"数学真实面"理解的机会,对数学的认识势必狭隘、片面。题型的训练短期内会取得一定的效果,但长期如此,学生很难体会到学习数学真正有用的东西——数学思想方法。这种教学只能将学生培养成为考试的"工具",不可能培养学生具有强烈的数学应用意识。

第三节　培养学生数学应用意识的教学策略

一、教师要确立正确的数学观

前面探讨了影响培养学生数学应用意识的因素,从表面上看,教师对数学应用认识的误区,学生对数学应用的片面认识,以及教材、传统教学的不足等成为教学实践中培养学生数学应用意识的障碍。然而,如果从数学认识的角度出发看这些原因,不难发现矛盾集中在教师对数学的认识上。若教师持有的是静态的数学观,则对"数学应用"的认识将存在明显的不足,在这种数学观指导下设计的有关数学应用的教学活动,就不能很好地达到培养学生数学应用意识的目的。

数学课程改革不仅在总体目标上确立"发展学生的应用意识",同时,还指出了学生在数学学习中应形成对数学的正确认识,特别是数学现代应用发展表现出的基本特点。《全日制义务教育数学课程标准(实验稿)》对数学的基本特点做了如下的描述:"数学是人们生活、劳动和学习必不可少的工具,能够帮助人们处理数据、进行计算、推理和证明,数学模型可以有效地描述自然现象和社会现象;数学为其他科学提供了语言、思想和方法,是一切重大技术发展的基础;数学在提高人的推理能力、抽象能力、想象力和创造力等方面有着特殊作用;数学是人类的一种文化,它的内容、思想、方法和语言是现代文明的重要组成部分。"这些都体现了对数学认识的动态性本质。

学生的数学观是在数学学习的活动中体验和形成的,受教育的各种因素的影响和作用,其中主要影响因素是课堂教学中教师的数学观。教师的数学观是教师数学教育活动的灵魂,它不仅影响着学生数学观的形成,还影响着教师教育观的重构及教师的教育态度和教育行为,进而影响教育的效果。如果教师认为数学是"计算+推理"的科学,那么他在教学中就会严守数学知识本身的逻辑体系,只会更多地注重数学知识的传授,强调运算能力、逻辑思维能力和空间想象能力的培养,而不去关心数学知识的学习过程及数学应用问题。

是否应该强调数学应用,如何讲数学应用,这里有个观念问题。我国历来就是重视理论联系实际的,数学教材里也设置了一定数量的实际应用题。但在教学实践中却出现了为抓升学率或应付考试而只把它们当作专项题型来练的现象。如果教师应用意识强,那么讲课中就总能渗透着数学的应用,体现出数学与现实世界的密切联系。因此,只要数学观念问题不解决,即便是讲应用,也不能突出数学精神。数学应用不应局限在给出数据去套公式这种意义下的应用,它应该包含知识、方法、思想的应用及数学的应用意识。严士健教授指出:"教给学生重视应用,不仅是教给学生一种技能,而且有助于培养学生正确认识数学乃至科学的发展道路,认识它们从根本上来说源于实践,同时又发展了自己的独立理论。它们是人类认识世界和改造世界的工具。数学教学内容是人民群众的基本文化素养的一部分,应该让学生具有这种认识。它不仅能培养学生正确的世界观,而且具有非常重要的实际意义。"在这样的观念下,有必要认识与数学应用相关的几个问题。

(一)允许非形式化

形式化是数学的基本特征,即应在数学教学中努力体现数学的严谨化推理和演绎化证明。然而从每一个数学概念的建立,每一个定理的发现,非形式化手段都必不可少。但由于人们看到的通常都是数学成果,它们主要表现为逻辑推理,却往往忽视了创造的艰难历程以及使用的非逻辑、非理性的手段。再加上传统教学"掐头去尾烧中段"的特点,恰好忽略了过程,忽略了有关实验、直观推理、形象思维等方面的体验,造成学生对数学只知其一不知其二的认识。在数学的实际应用中,处理的具体问题往往以"非形式化"的方式呈现。如何正确地处理好形式化与非形式化的关系即应被看作数学活动的本质所在。培养学生的数学应用意识,把形式化看成数学的灵魂这一观念必须改变。应正确理解数学理论即形式化的理论事实上只是相应的数学活动的最终产物。数学活动本身必然包含非形式化的成分。这样在数学概念教学中,就应考虑概念直观背景的陈述以及数学直觉的应用。"不要把生动活泼的观念淹没在形式演绎的海洋里。"非形式化的数学也是数学,数学教学要从实际出发,从问题出发,开展知识的讲述,最后落实到应用。

(二)强调数学精神、思想、观念的应用

教学中讲数学的应用,侧重于把数学作为工具用于解决那些可数学化的实际问题,事实上,数学中所蕴涵的组织化精神、统一建设精神、定量化思想、函数思想、系统观念、试验、猜测、模型化、合情推理、系统分析等,都在人们的社会活动中有着广泛的应用。对数学应用的正确认识,必然包括一点:数学应用不是"应用数学",也不是"应用数学的应用";不是"数学应用题",也不是简单的"理论联系实际";而是一种通识、一种观点、一种意识、一种态度、一种能力,包括运用数学的语言、数学的结论、数学的思想、数学的方法、数学的观念、数学的精神等。

如何在数学应用问题的教学中显示出数学活动的特征,教师的数学观就显得尤为重要。如果教师对数学有以下认识,"数学的主要内容是运算""数学是有组织的、封闭的演绎体系,其中包含有相互联系的各种结构与真理""数学是一个工具箱,由各种事实、规则与技能累积而成,数学是一些互不相关但都有用的规则与事实的集合"。那么任何生动活泼的数学都会变成静态的解题题型训练。无论是"问题解决""数学建模"还是"数学竞赛""数学应用"必然如此。为了应付考试的数学应用题教学有些已变成题型教学。如果教师能认识到,"数学是以问题为主导和核心的一个连续发展的学科,在发展过程中,生成各种模式,并提取成为知识""数学是一门科学,观察、实验、发现和猜想等是数学的重要实践,尝试和试误、度量和分类是常用的数学技巧"。那么就不难理解数学应用意识的培养不是讲几道应用题就能实现的。教师应注意加强数学与现实世界的密切联系,使学生经历数学化和数学建模这些生动的数学活动过程,这也将会让学生对数学的认识大大改观。

"鸡兔同笼"是中国古代著名趣题之一。大约在1 500年前,《孙子算经》中就记载了这个有趣的问题。书中是这样叙述的:"今有雉兔同笼,上有三十五头,下有九十四足,问雉兔各几何?"①这四句话的意思是:有若干只鸡兔同在一个笼子里,从上面数,有35个头;从下面数,有94只脚。问笼中各有几只鸡和兔?美国宾夕法尼亚州立大学教授杨忠道先生1988年撰文回忆,他小学四年级时的数学教师黄仲迪先生是如何讲授此题的,并认为黄先生讲解的"鸡兔同笼"的题激起了他本人对数学的兴趣,认为是他数学工作的起点。黄先生讲解此题不是给人以结论,求鸡兔个数的公式,而是着重于获得结论的过程,引导学生在获得结论的过程中的观察、分析、思考。公式是一个模式,是一个静态的模式,它能解决一种问题,比如此例中的"鸡兔同笼"问题,却是一种静态的应用;而获得结论过程中的观察、分析、思考形成了一种模式,它可解决一类更广泛的问题,如鸡和九头鸟同笼问题,甲鱼和螃蟹同池塘问题。两者一比,就显出了前者的局限性,而目前的教学正缺乏后者,这与教师的静态的数学观不无关系。

综上所述,从数学应用的实际教学及学生形成的数学观来分析,教师静态的、工具主义的数学观指导下设计的教学有碍于学生应用意识的培养,动态的、文化主义的数学观应受到教师的重视,并努力应用到教学中来指导培养学生应用意识的教学观念。同时,必须把握一点:数学应用不仅是目的,它也是手段,是实现数学教育其他目的不可或缺的重要手段,是提

---

① 李淳风,注释. 孙子算经,卷上[M]. 商务印书馆,1939.

高学生全面素质的有效手段,学生在应用中建构数学、理解数学;在应用中进行价值选择,增强爱国主义情感;在应用中学会创新,求得发展。

二、加强数学语言教学,提高学生的阅读理解能力

数学阅读是一个完整的心理活动过程,它包括语言的感知和认读、新概念的同化和顺应、阅读材料的理解和记忆等各种因素,同时它也是一个不断分析、推理、想象的积极能动的认知过程。即数学阅读是一个提取、加工、重组、抽象和概括信息的动态过程。由于数学语言的高度抽象性,数学阅读需要较强的逻辑思维能力。在阅读过程中,学生必须认识、感知阅读材料中有关的数学术语和符号,理解每个术语和符号,并能正确依照数学原理分析它们之间的逻辑关系,最后达到对材料的本质理解,形成完整的认知结构。

应用题的文字叙述一般都比较长,涉及的知识面也较为广泛。阅读理解题意成为解应用题的第一道关卡,不少学生正是由于读不懂、读不全题意而造成问题解决的障碍。因此,可从以下方面入手:一是要提高学生对于数据和材料的感知能力和对问题形式结构的掌握能力,将实际问题转化为数学问题,然后用数学知识和方法去解决问题。二是要提高阅读理解能力。在具体操作中,告诉学生应耐心细致地阅读,碰到较长的语句在关键词和数据上标注记号以帮助阅读理解,同时必须弄清每一个名词和每一个概念,搞清每一个已知条件和结论的数学意义,挖掘实际问题对所求结论的限制等隐含条件。在读题中,要对问题进行必要的简化,能用精确的数学语言来翻译一些语句,使题目简明、清晰。

三、数学应用意识教学应体现"数学教学是数学活动的教学"

从数学的本质来看,数学是人类的一种创造性活动,是人类寻求对外部物质世界与内部精神世界的一种理解模式,是关于模式与秩序的科学。传统的教学,按严密的逻辑方式展开,使数学成为一堆僵化的原则,绝对和封闭的规则体系。这仅仅反映了数学是关于秩序的科学的一面,而数学更是关于模式的科学,是一门充满探索的、动态的、渐进的思维活动的科学。

教学实践中要体现"数学教学是数学活动的教学",则应把握"数学是一门模式的科学"这一数学本质。具体体现在两方面:一是数学活动是学生经历数学化过程的活动。数学活动就是学生学习数学,探索、掌握和应用数学知识的活动。简单地说,在数学活动中要有数学思考的含量,数学活动不是一般的活动,而是让学生经历数学化过程的活动。数学化是指学习者从自己的数学现实出发,经过自己的思考,得出有关数学结论的过程。二是数学活动是学生自己建构数学知识的活动。从建构主义角度看,数学学习是指学生自己建构数学知识的活动,在数学活动过程中,学生与教材(文本)及教师产生交互作用,形成了数学知识、技能和能力,发展了情感态度和思维品质。每位数学教师都必须深刻认识到,是学生在学数学,学生应当成为主动探索知识的"建构者",绝不只是模仿者。不懂得学生能建构自己的数学知识结构,不考虑学生作为主体的教,就不会有好的教学结果。

"数学应用"指运用数学知识、数学方法和数学思想来分析研究客观世界的种种表象,并加工整理和获得解决的过程。从广义上讲,学生的数学活动中必然包含着数学的应用。数学应用体现在两个主要方面:一方面是数学的内部应用,即我们平常的数学基础知识系统的

学习；另一方面是数学的外部应用，即在生活、生产、科研实际问题中的应用。认识了这个问题可以避免在教学中对数学应用出现极端的行为，因为在实际教学中，这两方面的应用都是需要的。数学应用不能等同于"应用数学"，要让学生学会"用数学于现实世界"。要改变目前教学中只讲概念、定义、定理、公式及命题的纯形式化数学的现象，还原数学概念、定理、命题产生及发展的全过程，体现数学思维活动的教学的思想。只有认清这一点，才能在高等数学教育中培养学生的应用意识和能力。

为了使学生经历应用数学的过程，数学教学应努力体现"从问题情境出发，建立模型，寻求结论，应用于推广"的基本过程。针对这一要求，教师应根据学生的认知特点和知识水平，不同学段都要做出这样的安排，使学生认识到数学与现实世界的联系，通过观察、操作、思考、交流等一系列活动逐步发展应用意识，形成初步的实践能力。这个过程的基本思路是：以比较现实的、有趣的或与学生已有知识相联系的问题引起学生的讨论，在解决问题的过程中，出现新的知识点或有待于形成的技能，学生带着明确的解决问题的目的去了解新知识，形成新技能，反过来解决原先的问题。学生在这个过程中体会数学的整体性，体验策略的多样化，强化了数学应用意识，从而提高解决问题的能力。

比如，"用正方形的纸折出一个无盖的长方体，使其体积最大"这一问题，从学生熟悉的折纸活动开始，进而通过操作、抽象分析和交流，形成问题的代数表达；再通过搜集有关数据，以及对不同数据的归纳，猜测"体积变化与边长变化之间的联系；"最终，通过交流与验证等活动，获得问题的解，并对求解的过程进行反思。在这个过程中，学生体会到"图形的展开与折叠""字母表示""制作与分析统计图表"等方面知识的联系与综合应用。

在实际教学中，我们应注意以下几点：

第一，切实进行思维全过程、问题解决全过程的教学。从现实背景出发引入新的知识，需要教师讲清知识的来龙去脉，让学生经历发现问题，从数学角度分析问题并探索解决的途径，验证并应用所得结论的全过程，切忌由教师全盘端出。

第二，不能简单把"由实际问题引入数学概念"看作只是"引入数学教学的一种方式"，而应站在数学应用的高度，将它视为实际问题数学地思考的训练，即把现实问题数学化的过程。

第三，对于数学理论的应用，不能简单地认为其目的只是加深对理论的理解和掌握，而要站在数学应用的高度来认识，其着眼点在于对数学结果的解释与讨论，对用数学解决实际问题的意义和作用的分析。

第四，加强数学应用的教学，教师设计教学时，还应遵循如下原则。

（1）可行性原则。数学应用的教学应与学生所学的数学知识相配合，与现行教材有机结合，与教学要求相符合，与课堂教学进度相一致，不可随意加深、拓宽，形成两套体系教学，加大学生的学习负担，脱离学生的实际，所以要把握好"切入点"，引导学生在学中用，在用中学。

（2）循序渐进原则。数学应用的教学应考虑学生的认知特点和实际水平，不同学段的学生在数学应用的过程中有不同的侧重，由浅入深，以利于排除学生畏惧数学应用的心理障碍，调动学生的学习积极性，使数学应用教学收到良好的效果。例如，对处于感知和操作阶段的学生，教学中应以学生熟悉的生活、感兴趣的事物为背景提供观察和操作的机会；对已经开始能够理解和表达简单事物的性质、能领会事物之间简单关系的学生,教学中应在结合实际问题时,加强体验数学知识之间的联系,进一步让学生感受数学与现实生活的密切联系;对抽象思维已有一定程度的发展且具有初步推理能力的学生,教学中应更多地运用符号、表达式、图表等数学语言,联系数学以及其他学科的知识,在比较抽象的水平上提出数学问题,加深和扩展学生对数学的理解。

(3)适度性原则。在数学应用的实际教学中应掌握好难度、深度、量度,避免超度。进行数学应用教学的目的并不是仅仅为了给学生扩充大量的数学课外知识,也不是仅仅为了解决一些具体问题,而是要培养学生的数学应用意识,培养学生的数学素质和数学能力。

四、激发学生学习数学的兴趣,提高学生的数学应用意识

学生对数学的内在兴趣,是学习数学的强大动力。爱因斯坦说过:"兴趣是最好的老师,它永远胜过责任感。"只有当学生对数学产生了浓厚的兴趣,思维达到"兴奋点",他们才会积极主动地去探究数学问题,带着愉悦、激昂的情绪去面对和克服一切困难,去比较、分析、探索认识对象的发展规律,展现自己的智能和才干。也只有充分发挥主体的能动作用,才能在数学学习中提高学生的应用意识。在具体的教学中,可采用如下的方法:

(一)创设数学情境

教师应尽量通过给学生提供有趣的、现实的、有意义的和富有挑战性的感性材料创设数学情境,引导学生从中发现问题、提出问题,并在"问题"的驱使下主动探索。数学情境也是促进学生建构良好的认知结构的推动力。

1.用实际问题引入新课

在课堂教学中,经常用实际问题引入新课,既能避免平铺直叙之弊,又能提高学生的应用意识。同时,也给学生提供一个引人入胜、新奇不绝的学习情境,激发他们对新知的探究热情。如讲授"微分学的应用"之前,可运用"海鲜店李经理的订货难题"这样的实际问题引入新课。

某海鲜店离海港较远,其全部海鲜的采购均通过空运实现。采购部李经理每次都为订货发愁,因为若一次订货太多,海鲜店所采购的海鲜卖不出去,而卖不出去的海鲜死亡率高且保鲜费用也高。而若一次订货太少,则一个月内订货批次必多,这样会造成订货采购运输费用奇高,还有可能失去一些商机。

李经理为此伤透了脑筋,如果你是李经理的助手,请问你打算怎样帮助他选择订货批量,才能使每月的库存费与订货采购运输费的总和最小。

2.例题、习题教学中引入丰富的生活情境

弗赖登塔尔的"现实数学"思想认为:数学来源于现实,也必须扎根于现实,并且应用于现实,数学教育如果脱离了那些丰富多彩而又复杂的背景材料,就将成为"无源之水,无本之木",在例题与习题教学中,教师应根据学生的生活经验,创设逼真的、丰富的生活情境,让学生徜徉在数学知识运用于真实生活的境域之中,从而激发他们浓厚的兴趣,吸引他们更加主动地投入课堂,将更加有利于学生数学应用意识的培养。

3.创设实验操作的探究情境

教材上一些命题的教学,教师可通过有目的地向学生提供一些研究素材来创设情境,让学生通过自己的观察、实验、作图、运算等实践活动,通过类比、分析、归纳等思维活动,探索规律,建立猜想,然后通过严格的逻辑论证,得到概念、定理、法则、公式等。让学生经历运用数学知识解决问题的成功体验,将会极大地激发他们的学习兴趣,从而有利于培养他们的数学应用意识。

(二)引导学生感受数学应用价值

在数学教学中,教师既应关注学生对于数学基础知识、基本技能以及数学思想方法的掌握,还应该帮助学生拓宽视野,了解数学对于人类发展的价值,特别是它的应用价值,让学生既有知识又有见识。由于数学与现代科技的发展使得数学的应用领域不断扩展,其不可忽视的作用被越来越多的人所认同。除了工程核物理和化学外,环境科学、神经生理学、DNA模拟、蛋白质工程、临床实验、流行病学、CT技术、高清晰度电视、飞机设计、市场预测等领域都需要数学的支持。学生了解数学的广泛应用,既可以对了解数学的发展,体会数学的应用价值,激发学生学好数学的勇气和信心有帮助,更可以对领悟数学知识的应用过程有帮助。在实际教学中,教师既可以搜集有关资料并介绍给学生,也可以鼓励学生通过多种渠道搜集数学知识应用的具体案例,并相互交流,增加学习数学的兴趣,提高数学应用意识。

五、重视课堂教学,逐步培养学生数学应用意识

(一)重视介绍数学知识的来龙去脉

数学知识的形成来源于生产实践的需要和数学内部的需要。

学生所学知识大都来源于生产实践,包括学生的生活经验,这就为我们从学生的生活实际入手引入新知识提供了大量的背景资料。数学教学中应该让学生了解这些数学知识的来龙去脉,充分体验这些知识的数学应用以及它们的应用价值,逐步培养学生的数学应用意识。

例如,学习平面几何时,可以让学生了解,几何为什么会让埃及人发现,这是因为古代罗马河水泛滥,经常冲去界线。人们必须重建家园,重新生产,这样从测量土地中就产生了几何学。

1.挖掘抽象结论与现实背景的联系

数学结论往往是比较抽象的,因此,多数学生将数学看成是抽象的代名词,不易理解。因此,在教学过程中,应努力构造问题的现实背景,给学生提供分析、评价和解释这些数学结论的机会,使他们加深对抽象问题的认识和理解。

例如,公式 $C_{n+1}^m = C_n^m + C_n^{m-1}$ 的教学中,仅有逻辑验证,不利于学生的理解和记忆。若能在逻辑验证的基础上,设置以下问题并引导学生解决,不仅能使学生加深对这个抽象的形式化公式的理解,还能使他们感受到"数学就在我们身边",激发他们的学习热情。

问题:7件产品中有1件次品,随机抽取3件进行检验,有多少种抽法?

解：抽取的 3 件产品中全是正品的抽法是 C_6^3 种；抽取的 3 件产品中恰有两件正品一件次品的抽法是 C_6^3 种。

由加法原理可知 $C_7^3 = C_6^3 + C_6^2$

2. 将抽象问题"实际化"，暴露知识的发现过程

教材中绝大部分证明题都是以结论的形式直接给出的，这样做既掩盖了结论的发现过程，又无法体现证明思路的探索过程。若将这些抽象问题"实际化"，让学生重新经历一次发现过程，对培养学生的思维能力及应用意识都极为有利。如讲授无穷递缩等比数列的所有项和公式 $1 + r + r^2 + \cdots + r^n + \cdots = \dfrac{1}{1-r}(0 < r < 1)$，可先研究将公式特殊化为 $r = \dfrac{1}{2}$ 的情形，并提出实际问题，让学生建立数学模型。

（二）鼓励和引导学生数学地思考，提出问题

现实世界的存在形式千姿百态，我们无法看到或读出它的数学表现或描述，而需要自己去描述、去发现。只有从数学角度进行描述，找到其中与数学有关的因素，才有可能进一步去探索其中的规律或寻求数学的解决办法。从数学的角度描述客观事物与现象，寻找其中与数学有关的因素，是主动运用数学知识和方法解决实际问题的重要环节。例如，可以鼓励学生从数学的角度描述与出租车有关的数学事实（车费与行驶路程、等候时间、起步价有关；耗油量与行驶路程有关；等等）。因此，教师在教学中应努力为学生提供尽可能多的具有原始背景的数学问题，让学生自己抽象出其中的数学问题，并用数学语言加以描述。在数学教学中，教师可从以下几方面来构造问题：

1. 注重与日常生活的密切联系

日常生活中的许多问题，如住房、贷款、医疗改革、购物等，都与数学有着密切的联系，教师在数学教学中可以结合教学内容，将这些实际问题充实进去，有利于培养学生的数学应用意识。如：

问题：用水清洗一堆蔬菜上残留的农药，对用一定量的水清洗一次的效果作如下假定：用一个单位量的水可洗掉蔬菜上残留农药量的 1/2，用水越多洗掉的农药量也越多，但总还有农药残留在蔬菜上，设用 x 单位量的水清洗一次以后，蔬菜上残留的农药量与本次清洗前残留的农药量之比为函数 $f(x)$。

（1）试规定 $f(0)$ 的值，并解释其实际意义。

（2）试根据假定写出函数 $f(x)$ 应该满足的条件和具有的性质。

（3）$f(x) = \dfrac{1}{1+x^2}$，$a(a > 0)$ 单位量的水，可以清洗一次，也可以把水平均分成 2 份后清洗两次，试问哪种方案清洗后蔬菜上残留的农药量比较少？说明理由。

蔬菜农药残留问题是人们现实生活中每天面临的问题，问题要求理论联系实际，从数学角度去分析，利用所学的数学知识，通过一定的逻辑分析和推理对问题做出符合实际的解释。

2. 注重数学知识与社会的联系

数学的内容、思想、方法和语言已经渗透到社会生活的各个方面,经济发展离不开数学,高科技发展的基础在于数学。日常教学中可适当充实一些数学与社会现实联系的问题,如人口、资源、环境等社会问题。下面看一个人口增量问题:

已知第 t_0 年的人口 N_0,人口增长速度与人口总量成正比,其他因素暂且忽略不计,那么人口数量是怎么变化的呢?

解决该问题之前,启发学生回忆微分方程的理论,比如微分方程的初始条件、通解、特解等概念以及微分方程的解法,并提示学生变化率可以用导数来表示。用符号 $N(t)$ 表示人口数量与时间 t 的关系,k 表示人口增长速度与人口总量的比例系数,可得

$$\frac{\mathrm{d}N(t)}{\mathrm{d}t} = kN(t)$$

初始条件为 $N_0 = N(t_0)$,用分离变量的方法解得

$$N(t) = N(t_0)\mathrm{e}^{t-t_0} \quad (t \geq t_0)$$

3. 注重数学与各学科的联系

随着科学技术的迅速发展,数学与各学科的联系越来越紧密,数学作为基本工具的作用越来越显著。因此在教学中要体现数学与其他学科的联系,多充实一些与其他学科有关的知识,如数学与医学:抓住 CT 与几何学的关系,引出 CT 的数学原理;数学与生物:利用生物学中细胞分裂的实例可加深学生对指数函数的理解。这些问题与课本知识的沟通与衔接,既增强了学生利用数学知识的主动性,又提高了学生的创新意识。

4. 注重数学与各专业的联系

对高校来说,数学是一门基础课程,是学习其他专业课程的基础。在强调"适度,够用"的要求和数学课时数缩减的情况下,数学教学应注重与各专业的联系,有针对性地选择一些与专业相关的问题。比如,对市场营销专业的学生,可向他们介绍一些关于进货优化问题,当需求量随机出现时,选择何种方案能够使总利润最大;对物流专业的学生,可向他们介绍一些与图论有关的实例,如七桥问题、商人过河问题等,使他们了解图论的思想,为以后学习专业知识打下基础;对机电类各专业的学生,则可结合导数的应用向他们介绍速率、线密度等问题。

(三)为学生解决实际问题创造条件和机会

学生不仅生活在学校中,还生活在家庭和社会中,教师可以从学校生活、家庭生活和社会生活中选择有意义的活动让学生参与,或让学生走出课堂,去主动实践。创造机会让学生亲身实践是培养学生数学应用意识的有效手段。

1. 教学中可增加贴近生活的应用题

例如:据《市场报》1993 年 11 月 2 日报道的一则消息,成都物业投资总公司为了让刚有一点积累,而住房十分紧张的市民买到低档房屋,特意建造了一批每平方米售价仅为 1 188

元的住房,3年后公司将全部购房款还给房主,这叫"3年还本售房"。某居民为解决住房困难,筹款购买了70平方米的住宅。试问:该居民实际上用多少钱购买了这套住宅(精确到个位,3年期储蓄的年利率是12.24%)?

这道题是根据报纸上的报道设计的应用题,既可用学生掌握的数学知识解决,又与目前深化住房制度改革的形势密切相关。因此,学生不仅对这一问题感兴趣,还可以为家长的决策做参谋,激发了学生应用数学知识参与社会实践的欲望。

2.教师努力挖掘有价值的研究性活动

从某种程度上说,课外活动对学生自主性、独立性、选择性、创造性以及应用能力的培养是课堂教学难以替代的。适当地增加课外的专题学习,开展研究性活动是对课堂教学一种有益的补充。如给学生布置一些研究性课题:①某商店某一类商品每天毛利润的增减情况;②银行存款中年利率、利息、本息、本金之间的关系;③如何估算某建筑物的高度。让学生围绕这些研究性课题展开调查,尽可能多地让他们了解利息、利率、市场经营以及住房建筑等社会生活知识,然后在教师的启发下,将这些实际问题转化为数学问题并选择适当的方法解决。这类实践活动,首先需要学生明确所要研究的因素以及如何去获取这些因素的相关信息,然后才能设法去搜集相关信息并对这些信息进行加工分析,找出解决问题的具体办法。此时,教学的重点便不再只是停留在数量关系的寻找上,而是侧重于学生的探索研究。一方面增加了学生解决实际问题的社会经验,有利于解应用题的素材积累;另一方面培养了学生主动解决问题的习惯,激发了学生学习数学的兴趣,培养了数学应用意识。

第四节 培养学生数学建模能力的教学策略

数学建模在科学技术发展中的作用越来越受到人们的重视,它已成为现代科技工作者必备的重要能力。培养学生的数学意识及运用数学知识解决实际问题的能力,既是数学教学目标之一,又是提高学生数学素质的需要。学生的数学素质主要体现在能否运用数学知识(数学思维)去解决实际问题,以及形成学习新知识的能力和适应社会发展的需要。数学建模是数学问题解决的一种重要形式,从本质上来说,数学建模活动就是创造性活动,数学建模能力就是创新能力的具体体现。数学建模活动就是让学生经历"做数学"的过程,是学生养成动脑习惯和形成数学意识的过程;它为学生提供了自主学习的空间;有助于学生体验数学在解决实际问题中的价值和作用,体验数学与日常生活和其他学科的联系,体验综合运用知识和思想方法解决实际问题的过程,增强应用意识;有助于激发学生学习数学的兴趣,发展学生的创新意识和实践能力。

一、数学建模的含义

数学模型一般是实际事物的一种数学简化。要描述一个实际现象可以有很多种方式,为了使描述更具科学性、逻辑性、客观性和可重复性,人们采用一种普遍认为比较严格的语言来描述各种现象,这种语言就是数学。因此,数学模型是对于现实世界的一个特定对象,一个特定目的,根据特有的内在规律,做出一些必要的假设,运用适当的数学工具,得到的一个数学结构。关于数学模型,目前还没有一个公认的定义。本德(E. A. Bender)认为:"数学模型是关于部分现实世界为一定目的而作的抽象、简化的数学结构。"①也有人将数学模型定义为现实对象的数学表现形式,或用数学语言描述的实际现象,是实际现象的一种数学简化。

建立数学模型的过程称为数学建模。数学建模是利用数学方法解决实际问题的一种实践。即通过抽象、简化、假设、引进变量等处理过程后,将实际问题用数学方式表达,建立起数学模型,然后运用先进的数学方法及计算机技术进行求解。因此,数学建模就是用数学语言描述实际现象的过程。这里的实际现象既包含具体的自然现象,例如,自由落体现象;也包含抽象的数学现象,例如,顾客对某种商品所持有的价值倾向。这里的描述不仅包括外在形态、内在机制的描述,还包括预测、试验和解释实际现象等内容。

在现实世界中,许多自然科学和社会科学问题,并不是以一个现成数学问题的形式出现的,在数学建模的基础上才有可能利用数学的概念、方法和理论进行深入的分析和研究,从而能够从定性或定量的角度,为解决现实问题提供精确的数据或可靠的指导。数学建模是联系数学与实际问题的桥梁,是数学在各个领域广泛应用的媒介,是数学科学技术转化的主要途径,数学建模在科学技术发展中的重要作用越来越受到数学界和工程界的普遍重视,它已成为现代科技工作者必备的重要能力之一。不同的科学领域同数学有机地结合起来,在不同的学科中取得了巨大的成就。例如,力学中的万有引力定律、电磁学中的麦克斯韦方程组、化学中的门捷列夫周期表、生物学中的孟德尔遗传定律等都是经典学科中应用数学建模的范例。

二、数学建模的步骤

应用数学去解决各类实际问题时,建立数学模型是十分关键的一步,同时也是十分困难的一步。建立教学模型的过程,需要通过调查和搜集数据资料,观察和研究实际对象的固有特征和内在规律,抓住问题的主要矛盾,建立起反映实际问题的数量关系,然后利用数学的理论和方法分析和解决问题。完成这个过程,需要有深厚扎实的数学基础、敏锐的洞察力、大胆的想象力以及对实际问题的浓厚兴趣和广博的知识面。

一个合理、完善的数学建模步骤是建立一个好的数学模型的基本保证,数学建模讲究灵活多样,所以数学建模步骤也不能强求一致。下面介绍的一种"八步建模法",是在大学数学建模教学中总结出的一套比较细致全面的建模步骤,具体包括以下八个步骤:

(一)提出问题

能创造性地提出问题是顺利解决问题的一半,也是成功解决问题的关键一步。很多问题没有得到很好的解决,其原因是问题没有提好。这一步骤的关键在于明确建模目的和要建立的模型类型,即从问题的情景以及可获得的可信数据中可得到什么信息,所给条件有什么意义,对问题的变化趋势有什么影响,并且要弄清该问题所涉及的一些基本概念、名词和术语。通过对实际问题的初步认识和分析,明确问题的情景,把握问题的实质,找准待解决

---

① 刘建州.实用数学建模教程[M].武汉:武汉理工大学出版社,2004:7.

的问题所在,提出明确的问题指标,明确建模的目的所在。

(二)分析变量

分析变量的过程,首先要将研究的对象所涉及的量尽可能找准、找全,然后根据建模目的和要采用的方法,确定变量的类型是确定性的还是随机的,并分清变量主次地位,忽略引起误差小的变量,初步简化数学模型。在研究变量之间的关系时,一个非常重要的方法是数据处理,即对我们从开始所获得的数据作适当的变换或其他处理,以便从中找出隐藏的数学规律。

(三)模型假设

模型是通过问题的分析和提出问题而得出的,是被建模目的所决定的。模型的假设作为奠定数学建模的基础要将表面上杂乱无章的现实问题抽象、简化成数学的量的关系。模型假设是建模的关键一步,在一定程度上决定了后续工作的展开、建模的复杂程度,甚至关系到整个建模过程的成败。因为影响一个现实事件的因素通常是多方面的,我们只能选择其中主要影响因素以及它们中的主要矛盾予以考虑,但这种简化一定要合理,过分的简化会导致模型距离实际太远而变得失去建模意义。因此,根据对象的特征和建模目的,对问题进行必要的、合理的简化,用精确的语言做出假设,充分发挥想象力、洞察力和判断力,善于辨别主次,而且为了使处理方法简单,应尽量使问题线性化、均匀化。

(四)建立模型

在前三步的基础上,根据所研究的对象本身的特点和内在规律,以模型假设为依据,利用适当数学工具和相关领域的知识,通过联想和创造性的发挥及严密的推理,最终形成描述所研究对象的数学结构的过程。可能是一个方程组的求解问题,也可以是一个最优化问题,还可以是其他数学表示。从简单的角度讲,这一环节要求用尽可能简洁清晰的符号、语言和结构将经过简化的问题进行整理性的描述,只要做到准确和贴切即可。当然数学和应用数学学科的发展已有大量和丰富的概念与方法积淀,因此所建立模型在表述上应尽可能符合一些已经成熟的规范,以便于应用已知结论求解以及模型的应用与推广。

(五)模型求解

建立数学模型还不是建模的最终目的,建模是为了解决问题,因此还要对建立的数学模型进行求解,以便应用于实践。不同的模型要用不同的数学工具求解,可以采用解方程、画图形、定理证明、逻辑运算以及数值计算等各种传统的或近代的数学方法。随着信息科学的高速发展,在现在的多数场合下,数学模型必须依靠计算机软件求解才能得到较好的解决。因此,熟练利用数学软件会为数学模型的求解带来方便,其在解模的过程中起着不可替代的作用。

(六)模型分析

模型求解只是问题解决的初步阶段,因为在模型建立的过程中,只是近似地抽象出实际问题的框架与实质,在设计变量、模型假设、模型求解等阶段,都会忽略掉一些实际因素,或者引进一些误差,使得数学模型仅是问题的近似与估计,从而得到的结果也只是实际情形的近似或估计。因此,在模型求解后有必要进行结果的检验分析与误差估计,以便了解所得结果在什么情形下可信,在多大程度上可信,也就是下面将要论述的模型分析。

模型分析主要包括:误差分析、对各原始数据或参数进行灵敏度、稳定性分析等。过程可简化如下:分析—不合要求—重新审查修改重建—合要求—评价、优化—解释、翻译成通俗易懂的语言。

(七)检验模型

检验模型,通俗地讲,就是把模型求解所得的数学结果解释为实际问题的解或方案,并用实际的现象、数据加以验证,检验模型的合理性和适用性。检验模型主要包括以下两类:①实际检验:回到客观世界中检验,用实验或问题提供的信息来检验。②逻辑检验:一般是结合模型分析以及对某些变量的极端情况获取极限的方法,找出矛盾,否定模型。如果模型的结果距离实际太远,应当从改进模型的假设入手,可能是因为将一些重要的因素忽略了,也可能是将某些变量之间的关系作了过分简化的假设。需要修改或重新建立模型,直到检验结果获得某种程度的满意。

(八)模型应用

模型应用是建模的宗旨,也是对建模最客观、公正的检验,数学建模需要在实践的检验中多锤炼、提高、发展和完善。

以上提出的数学建模的八个步骤,各步骤之间有着密切的联系,它们是一个统一的整体,不能截然分开,在建模过程中应灵活应用。

三、高等数学教学中培养数学建模能力的必要性

(一)有利于学生动手实践能力的培养

传统的数学教学中,大多是教师给出题目,学生给出计算结果。问题的实际背景是什么,结果怎样应用等问题在传统数学教学中很难得到体现。数学建模是一个完整的求解过程,要求学生根据实际问题,抽象和提炼出数学模型,选择合适的求解算法,并通过计算机程序求出结果。在数学建模过程中,学生将学过的知识与周围的现实世界联系起来,对培养学生的动手实践能力很有好处,有助于学生毕业后快速完成角色的转变。

(二)有利于学生知识结构的完善

一个实际数学模型的构建涉及多方面的问题,如工程问题、环境问题、生物竞争问题、军事问题、社会问题等。就所用工具来讲,需要计算机处理、Internet 网、计算机检索等,因此数学建模有利于促进学生知识交叉、文理结合,有利于促进复合型人才的培养,另外数学建模还要求学生具有很强的计算机应用能力和英文写作能力。数学建模教会了学生面临实际问题时,如何通过搜集信息和查阅文献,加深对问题的理解,构建合理的数学模型。这个过程就是自主学习、探索发现的过程。"授人以鱼,不如授人以渔"通过这样的训练,学生具备了一定的自我学习的方法和能力,这与现代社会要求人才具有终身学习的能力是相符合的。

(三)有助于学生创新意识和创新能力的培养

我国传统数学内容过多注重确定性问题的研究,采用的是"满堂灌"的教学方式。这种方法容易造成学生的"惰性思维",难以充分展示学生的个性。而数学建模是通过大量生动有趣的实例来激发学生学习的兴趣和学习热情。数学建模不同于传统的解题教学,在建模过程中没有固定的模式和固定的答案,即使是对同一问题进行研究,其采用的方法和思路也是灵活多样的。建模没有最好,只有更好。从对实际问题的简化假设,到数学模型的构造,再到数学问题的解决,最后到模型在实际生活中的应用,无不需要创造性的思维和创新意识。通过数学建模,培养了学生的洞察力、想象力和创造力,提高了学生解决实际问题的能力。

(四)有利于学生团队精神的培养

大学生毕业后,大多从事的是一线工作,非常需要合作精神和团队精神。数学建模需要学生以团队形式参加,通过全体学生在建模的过程中合理的分工与协作,最后完成问题的解决。集体工作、共同创新、荣誉共享,这些都有利于培养学生的团队精神,培养学生将来协同创业的意识。任何一个参加过数学建模的学生都对团队精神带来的成功和喜悦感到由衷的鼓舞。因此,数学建模活动的开展,有利于学生团队精神的培养。

总之,数学建模所体现的创新思维意识、团队合作精神正是我们这个时代所需要的,是高校数学课教师必须努力实现的目标,数学建模的开展也为高校数学课教学指明了方向。

四、数学建模的教学要求

(1)在数学建模中,问题是关键。数学建模的问题应是多样的,应来自于学生的日常生活、现实世界以及不同的专业领域。同时,解决问题所涉及的知识、思想与方法与高等数学课程内容有密切的联系。

(2)通过数学建模,学生将了解和经历解决实际问题的全过程,体验数学与日常生活及其他学科的联系,感受数学的实用价值,增强应用意识,提高实际能力。

(3)每一个学生可以根据自己的生活经验发现并提出问题,对同样的问题,可以发挥自己的特长和个性,从不同的角度及层次探索解决的方法,从而获得综合运用知识和方法解决实际问题的经验,发展创新意识。

(4)学生在发现和解决问题的过程中,应学会通过查询资料等手段获取信息。

(5)将课内与课外有机地结合起来,把数学建模活动与综合实践活动有机结合起来。数学模型有广义和狭义之分,广义的数学模型包括从现实原型抽象概括出来的一切数学概念、各种数学公式、方程式、定理以及理论体系等。可以说数学概念、命题教学可看做广义数学模型的建立过程。狭义的数学模型是将具体问题的基本属性抽象出来成为数学结构的一种近似反映,是那种反映特定的具体实体内在规律性的数学结构。

五、培养学生数学建模思想的教学对策

(一)在理论教学中渗透建模思想

数学理论是由因为实际需要而产生的,也是其他定理和应用的前提。因此在教学中应

重视从实际问题中抽象出数学概念,让学生从模型中切实体会到数学概念是因有用而产生的,从而培养学生学习数学的兴趣。例如,在讲定积分概念时运用求曲边梯形面积作为原型,让学生体会一定条件下"直"与"曲"相互转化的思想以及"化整为零、取近似、聚整为零、求极限"的积分思想。通过模型来学习概念,加强数学来自现实的思想教育。重要的是学生可以看到问题的提出,对数学建模产生兴趣。同时应重视传统数学课中重要方法的应用,例如,利用一阶导数、二阶导数求函数的极值和函数曲线的曲率在解决实际问题中的应用。

(二)在应用中体现建模思想

教师可以选择一些简单的结合数学课程内容的实际或改变后的一些题目,根据建模的一般含义、方法、步骤进行讲解,培养学生学习数学建模的兴趣,激发其数学建模的积极性,使学生具有初步的建模思想。例如,在自然科学以及工程、经济、医学、体育、生物、社会等学科中的许多系统,有时很难找到该系统有关变量之间的直接关系——函数表达式,但却容易找到这些变量和它们的微小增量或变化率之间的关系式,这时便可采用微分关系式来描述该系统,即建立微分方程模型。在教学过程中,应注意培养学生用上述工具解决实际问题的能力。

(三)在考核中增设数学建模环节

目前,考试仍然是高校考查学生学习情况的重要环节,但考试并不能充分体现出学生各方面的能力。除数学建模课程外,教师同样可以在数学课程中设立数学建模考试环节作为参考,具体可将试题分为两部分:一部分是基础知识,可在规定时间内完成;另一部分是一些实用性的开放性考题,考查的形式可以参考数学建模竞赛。这样不仅能考查学生的能力,而且能从中挖掘有潜质的学生,为选拔参加全国大学生数学建模竞赛作参考。

(四)建立适合数学建模思维的教学方法

数学建模本身是一个不断探索、不断创新、不断完善和不断提高的过程,其培养过程需要一定的数学基础以及广博的知识面和丰富的想象力。与其他数学类课程相比,数学建模具有难度大、涉及面广、形式灵活等特点,对教师和学生的要求相对比较高,教师必须采取适合数学建模思想的教学方法。

1.采用教师与学生双向互动的教学模式

在建模课程中要突出学生主体,充分发挥学生的主动性和积极性以及学生作为活动主体应有的地位和作用。建模教学一般都是采用双向式教学,有利于改变过去传统教学方式的单一性,强化"启发式"教学方法的实施。建模教学中应适当减少老师理论讲解的时间,增加课堂交流的时间,给学生留下独立思考的空间,并增加课堂练习时间,便于老师及时掌握学习效果。部分教学内容可以采用学生讲解、课堂讨论的形式,让学生自己充当一次教师,并在学生讲解完展开讨论,鼓励其他学生提出质疑并发表不同的见解。最后,教师可以就其中所出现的一些问题进行纠正或补充总结。教师要学会驾驭课堂,学会耐心倾听学生意见,培养学生的求知欲望,激发学生的创新意识,培养学生的创新精神和创新能力,同时也要有意识地提出疑问,培养学生发现问题、解决问题的意识。

2. 采用教学与自学相结合的教学方法

数学建模涉及的知识面比较广泛，不可能让学生先学会所有的知识再去建模，且仅靠课堂学的知识也难以圆满完成建模过程。这就要求学生要利用丰富的学习资源不断地自我学习、自我充实。教师除课堂上传授数学理论知识外，还应培养学生学会利用各种资源快速获取信息及掌握新知识的能力，指导学生利用图书馆、网络的书籍和论文，阅读与建模相关的资料。广泛阅读学习可以开拓学生的视野，培养学生的自学能力。通过这样的训练，学生可具备一定的自我学习方法和能力，这与现代社会所需人才具有终身学习的能力是相符合的。通过自学以获取相关知识的能力表明，数学建模是激发学生学习欲望，培养学生主动探索、努力进取和团结协作精神的有力措施。

3. 采用现代的开放式教学方法

在数学建模思想的培养中可引入开放式的教学方法，如探究式、研讨式、案例式、启发式等，建模初始应从简单问题入手，引导学生初步掌握用数学形式刻画和构造模型的思想，培养学生积极参与和勇于创造的意识。随着学生能力和经验的增长，可让其通过实习作业或活动小组的形式，由学生展开分析讨论，分析每种模型的有效性，并提出修改意见，以确定讨论是否有进一步扩展的意义。这样学生可以在不断发展、不断创造中培养信心，纠正理解的片面性。受应试教育的影响，很多学生形成了思维定势，认为数学问题只有一个标准答案。因此，学生在解答数学问题后，就不会再考虑是否还有其他方案，缺少创新思维。为此，教师应开拓学生的思维方式，启发调动学生积极讨论，鼓励学生从多个角度考虑问题，大胆提出不同的解决方案，鼓励标新立异、另辟新径。在小组讨论后说出各自的答案，集体评价各种思路的利弊。通过教师的引导与启发，通过集体讨论，学生逐渐发现自己认知方面的不足，并养成多方面、多角度考虑问题的习惯。

4. 借助现代教学手段辅助教学

运用计算机工具解决建模问题，是促进数学建模教学的有效方法。采用多媒体教学方式进行建模学习，通过运用多媒体向学生展示生动有趣的案例、丰富多彩的图形动画，可激发学生学习建模的兴趣与热情。同时，注重对学生运用计算机软件建立数学模型的培养，如对 Mathematical、Maple、MATLAB、Lingo 等数学软件的运用。学校建立计算机交互式多媒体实验室，扩充原数学建模实验室，供广大数学建模爱好者使用，为数学建模教学创造良好的实验条件和环境。数学建模课可以整合开设，除了调整教学内容，增加最新技术成果及应用介绍之外，还要增加知识模块之间的衔接，从建模能力和软件运用的结合培养学生的探索兴趣与解决实际问题的能力。

六、数学建模能力培养的教学策略

要提高高校学生的建模综合能力，要在平时的数学课堂教学中从以下各项能力的培养入手。

(一)培养学生的双向翻译能力

实际应用问题，一般由普通语言或图表语言给出，而数学建模多是用符号描述。所以，

双向翻译能力是应用数学的基本能力,也是传统教学中缺乏的,为了提高这方面的能力,在教学中应该做到:

(1)注重数学概念、公式、定理的产生和发展的问题背景。语言作为问题描述的载体,不同的语言有不同的表示形式,它们之间互译准确熟练与否,直接决定了建模能力的强弱。而诸多数学概念、公式、定理的产生和发展都有着丰富的问题背景,这为我们在数学教学中训练学生语言之间的互译提供了素材,如 Stokes 公式、第二类曲面积分的建立等。教师应在数学教学中适当补充概念、公式以及定理的应用性,充分体现知识产生于实践又服务于实践的全过程。

(2)以思维方法为视角,精选、剖析优秀的数学建模竞赛试题和参赛作品。科学的思维方法是人们进行科学认识的手段,是使思维运动通向客观真理的途径和桥梁。因此,在数学教学中必须重视科学思维方法的教育。精选往年的突出思维方法的数学建模竞赛试题并引导学生分析解决以及引导学生研读优秀的参赛作品,无疑是提升他们语言翻译能力的有效途径。

例如,1996 年的洗衣机的优化设计问题是一个纯文字描述的、典型的运用优化方法解决的实际问题,以下就是在数学教学中启发引导学生将该问题翻译成实际问题的过程。

首先,弄清与洗衣机有关的主要因素有物理、人为和化学因素;物理因素与转速有关,人为因素涉及干净程度(干净程度的定义怎样),化学因素有化合物与污染物的反应(有关假设);

其次,弄清对象是衣服(衣服的特征有重量);

再次,弄清洗衣机洗一轮需要统计的数字(加水量、加洗涤剂的质量、水温、转数、时间等);

最后,问题的提法可以用数学语言描述,寻找一个变换:$\forall$ 衣服$\Rightarrow$变换 1(衣服)$\Rightarrow\cdots$变换 n(衣服)$\geqslant$干净程度。

满足目标为:$\text{Min}\sum_{i=1}^{n}f_i$,(其中 f_i 表示第 i 次变换时的用水量)。

(二)培养学生的解模能力

讲授数学建模的具体思维方法,可以培养学生的解模能力。具体思维方法是哲学思维方法、一般思维方法在数学学科的某些特殊领域的特殊应用,是认识对象的特殊属性所决定的特殊方法,有参数辨识建模方法、线性规划、多目标规划以及各种统计方法等。如 2000 年 DNA 分类问题涉及的聚类分析方法,2001 年公交车调度问题中如何将多目标规划问题转化为单目标归划问题等。通过以上具体事例的学习,熟练掌握方法的使用和处理问题的技巧,是提高学生解模能力的有效措施。此外,结合实验课中的实验内容,还应分层次、有目的地设计层次不同的题目锻炼学生应用数学软件包的能力。

(三)培养学生的观察和猜想能力

通过类比引导等方法,可以培养学生的观察和猜想能力。

(1)教给学生观察、猜想的方法。达尔文说过:"最有价值的知识是关于方法的知识。"在数学教学中,教师应该有意识、有目的、有步骤地对学生进行观察、猜想训练,帮助他们掌握科学的观察、猜想方法。如介绍一些数学家的著名猜想及发展脉络,通过追踪数学家的猜想思路获得猜想的思维方法,如探索性猜想方法、类比性猜想方法等。强化过程教学,培养学生的判断、否定意识及创新精神。结合数学史料进行教学,让学生在学习中体验科学家创造知识成果的艰难曲折历程,感受科学家为追求真理而献身的崇高境界,从而逐渐培养他们实事求是、独立思考、勇于创造和不畏艰难的科学精神。

(2)加强传统数学课、实验课教学,培养学生观察、猜想的能力。数学中的许多著名公式与定理是数学家通过细心观察、归纳、类比等过程提炼出来的,这为加强观察能力的培养提供了富饶的"土壤"。

首先,在概念、定理以及公式的教学中,结合该课型的特点,注意分析概念、定理以及公式的产生过程,通过比较它们的各个侧面、特点、差异,引导学生概括出它们的共同本质,进而抽象出新概念、新理论。如随机变量概念的引入和建立,可以从骰子的点数、产品中次品的件数等数字表示的事件入手,观察其特点,然后将非数字表示的随机事件数字化,观察其特点,最终抽象概括出建立在样本空间(事件域)上的函数——随机变量。

其次,解题教学是数学教学的一种间接实践形式,是训练基本技能的主要方法。在教学设计中,应注意选择适当的题目,在审题、想题、解题三大阶段中,充分利用题目的特点进行训练,让学生体会"数学的感觉"。

再次,改革教学模式,突出观察、猜想能力的培养。培养学生观察、猜想能力可运用探究与发现的教学模式,在传统数学课和数学实验课中均可以运用。如单摆运动周期问题,首先在理想状态下,师生共同建立单摆运动周期函数:

$$T = 2\pi\sqrt{\frac{l}{g}}r(\theta_0), \quad r(\theta_0) = \sqrt{\frac{2}{\pi}}\int_0^{\theta_0}\frac{\mathrm{d}\theta}{\sqrt{\cos\theta - \cos\theta_0}}$$

θ_0 为单摆偏离平衡位置的初始角。然后,通过 MATLAB 等软件,建立实验平台,让学生观察随着摆角的变化,周期 T 与 $2\pi\sqrt{\frac{l}{g}}$ 的变化趋势,通过比较发现当 θ_0 变小时,上述两值的差有变小的趋势,进而引导学生提出 $\lim\limits_{\theta_0 \to 0} r(\theta_0) = 1$ 的猜想。若能证实这一猜想,且能得到对上述极限收敛速度的较好估计,则将为用 $2\pi\sqrt{\frac{l}{g}}$ 近似单摆周期提供理论依据;最后再引导学生去证实所得结论的正确性。这样的教学,对于培养学生的观察、猜想能力,自觉地把感性认识上升到理性认识的意识和能力是大有益处的。

(四)培养学生的逻辑思维能力

思维的逻辑性是人的一种重要的思维品质,这种品质表现在考虑问题和解决问题时能遵循严格的逻辑顺序,推理时能有充分的逻辑依据,工作时能思路清晰、条理分明、有条不紊地处理头绪复杂的各项任务。逻辑思维能力是创新能力的重要支撑。因此,教师在数学教学中应该加强学生逻辑思维能力的培养和训练。

(1)强化数学语言训练,培养学生思维的逻辑性。语言是思维的工具,思维是借助语言来进行的。数学语言是有自身特点的,数学内容的严谨性和抽象性就是以一定的逻辑程序通过数学语言来阐述的。因此,在教学中,一是教师要让学生运用数学语言进行"说"的训练,如说法则、说算法、说解题思路,使学生不断组织整理自己的语言,促进思维的发展。如通过解题、证题思路的口述可以把分析推理过程逐一表达出来,从而促进学生自觉地掌握正确的分析推理方法,提高逻辑思维能力。二是教师的语言要清晰、明确、富于系统性和逻辑性,需要教师加强本学科特点的语言修养。三是强化学生对数学教材的阅读。数学教材基本上是按逻辑演绎结构,以定义、定理、法则、公式的形式演绎方式展开的。教材所展现的"逻辑演绎"线索,体现得完美无缺的知识体系,是对庞杂无序的科学创造成果的提炼和简化,通读和熟悉以"逻辑演绎"为线索的教材,是十分必要的,它有利于强化学生的数学语言训练,培养学生思维的逻辑性。

（2）以知识结构为主线,加强逻辑思维方法教学,启发引导逻辑思维。数学是有较强逻辑的科学,因此在教学中,可以用较强的逻辑线索把前后内容联系起来,使知识更趋于有序化(反应知识固有的本质联系)和综合化(以知识本质联系为线索的综合)。在此教学过程中,学生对知识的把握更具有科学性、系统性,有利于其知识的迁移,有利于学生思维能力的发展。

（3）加大逻辑思维的训练强度和难度,实现质的飞跃。在数学建模教学中,涉及的问题是比较大的、有一定的难度的,恰当的使用可以提高其逻辑思维能力。如 2002 年建模竞赛中的车灯优化设计问题,通过抛物面反射到达给定点的点的轨迹的推导,使用的数学工具无非是高等数学和工程数学,学生完全可以利用学习过的知识进行合理的推理训练,从而达到较好的逻辑思维训练。

（五）培养学生的创造性思维

数学建模是一种创造性思维。迄今为止,在数学建模过程中,还没有可以应用的公式和定理,也没有统一的方法。数学模型的特点决定了数学模型不可能做到"形似",所以建立数学模型的重中之重就是要注意"神似"。例如,$\dfrac{\mathrm{d}^2\theta}{\mathrm{d}t^2}=-\dfrac{g}{l}\theta$,实践证明这个数学模型能非常好地模拟单摆运动,但它在外形上与单摆无"相似"可言,这种"神似"的要求就决定了数学建模在理念上要具备自身特点的创造性思维。人们的思维通常是复制性的,也就是以过去遇到的相似问题为基础,遇到问题时就会这样想:我在生活、教育及工作中学到的知识是怎样告诉我解决这个问题? 然后就会选择出以经验为基础的最有希望的方法,这些以经验为基础而采取的步骤的可靠性,往往使我们对于结论的正确性非常自负。而当以这种思维方式来建立数学模型时,就会变现为追求模型与客观事物的"形似",这与我们的数学建模目的与宗旨是大相径庭的。创造性思维是遇到问题会问"能有多少种方式看待这个问题""怎样反思这些方法""有多少种解决问题的方法",通过这样思考,我们就会找到多种解决方法,有些方法是非传统的,甚至可能是独特的。要培养学生的创造性思维,可在数学教学过程中贯彻以下六种策略。

（1）多角度考虑问题。从心理学角度分析,看待某个问题的第一角度太偏向于自己看待事物的惯常方式,所以要不停地从一个角度转向另一个角度,重新构建这个问题,直到对问题的理解随视角的每一次转化而逐渐加深,最终抓住问题的实质。

（2）思想形象化。更多地尝试利用画图和图表来描述问题,并且在视觉和空间方面扩展问题。想要建立一个与客观世界具体对象"神似"的数学模型,用尽可能多的方式,通过更多更加灵活的途径来表述思考对象。

(3)艺术的创造。数学建模的一个突出特点就是可以发挥建模者的无限创造力。Modeling 一词在英文中有"塑造艺术"的意思，从而可以理解从不同的角度去考察问题，就会有不尽相同的数学模型，建模与其说是一门技术，不如说是一门艺术，它类似一种雕塑，具有很强的技巧。经验、想象力、洞察力、判断力、直觉、灵感等在建模中会起到很大的作用。

(4)进行独创性的组合。数学模型的建立，要求我们在意识和潜意识中不断地把想法、形象和见解重新组合以构成不同的形式。例如，爱因斯坦的方程式，他并未发明关于光的能量、质量或速度的概念，而是以一种新颖的方式把这些概念重新组合起来，面对与其他人一样的世界，他却能够看到不同的东西。

(5)设法在事物之间建立联系。把不同的对象放在一起进行比较，在看似没有任何联系的事物之间寻找内在的联系，这是数学建模所要求的一种特殊的思想方式。

(6)从相对立的角度去思考问题。人们之所以能够对一个问题提出各种不同的见解，是因为他们可以容纳相对立的观点或两种互不相容的观点。研究创造过程的著名学者艾伯特·罗滕伯格指出，如果你把两种对立的思想结合到一起，你的思想就会处于一个不定的状态，然后发展到一个新的水平。

(六)培养学生的自我评价能力

自我评价是学生应用已有的知识经验，自觉地对自己或他人的思维过程或结果进行检验、判断的过程，也是自我调节、完善、发展认知结构的过程。它有利于调动学生学习的积极性、主动性，提高自学能力；有利于培养学生有理有据的思考和抉择的判断能力。在教学中，一是注重引导，培养学生自我评价的习惯。可以通过反思自纠、品析错例(如，研究往年的失败参赛作品或同学作业中的错误解答)、评价思路(如，通过阅读同一内容的优秀的竞赛作品或同一数学问题的不同解决方法)三种方式来培养学生自我评价的意识。二是加强数学思想方法及认知策略的教学。学生对问题解答的自我评价是以自己掌握的数学思想方法及认知策略为依据进行检验判定的，因此，教师在教学中不能照本宣科，要把问题中用到的方法及认知策略有机结合起来，既介绍如换元法、微分法等具体的数学方法，又介绍化归思想、极限思想、变换思想等更深层次的数学思想及进行推理论证的一般方法如综合法、分析法、系统法等。

数学课程在高职院校的课程中是一门涉及面广、收益面大、服务于各专业的重要基础课，也是培养学生整体素质不可或缺的一门课程，它肩负着为后续课程服务的重任，在高等职业院校人才培养过程中具有基础性地位和工具性作用。因此，高职院校的数学教学要按照基础理论教学以突出应用为目的，坚持"必需、够用为度"的原则，落实"打好基础、突出应用、强化能力、适当延伸"的目的，努力培养学生的数学应用素质。

参 考 文 献

[1] 刘秀萍,徐茂良. 高等数学[M]. 重庆:重庆大学出版社,2021.

[2] 伊晓玲. 高等数学学习指导[M]. 北京:北京理工大学出版社,2021.

[3] 钱定边,谢惠民. 高等数学学习必备基础[M]. 北京:高等教育出版社,2021.

[4] 曾庆雨,刘衍民. MATLAB 在高等数学中的应用[M]. 武汉:武汉大学出版社,2021.

[5] 吴谦,王丽丽,刘敏. 高等数学理论及应用探究[M]. 长春:吉林科学技术出版社,2020.

[6] 储继迅,王萍. 高等数学教学设计[M]. 北京:机械工业出版社,2019.

[7] 赵彦玲. 高等数学教学策略研究[M]. 长春:吉林教育出版社,2019.

[8] 杨丽娜. 高等数学教学艺术与实践[M]. 北京:石油工业出版社,2019.

[9] 丹吉洛,韦斯特. 优美的数学思维[M]. 江荣贵,孙毅,张桂芸,译. 北京:机械工业出版社,2020.

[10] 张占兵. 高中生数学思维培养[M]. 北京:阳光出版社,2018.

[11] 高子清,林晓颖,周淑红. 数学思维拓展[M]. 北京:中国铁道出版社,2018.

[12] 波利亚. 怎样解题:数学思维的新方法[M]. 涂泓,冯承天,译. 上海:上海科技教育出版社,2018.

[13] 江维琼. 高等数学教学理论与应用能力研究[M]. 长春:东北师范大学出版社,2019.

[14] 靳艳芳. 高等数学推理思维的教学研究[M]. 长春:吉林教育出版社,2019.

[15] 甘静. 高等数学教育与教学创新研究[M]. 哈尔滨:哈尔滨地图出版社,2019.

[16] 王成理. 高等数学教育教学创新研究[M]. 长春:吉林教育出版社,2019.

[17] 常在斌,胡珍妮. 高等数学[M]. 上海:同济大学出版社,2019.

[18] 何文阁. 数学实验与高等应用数学学习指导[M]. 北京:航空工业出版社,2019.